最長的一日

諾曼第登陸的英勇故事

The Classic Epic of D-Day

二戰經典三部曲

I

CORNELIUS RYAN

FOR ALL THE MEN OF D DAY

獻給那一天所有的人

生人勿近希特勒的大西洋長城。不曾有過任何一支進攻方面對過如此的工事，但長城只是部分完工而已。圖中所見，是從德國16公厘宣傳影片擷取的畫面，顯示圍繞著登陸海岸建設的大型火砲以及鋼筋水泥碉堡。交通壕、機槍及迫砲陣地，以及地雷區補強了重型砲台防護力的不足。沙灘上則布滿了如同迷宮般、裝上炸藥的反登陸障礙物。（Wide World）

隆美爾於 1944 年 2 月視察法國沿岸的防禦工事。在他右邊（只露出一點點臉孔）是擔任隆美爾的參謀長至 1944 年 3 月的高斯少將。面對鏡頭卻被前方指手的軍官擋住半邊臉的，是隆美爾的侍從官藍格上尉。

其中一種隆美爾設計，簡單卻致命的反登陸障礙物：裝上了泰勒地雷的木樁。大部分這些裝置都是出自隆美爾之手，他並且自豪的宣稱這些都是「我的發明」。

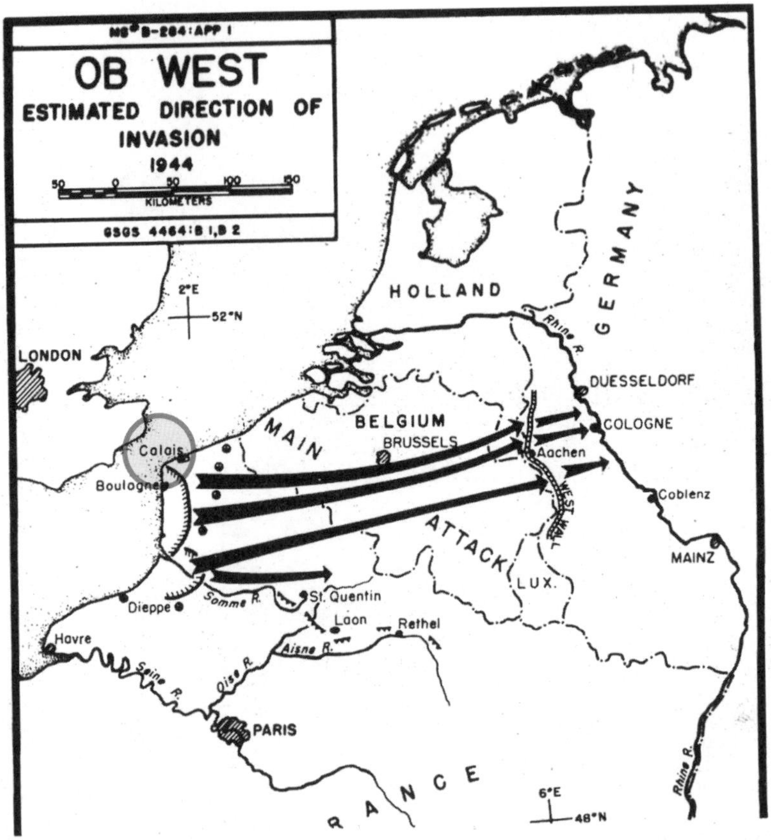

布魯門提特少將提供的地圖。左側顯示為何加萊地區是預料中的登陸地點，它是直線最靠近德國邊境的海岸。德國有理由相信，盟軍會選擇最短的路程攻向第三帝國。即使諾曼第登陸已經發生了，隆美爾的參謀長史派德爾少將（左下）卻認為是一場佯攻。第 7 軍團參謀長佩梅塞少將（右下），是第一個德軍將領提出警告，認為諾曼第才是盟軍真正的反攻方向。

盟軍最高統帥艾森豪將軍，以及盟軍其他的主要將領。左起美國第 1 軍團司令布萊德雷中將、盟國海軍總司令藍姆賽上將、最高統帥部副司令英國空軍泰德上將、艾森豪、D 日地面部隊總指揮蒙哥馬利上將、盟國空軍總司令雷馬洛利上將，以及最高統帥參謀長史密斯少將。

5 月最後幾週，英國各個港口為了 D 日的行動，都被人員以及裝備給塞爆。圖中可見士兵與裝備正在登上位於布里克瑟姆（Brixham）的 LST 戰車登陸艦。艦艏前方的沉箱是為了方便吃水淺的 LST 裝卸所準備的。

這張於 6 月 5 日傍晚拍攝的照片，是最為人知、紀錄 D 日前夕的畫面。艾森豪正與準備登上飛機的 101 空降師閒話家常。我一直對照片中士兵是何許人也感到好奇。101 空降師退伍協會幫忙我辨識出他們。這些圍繞著最高統帥的傘兵分別是一等兵 William Boyle、上等兵 Hans Sannes、一等兵 Ralph Pombano、一等兵 S. W. Jackson、下士 Delbert Williams、上等兵 William E. Hayes、一等兵 Carl Wickers、中尉 William Strebel、一等兵 Henry Fuller、一等兵 Michael Babich 以及一等兵 William Noll。

德軍第 15 軍團梅耶中校，是攔截到美軍發送給法國反抗軍魏崙詩句的人。他正確地解讀，並發出盟軍將在 48 小時內發動攻擊。（作者圖）

下一站——諾曼第。美軍 101 空降師的一組（stick）傘兵，正在做登上 C-47 運輸機之前的最後檢查。

各船團在防空氣球的保護以及戰鬥機的護航下，航向各自指定的灘頭。

運輸大隊的 C-47，拖曳著 CG-4A「威克式」滑翔機，飛越法國的上空。

首批在諾曼第登陸的美國將領。他們分別是（左上）82 空降師師長的李奇威少將、副師長蓋文准將，以及（右下）101 空降師師長泰勒少將。英軍在諾曼第最資深的將官是第 6 空降師師長格爾少將。

聖艾格里斯鎮長雷納德（左一），目擊了在市鎮廣場上的屠殺過程。神父羅拉得（右）則是下令敲響教堂大鐘的人。

這是一張珍稀的照片，據知也是唯一一張如此的照片。這是 82 空降師的其中一組導航組人員，在前往諾曼第之前拍攝的照片。他們是第一批空降到法國的美國軍人。當中有多少人挺過了戰爭？當中又有多少人活到了現在（指出版當時的 1959 年）？我只能夠找到 2 位該師的導航組人員。其中一位墨菲二等兵（Robert M. Murphy），也就是降落在勒芙娜特太太後院的那一位。他是右邊算起站立的第三人。（Robert M. Murphy）

一架 30 人座的 CG-4A「威克式」滑翔機位於聖艾格里斯附近的殘骸。機上有 8 名空降兵在迫降時殉職。

位於諾曼第戰場兩端的氾濫區，是造成英美兩國傘兵最大傷亡之所在。暗夜之中，被沉重的裝備牽拖，以及往往無法從傘衣中掙脫的現實，造成許多官兵受傷或溺斃。就如同圖中的傘兵，他們是在不到三呎水深的情況被淹死。（James M. Gavin）

霍特神父（Father Edward Waters）在港邊為第 1 步兵師的官兵舉行禮拜。他們下一站就是要前往奧馬哈灘頭。

H 時前幾分鐘，奧馬哈灘頭就在眼前。被飛濺的海水浸透的攻擊部隊，蹲低在海岸防衛隊的 LCA 突擊登陸艇上，快速向海岸駛去。許多人的步槍都套上了透明塑膠袋，鋼盔後有一白色直立方塊的，表示這人是名軍官。

美國第 1 軍團司令布萊德雷中將（左二），站在美軍奧古斯塔號重巡洋艦艦橋，注視登陸艇朝奧馬哈灘頭而去。他右側的是海軍西任務艦隊指揮官，柯爾克少將。

一艘遭砲彈直接命中的登陸艇，在奧馬哈灘頭外爆炸起火。

另一艘損毀登陸艇上的倖存者，正利用救生艇掙扎上岸。

層層登陸舟波通過奧古斯塔號巡洋艦。

H 時的奧馬哈灘頭。面對敵火登陸部隊，還要在障礙物群與猛浪之間掙扎求生。這張由戰地記者卡帕拍攝的知名照片，應該就是後人對 D 日留下深刻印象的作品。

H 時＋ 15 分鐘。被敵火牽制住的登陸部隊，在障礙物後尋求掩護。（Col. John T. O'Neill）

H 時＋ 25 分鐘。第 10 戰鬥工兵群開始湧上岸，可以見到官兵在障礙物及推土機後掩蔽的狀況。（Col. John T. O'Neill）

奧馬哈灘頭的傷兵，正在海堤下掩蔽，等候後送。

美軍第 4 步兵師官兵涉水登上猶他灘頭。第一波人員傷亡輕微，但德軍當天稍晚施以猛烈火砲襲擊。

第 4 步兵師醫護兵在沙灘上照顧傷兵。

盟軍登陸初期，德國空軍僅有兩架戰鬥機臨空攻擊。起飛以前，聯隊長普瑞勒上校如此告訴他的僚機伍達塞克中士：「聽好了，現在只有我們兩架飛機了，我們不能再分散了。看在老天份上，我怎麼做你就怎麼做，跟著我後面飛，我做什麼動作你就做什麼動作。只有我們單獨進去，只怕回不來了。」（作者圖）

德軍八八砲砲彈在猶他灘頭的部隊之間炸開來。圖中右前方可見士兵都蹲在海堤邊以策安全。

D 日後兩天，魯德中校所屬的突擊兵換防之後，押解德軍戰俘走下霍克角。一旁的美國國旗是為了避免被友軍誤擊的措施。

第 4 步兵師師長巴敦少將，在深入猶他灘頭 300 碼的第一個指揮所召開會議。在他右邊戴著毛帽的是隨第一舟波登岸的副師長羅斯福准將。（Maj. Gen. Barton）

英勇無畏的第 29 師副師長科塔准將，完全不顧敵人的砲火彈如雨下，冷靜地在奧馬哈灘頭來回行走，鼓起該師官兵向內陸推進的動力。

奧馬哈灘頭砲台的指揮官，普拉斯凱特少校在事發當時，於所屬的前進觀測所內目睹盟軍規模巨大的艦隊出現在眼前。該位置正處於諾曼第海岸的正中央。（作者圖）

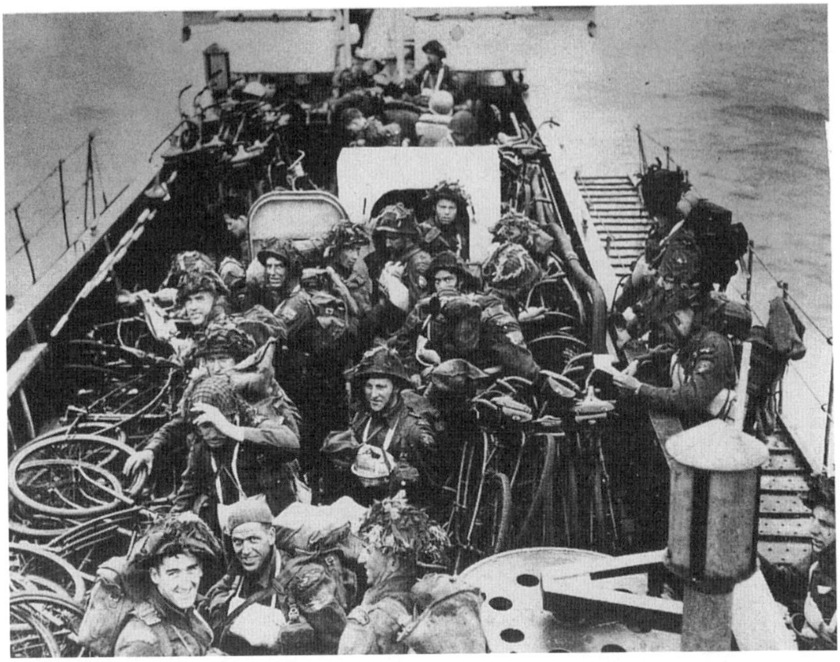

加拿大士兵擠在一艘駛往天后灘頭的 LCI 步兵登陸艇上。圖中可見官兵準備帶上岸的折疊式腳踏車。

領頭的 DD 戰車走在前方，可見它們宛如救生圈的充氣帆布圍裙已經洩氣，英軍攻上——很可能是西半邊的寶劍——灘頭。

英軍部隊在火砲襲擊下登陸。確切地點無法辨識，但很可能是黃金灘頭。左邊可見傷兵躺在海水裡，並有人陸續倒下。右側則可見到其他人冷靜地沿著海岸大步邁進。這是其中一張最為人性化的 D 日照片。它凸顯了每一個 D 日老兵的記憶——一邊是驟然的死亡，另一邊則是虛假而又隨時變調的安全。（Wide World）

這張珍貴的照片極具歷史意義，是在此之前不曾有過的畫面。艾森豪將軍的新聞官杜普上校，對自由世界播放引頸企盼的消息——盟軍已經踏足在歐洲大陸。這一歷史時刻是上午 9 點 33 分。（Col. Ernest Dupuy）

美軍在 D 日取得的最大成功，是在猶他灘頭的行動。第 4 步兵師往內陸推進的速度比預料中都還要快。路上是通過氾濫區朝內陸與空降傘兵會師的步兵，左下角是隨著諾曼第戰役的推行，而經常性會出現的畫面——兩軍官兵的屍體。

D 日黃昏，猶他灘頭的士兵目擊滑翔機群飛過頭上，要前去救援依然被圍困的傘兵。

希特勒第三帝國結束的開始。德國戰俘吃力地走下去奧馬哈灘頭。

目錄

原編者序

《最長的一日》並不是一部戰史，而是人的故事：是盟國大軍的官兵、他們所戰的敵人，以及陷身在這一場血戰混亂中的老百姓。本書以前所未有的方式編寫，是研究最廣泛文件之下的果實。

過去十年，考李留斯雷恩研究過英國、美國與德國各方面有關的所有文件，也經由管道找到了擄獲德軍文件的地下寶藏，為了本書，許許多多文件為首次解除機密，包括了倫德斯特與隆美爾的戰時日記，此外還有德軍的作戰日誌與來往電文。在電文中便有一封實實在在的，經德軍截收加以解破密碼，電文為盟軍向法國反抗軍宣佈盟軍準備登陸諾曼第的確實時間！

雷恩在篩選和判斷過書面資料後，便發出追蹤D日那天還活著的官兵。作戰雙方都沒有保存官方紀錄，而必須在美國與海外的許多報刊上登廣告（光以德國來說，就刊登在兩百五十種報紙與雜誌上）。回應的多達三千人，當中有七百人寫了報告，最具代表性者，由雷恩親往訪問。他們的經歷編織在一起，構成了本書使人屏息的敘述……

最長的一日。

編序　考李留斯雷恩與《最長的一日》的歷史定位

假如沒有《讀者文摘》就不會有《最長的一日》。這句話一點也不誇張。如果不是因為《最長的一日》的成功，證明作者考李留斯雷恩的想法是對的話，也就不會有後來的《最後一役》以及《奪橋遺恨》了。如此的話，雷恩式的戰爭歷史非虛構寫作，也很可能不會這麼早奠定它的地位。

二戰結束以後，雷恩輾轉於各家知名媒體任職。他一直有個想法，就是收集那些親歷其境、曾參與過諾曼第登陸的各國人士，包括美、英、法、德的軍人和平民的所見所聞，進而寫一部跳脫官樣歷史描述的寫實性作品（當時還沒有非虛構寫作的說法）。到了一九五六年，雷恩已經為了這項可能永遠都無法達成的偉大任務負債兩萬美元。往來於大西洋收集資料以及尋找參戰老兵，在當年不但不輕鬆，而且還需要龐大的經費。面對經濟上無法解決的困境，雷恩準備要放棄一切的時候，當時六十七歲的《讀者文摘》創辦人德威特．華萊士（DeWitt Wallace）卻挽救了這個計畫，承諾資助雷恩的構想。

華萊士動用雜誌社位於歐美分社的人力與物力。除了在《讀者文摘》刊出尋人啟事之外，還在其他媒體刊登類似的廣告，並且動員各分社的員工投入進去做研究。結果獲得上千名二戰老兵的回覆，許多人完成了作者準備的問卷，其中不少是當時敵對雙方的將官，除內容具有權威性之外，還經過查核認定後才會採用，可見其嚴謹程度。研究人員投入大量的人力與時間，翻查各種塵封的官方記錄與文獻、個人信件與行動報告，整理出在一九四四年六月那個關鍵的星期二，究竟發生了什麼事。同時還要尋找願意出來談論當年歷程的老兵。這些投入對於勢單力薄的作者來說，是得來不易的助力。由於華萊士與《讀者文摘》在美國政治上的影響力，倘若不是有這項計畫，相信許多戰時資料也無緣在保密年限解除之前提早公諸於世。

從華萊士參與之後，整個計畫差不多花了三年的時間，進行超過三千次的採訪，耗時四萬人時，收錄了三百八十三位人士的記述。《最長的一日》終於在諾曼第登陸十五週年的那一年與讀者見面。在這之後，該書風靡全球，出版超過三十種語言，銷量累積超過兩千萬冊。在台灣，中文版就出版過至少三次。而這將會是相隔二十六年之後，重新在台灣與讀者見面的第四次。

以上提到的個人記述問卷正本，如今由俄亥俄大學圖書館（Ohio University）負責典藏原件與數位化部分資料。讀者搜尋「Cornelius Ryan Collection of World War II Papers」，即可以找到數位典藏的網站。

故事的原點發生在一九四九年，諾曼第登陸五週年的時候。

這一年，雷恩與一眾二戰時期的戰地記者重遊故地。現場許多戰爭遺留下來的殘骸，讓他回想起D日的種種，因此開始醞釀一邊在《柯利爾》（*Collier's*）雜詩社上班，一邊收集資料，準備在有朝一日出版以紀實的內容、諾曼第老兵的視角書寫的作品。當一九五六年十二月《柯利爾》停刊的時候，雷恩的計畫也隨之幻滅。雖然無法確定，但相信這是他人生中同時面對失業與失去理想的糟糕時刻。但低潮並沒有維持多久。經由《讀者文摘》的協助，《最長的一日》於一九五九年十一月由西蒙與舒斯特（Simon & Schuster）負責出版。首印八萬五千冊，很快即席捲各個暢銷書榜，並且佔據《紐約時報》排行榜長達二十二週之久。之後還拍成眾星雲集的同名好萊塢電影，再次掀起熱潮。

這不是雷恩的第一本作品。此前他還寫過麥克阿瑟，還有美國太空人為主題的書籍。他甚至準備撰寫二戰時期美國戰略情報局局長唐諾文（William J. Donovan）的傳記，但最後沒有具體成形。

雷恩還有另外兩本二戰題材的作品，是經常被人擺在一起討論的。除了《最長的一日》，「二戰經典三部曲」（亦稱「雷恩三書」）還包括以一九四四年九月「市場花園作戰」為背景的《奪橋遺恨》（*A Bridge Too Far*）；描述一九四五年四、五月柏林戰役的《最後一役》（*The Last Battle*）。這集中敘述二戰最後一年，盟軍歐洲戰場反攻時期三場主要戰役歷史的作品，至今依然在歐美國家再版，可見其在戰爭歷史上的重要地位。同時也是雷恩詮釋二戰重大戰役的重要文本。直到今天為止，「二戰經典三部曲」系列在英文世界依然是書店架上的常客，是讀者會帶回家閱讀的作品。

《最長的一日》於一九五九年首次出版，已經超過六十年的歷史了，可是卻歷久彌新，這當中一定有其道理。當有人問起：「真的有必要出版「二戰經典三部曲」嗎？還有其他更多、更好的書可供選擇啊！」

我說：「有必要，而且非常有必要。不僅僅因為這是戰爭歷史非虛構文學的開山鼻祖、經典之作，它同時也是雷恩燃燒他的生命所完成的作品。絕對非常值得一讀。」

讀書共和國社長郭重興先生經常說，重新讓雷恩的作品與讀者對話是很重要的任務。作為推廣軍事閱讀為己任的出版事業，燎原出版深感責無旁貸，一定要把「二戰經典三部曲」介紹給海內外的中文讀者。

雷恩的作品影響了這半個世紀戰爭歷史寫作的方式，引發了許多作者再繼續深入去挖掘及探討的意願。其中HBO影集《諾曼第大空降》的原著作者史蒂芬・安布羅斯（Stephen E. Ambrose）就是受到雷恩啟發的其中一人。

檢視過作者雷恩的生命歷程之後發現，他過了非常精彩的一生。雖然不見得事事如意，但他之所以成功，是集合了毅力、堅持與努力，同時還要有一些運氣。他的成功使得軍事歷史的書寫有了一個全新的面貌，也造福了我們後世之人有取之不盡的好書可讀。

「相信我，藍格，登陸的頭一個二十四小時，對盟國，也對德國都具有決定性，那會是最長的一天。」

一九四四年四月二十二日
隆美爾元帥與侍從官的對話

前言

一九四四年六月六日，星期二，登陸日

盟軍進攻歐洲的「大君主作戰」（Operation Overlord），於一九四四年六月六日午夜過十五分鐘整開始，這是這一天中的頭一個小時，這一天也以D日被世人所知曉。就在那一刻，美國第一〇一空降師與八十二空降師精選的少數官兵，已在諾曼第上空的月色裡跳出了運輸機。五分鐘以後，在五十哩外，英軍第六空降師的一小批官兵也跳出飛機，他們都是先遣導航組，他們要在降落場導引，方便後續傘兵和滑降步兵降落。

盟國的空降大軍，清楚畫出諾曼第戰場的兩端。在他們中間，以及沿著法國海岸線有五處登陸灘頭：猶他、奧馬哈、黃金、天后以及寶劍，正當傘兵部隊在黎明前的諾曼第陰暗灌木樹籬中奮戰時，全世界前所未有的最大規模的艦隊，開始在這些灘頭外集結——將近五千艘艦艇，載運了二十多萬的陸軍、海軍與海岸防衛隊官兵。在大規模的艦砲轟擊與飛機轟炸後，早上六點三十分，這些官兵中的幾千人，在登陸的第一舟波中涉水上岸。

緊接在後面的不是戰史，而是人的故事：盟國大軍的官兵、他們所戰的敵人，以及陷身在這一場血淋淋混亂中的老百姓。這天是D日，從這天展開了一場會戰，這場會戰使得希特勒統治世界的瘋狂賭博壽終正寢。

第一部　焦急等待

1

在六月份潮潤潤的清晨，這處村落默默無聲，它的村名為「拉羅什吉翁」（La Roche-Guyon），位置大致在巴黎與諾曼第中途，就在塞納河一個流速緩慢的彎道中，絲毫不受打擾地度過幾近十二個世紀。多年以來，它只是過往行人來往所經過的村落。全村唯一的特色，便是羅什富科公爵的邸宅古堡，它矗立在村落後面山坡背景上，也就是它，使拉羅什吉翁帶來了長久的和平。

在這個陰沉沉的清晨，古堡森然聳立於萬物之上，厚實的石牆由於潮潤而閃閃發光。差不多早上六點鐘了，可是兩處圓石鋪就的大院子裡，卻半點動靜都沒有。在邸堡大門外，延伸的主要道路又寬又空蕩。村子裡，紅瓦頂的住宅窗戶，依然還緊閉著。拉羅什吉翁很安靜——安靜得好像是被遺棄似的，不過，這種靜寂是騙人的，在緊緊閉著的窗戶後面，村民都在等待著一具鐘敲響起來。

到了六點鐘，邸堡旁邊那座十五世紀的聖桑松教堂（St. Samson），便會響起祈禱時刻的鐘聲。在較為太平的時日，鐘響只有一個簡簡單單的意義——拉羅什吉翁的村民就會在身上劃十字，暫時停下來祈禱。然而現在，鳴鐘報時的意義，並不只是默思的時刻。這天早晨教堂鐘響，意味著夜晚宵禁的中止，開始了德軍佔領的第一千四百五十一天。

拉羅什吉翁到處都是衛兵，他們塞在偽裝披風下，站在邸堡的兩處大門裡面；村莊每一處盡頭的路障後，在高於邸堡的那處最高山丘上，在一處頹垣斷瓦的古塔裡面；還有構築在與山麓處白色露頭齊高的碉堡裡，都有衛兵。在制高點上機槍手可以見到村莊裡每一樣移動的物體，這也是德國治下的法國被佔領得最徹底的村莊。

在拉羅什吉翁正前方田園的後面，卻是一座真正的監牢。五百四十三名村民當中，在村子裡及其周圍，每一個村民就有三名多德軍。德軍官兵中的其一員便是隆美爾元帥，B集團軍司令，這是德國西線最強大的一支兵力，他的總部便在拉羅什吉翁的邸堡裡。

第二次世界大戰最具有決定性的第五年，緊張、果斷的隆美爾，要在這裡準備他一生事業中最捨死忘生的一仗。在他麾下，有超過五十萬的官士兵，把守著一條漫長的海岸線——幾達八百哩，從荷蘭的海堤，直到被大西洋海水沖刷的布列塔尼半島海岸。他的主力第十五軍團，集中在加萊一帶，也是英法兩國海峽中間最狹窄的一點。

盟軍的轟炸機群日夜轟炸這一帶地區，飽受轟炸的第十五軍團老兵譏諷的說，休息療養的勝地在諾曼第的第七軍團地區，那裡根本沒有落過一枚炸彈。

好幾個月以來，隆美爾的部隊，置身在海岸邊混凝土構築的工事中，以及由海灘上各種障礙物與地雷所形成的奇異密林中等待，可是藍灰色的英吉利海峽，依然空蕩蕩地沒有一艘船。什麼事都沒有發生，就拉羅什吉翁來看，在這個鬱悶又平和的星期天早晨，依然沒有盟軍登陸的跡象。這天是一九四四年六月四日。

2

隆美爾獨自待在一樓的辦公室，坐在一張很大的文藝復興式書桌後方，只靠桌上單獨一盞檯燈工作。這間房很大，天花板也很高。其中一面牆上展開一幅褪色的高布林掛毯，另一面牆上，掛著一幅羅什富科公爵不可一世的畫像——他是十七世紀寫作警語格言的作家，也是現任公爵的祖先——從一幅厚實的金色畫框裡向下俯看。還有幾把椅子隨隨便便擺在擦得雪亮的拼花地板上，各窗戶都有厚實的帷幔，但室內可就別無他物了。

室內除隆美爾本人外，沒有半點東西，沒有夫人露西瑪莉或者十五歲兒子曼佛雷德的照片，也沒有戰爭初期他在北非沙漠中偉大勝利的紀念品——一九四二年希特勒極其風光頒賜給他那亮晶晶的元帥指揮杖（十八吋長、三磅重的金杖，紅色天鵝絨覆蓋著點綴的金鷹與黑色納粹國徽，隆美爾只拿過一次，就是他奉頒得到的那一天）。房間內甚至沒有一幅，顯示他麾下部隊部署位置的地圖。這位傳奇人物「沙漠之狐」，依然像以往般的無從捉摸與鬼魅般的形影，他能走出這間房而不留下一點痕跡。

雖然五十一歲，隆美爾看上去比他的實際年齡要老得多，但卻和以往一樣毫不疲累。B集團軍中沒有一個人記得他有哪個晚上的睡眠是超過五個鐘頭的。這天早上，一如往常，打從四點鐘以前他就起床了，這時他也十分不耐地等著六點鐘到來，那時候他就會和手下的參謀共進早餐——然後出發回德國去。

這可是好幾個月以來，隆美爾頭一次回國休假，他要坐車去，因為希特勒規定高級將領坐飛機，一定要使用「三發動機的飛機……而且一定要有戰鬥機護航」。這一來使得將領幾乎不可能搭飛機。反正隆美爾也不喜歡飛行，他要坐上八個小時的車回家，坐著他那輛賀希牌（Horch）黑色敞篷車，駛往烏爾姆的赫林根（Herrlingen, Ulm）。

他期待這趟休假，只是要下決定回去卻不容易。在隆美爾肩上，扛有盟軍開始攻擊時便加以擊退的重責大任。希特勒的第三帝國正在一次又一次的禍害下搖擺不定，日日夜夜，數以千架計的盟軍轟炸機猛炸德國，蘇聯的大軍已經長驅波蘭，盟軍已瀕臨羅馬的邊緣——德國國防軍在每一處地方都節節敗退或遭到殲滅。德國距離重大打擊依然還遠得很，可是盟軍的反攻，卻會是決定性的一戰。德國的未來已經瀕危，沒有一個人能比隆美爾更明白這一點。

然而在這天早晨，他卻要回家去，好幾個月以來，他都希望六月初能在德國度過幾天。理由有很多，他認為現在他可以離開，盡管他從不承認，他卻十分需要休息。就在幾天以前，他打電話給頂頭上司——西戰場總司令老元帥倫德斯特請求准予此行，立刻就得到了批准。他下一步便是到巴黎郊外的聖日耳曼昂萊（St.-Germain-en-Laye）的倫德斯特司令部，作禮貌上的拜訪，正式請假。倫德斯特和參謀長布魯門提特少將，都對隆美爾的憔悴神色大感吃驚。布魯門提特永遠記得，隆美爾看起來「疲倦而且緊張……這個人需要回家，和家人一起休息幾天。」

隆美爾的確緊張和急躁，自從他抵達法國的一九四三年底的那一天起，要在何地、如何來迎戰盟軍的這些問題就加諸於他，成了一種幾乎無法承受的重擔。就如同沿著登陸正面佈防的每一個人一般，他一直生活在一個懸而不決的惡夢裡。一直懸掛在他心上的，便是需要比盟軍想得更快，判斷出他們可能的意圖——他們如何發動攻擊，打算在什麼地方登陸，尤其最重要的，什麼時候發動？

只有一個人真正知道隆美爾所承受的壓力，他對太太露西瑪莉無話不說。不到四個月的時間，他向妻子寫了四十多封信，幾乎每隔一封信，他就對盟軍的攻擊來一次新的預測。

三月卅日的信中，他寫道：「現在三月份已接近結束了，英美軍還沒有發動攻擊！……我開始認為，他們對自己的主張失去了信心。」

四月六日：「這裡的緊張一天比一天提升……這些決定性的大事會把我們分隔開很可能只是

幾個星期而已……」

四月廿六日：「英國的士氣很低……一次又一次罷工，『打倒邱吉爾和猶太人』要求和平的呼聲更為響亮。……對於要進行冒險的攻擊，這些都是壞兆頭。」

四月廿七日：「現在看來，英軍與美軍在最近的未來，並不怎麼融洽。」

五月六日：「依然沒有英美軍的跡象……每一天，每一星期……我們越來越強……我充滿信心的渴望戰鬥……或許會在五月十五日來，或許會在這個月底。」

五月十五日：「我不能作很多大型的（部隊視察）行程了……因為沒法知道登陸什麼時候開始，我認為僅僅只剩下幾個星期了，西線戰場開始有事。」

五月十九日：「希望我比以前更快進行我的計畫……（不過）我不知道自己能不能在六月份空出幾天時間離開這裡，就目前來說，沒有機會。」

不過終於有了一次機會，隆美爾決定請假的理由之一，便是他對盟軍企圖所作的判斷。現在放在他辦公桌面前的，是B集團軍的每週報告。這份仔細編寫的狀況判斷，就要在第二天中午呈給倫德斯特總部，又或者是軍用術語上的「西總」（OB West, Oberbefehlshaber West）。報告到了那裡，再加以潤色，便會成為全戰區報告的一部分，然後轉呈希特勒的「最高統帥部」（OKW, Oberkommando der Wehrmacht）。

隆美爾的評估中，有一部分提及盟軍已達「高度戰備」，以及「發給法國反抗軍的電文量增加。」不過，報告中說：「根據過去經驗，這並不顯示登陸已迫在眉睫……」

但這一回隆美爾可就猜錯了。

3

三十六歲的侍從官藍格上尉，從元帥書房經過走廊，在參謀長辦公室拿起一份清晨報告，這是他每天為司令做的例行性事務。隆美爾喜歡一早拿到報告，以便在早餐時和參謀討論。不過今天早晨，報告內容並沒有什麼；戰線依然平平，除了夜間持續對加萊的轟炸以外。對這種現象，似乎已經毫無疑義，剔除所有其他跡象，這種對加萊的持續性轟炸，彷彿那就是敵軍選定了的攻擊目標。如果他們要登陸的話，就會在那裡，幾乎每一個人都這麼以為。

藍格看看錶，還差幾分鐘六點，他們會在七點整動身，而且應該會準時，隨行沒有護衛，只有兩輛車，一輛隆美爾坐，另一輛是隨行的B集團軍作戰處長鄧普霍夫上校，他那輛車單獨隨行。也像尋常一般，他們要經過許多防區，但都沒有把元帥的計畫通知各防區指揮官。隆美爾喜歡這種方式，他很討厭各地指揮官的大驚小怪，行禮如儀，軍靴後跟鏗然靠攏，還在每一處城市入口安排護送機車衛隊恭候，耽誤了行程。所以，他們運氣好一點的話，下午三點鐘就可以到達烏爾姆。

但有一個常見的問題：要帶什麼給元帥作午餐。隆美爾不抽菸，很少喝酒，對飲食極不講究，以致有時都忘記了吃。時常要與藍格作遠途行程安排時，他會在午餐桌上用鉛筆寫下又大又黑的字：「簡便野戰口糧」。有時他的話也讓藍格更為難：「當然啦，如果你要多加一兩個菜，我也不反對。」注意周到的藍格似乎都不十分明白要廚房準備什麼。這天早晨，除開一個暖壺的法式清湯外，還點上了各種口味的三明治。他猜想反正隆美爾也像往常一般，會忘記吃中飯。

藍格離開辦公室，走上橡木地板的走廊，走廊兩邊的各扇門內，傳來盈盈的交談聲和清脆的打字機聲，B集團軍司令部現在是一處極為忙碌的地方。藍格心中非常納悶，目前住在上面一層樓的法國公爵與公爵夫人，在這麼吵吵鬧鬧的噪音中怎麼還能睡得著。

在走廊盡頭，藍格在一扇厚門前站住，輕輕敲了敲門，轉動門把便走了進去，隆美爾並沒有抬頭，正埋首在面前的大量公文裡，以致於侍從官進了房間，他一點也沒覺察。不過藍格曉得，最好不要打擾隆美爾，他站著等待。

隆美爾從辦公桌上瞟了一眼：「早，藍格。」

「早安，元帥，這是報告。」藍格把清晨報告遞了過去，然後他就離室在門外等著護送隆美爾去吃早餐。今天早晨元帥似乎特別忙碌，藍格知道隆美爾是多麼的浮躁與多變，但無從得知他們究竟是不是要真的離開。

隆美爾無意取消這一趟行程，雖然還沒有確切約定，他希望與希特勒會面。所有元帥都有「接觸」元首的管道，而隆美爾也打電話給老友施密特少將——希特勒的副官，要求約定時間晉見。施密特認為會晤可以安排在六月六日到九日之間。這也是隆美爾的行事風格，除了自己的參謀以外，沒有人知道他打算去見希特勒。在倫德斯特司令部的官方日誌中，只簡簡單單記著隆美爾回家度假幾天。

隆美爾有相當的信心，自己能在這個時候離開司令部。目前，五月已過去了——那是天氣十分良好，最宜於敵軍攻擊的一個月份——他已有結論，反攻不會在接下來幾個星期內發動。對這一點他信心十足，並且替反登陸障礙物訂定了一個完工限期。在他辦公桌上有一份下達給第七軍團和十五軍團的命令，命令上指示：「務盡每一項可能努力以完成障礙物，敵軍惟有付出極高代價始可能在低潮時登陸……工作務須持續推動……在六月二十日以前將完成並回報本司令部。」

這時他推斷——連希特勒與統帥部都如此——登陸可能與蘇聯紅軍的夏季攻勢同時發動，或者稍後一點時間。他們知道，蘇聯的進攻，一直要到波蘭地區融雪以後才可能實施。因此，他們認為除非到了六月下旬，盟軍才會發動攻勢。

在西線戰區，惡劣天氣已經持續了好幾天，未來的天氣預測還會更壞。凌晨五點的報告，由德國空軍駐巴黎的氣象處長史塔比上校教授所擬，預測雲層逐漸加厚、強風和陣雨。現在海峽刮的風速，甚至已達到每小時二十到三十哩。對隆美爾來說，看起來敵軍極不可能在以後的幾天貿然發動攻擊。

就連在拉羅什吉翁岩，前一晚上天氣也變了。對正著隆美爾辦公桌的是兩扇落地的法國長窗，窗戶敞開後會有一個玫瑰花園陽台。今天早晨根本不是什麼玫瑰園了，到處狼藉著玫瑰花瓣、斷裂的零枝碎葉。就在破曉前不久，從英吉利海峽刮來的一陣夏季狂風暴雨，掃過法國海岸，然後繼續往內陸去。

隆美爾打開辦公室的門走出來，「早安，藍格。」他說道，好像他直到現在才見到侍從官似的。「我們準備走了嗎？」他們一起前去用早餐。

堡邸外面的拉羅什吉翁，響起了聖桑松教堂的晨禱鐘聲，每一聲都為了自己的存在和強風搏鬥，這時正是早上六點鐘。

4

隆美爾和藍格之間是一種自在的非正式關係。好幾個月以來，他們經常在一起，自從二月份起，藍格派任隆美爾的侍從官以來，很少有一天不是到各處作長時間的視察中度過。通常他們在凌晨四點三十分就已上路，以最高速駛向隆美爾防區一些偏遠的部分。可能一天到荷蘭，另一天到比利時，後一天又到諾曼第或布列塔尼（Brittany）。這位堅決的元帥要在每一時刻都搶佔先機。「我現在只有一個真實的敵人，」他告訴過藍格，「那就是時間。」為了征服時間，隆美爾既不放過自己也不放過麾下官兵，自從一九四三年十一月把他派往法國時，就一直是這種方式。

負責整個西線防務的倫德斯特，當年秋天請求希特勒增派援兵。援兵沒有，派來的卻是頭腦冷靜、驍勇大膽、雄心勃勃的隆美爾。使得這位六十八歲、貴族風格般的西線總司令大沒面子的是，隆美爾到差時攜帶了一份「彈性訓令」，命令他檢查海岸工事——也就是希特勒大吹大擂的「大西洋長城」——然後直接向元首的統帥部報告，這員年輕將領隆美爾的到來，使得十分難堪而又失望的倫德斯特十分不自在，提到隆美爾，便稱他是「少帥」[1]。為了這件事他請教統帥部參謀總長凱特爾元帥，是不是統帥部考慮由隆美爾來繼任他。他得到的答覆是：「別作任何空頭結論。」總結的說，「隆美爾的能力還不足以勝任這個位置。」

隆美爾到差後不久，便對大西洋長城作了一次旋風式的視察——而所見到的使他大為震驚。沿海岸各地，僅僅只有少數地點完成了龐大的混凝土與鋼構工事，大致上只有從法國的勒哈佛（Le Havre）到荷蘭間，幾處重要港口、河口，以及俯瞰海峽的高地上才有這類工事。而其他地方的防務，完成的程度參差不齊；有些地方，根本沒有開工。雖然在現階段，大西洋長城在它完工了的地方，都有重砲林立，是龐然恐怖的障礙。可是依隆美爾的標準，這些都還不夠。任何事物都還不足夠以阻止那種猛攻，而隆美爾知道——他一向記得，前一年他在北非，慘敗在蒙哥馬利的手裡——這種猛攻一定會來臨。以他批判的眼光來看，大西洋長城只是一樁鬧劇。他使用了任何語言中最能形容這種想法的詞彙，他說這是：「希特勒的幻想。」

兩年以前，根本就還沒有這處長城。

到一九四二年時，對元首和趾高氣揚的納粹黨員來說，看來勝利已十分篤定，並不需要什麼海岸工事。萬字旗已在各地飄揚，甚至戰爭還沒有開始，奧地利與捷克便唾手而得。早在一九三九年，波蘭就在蘇聯與德國手上遭到瓜分。戰爭還不到一年，西歐許多國家就像熟蘋果一般紛紛落地。拿下丹麥只有一天，挪威要從內部滲透，花的時間久了一些：六個星期。然後在那年的五月與六月，一共只有二十七天，毫無任何預兆的情況下，希特勒的閃電戰部隊就揮軍直搗荷蘭、比利時、盧森堡和法國。在全世界萬難置信的注視下，把英軍從敦克爾克趕下了海。法國崩潰以後，所有敵國只剩下了英國——孑然挺立。希特勒需要「長城」做什麼？

可是希特勒並沒有進犯英國，他麾下的將領要他進攻，可希特勒卻在等待，認為英國會求和。隨著時間過去，情況迅速變化，英國有了美國的援助，開始緩慢但卻確實的復原。眼見法國海岸，已不再是一處攻勢的跳板了，而這時希特勒已深深陷入與蘇聯的戰爭——他在一九四一年六月進攻蘇聯。在一九四一年秋，他開始向手下將領談到，要使歐洲成為「堅不可摧的要塞」。而在這年的十二月美國參戰後，元首向全世界嚷嚷：「一連串的堅固據點與龐大工事，起自科肯斯（Kirkenes，挪威與芬蘭國界）……一直到庇里牛斯山（Pyrenees，法西邊境）……這是本人毫不動搖的決心，要使這道前線在對抗敵人時牢不可破。」

1 編註：德文的 Marschall Bubi，或英文的 Marshal Laddie。

這是一種荒唐而不實際的吹嘘，這一路下來如果不計算曲折的海岸線，從北冰洋直到南方的比斯開灣，便綿延幾達三千哩。

即令在海峽最狹窄的部分，從英國直接橫越海峽的所在，這種工事也不存在。可是希特勒對要塞的觀念相當著迷，當時擔任德國參謀本部參謀總長的哈爾德上將，對於希特勒提出他那項狂熱方案的時候，還記得很清楚。哈爾德對於希特勒不肯進犯英國感到不可原諒，因此對這一套想法很冷淡。他大膽提出對工事的意見時說，「如果需要工事」就應當構築「遠在艦砲射程以外的海岸線後方」，否則部隊也許就給砲火釘死。希特勒大踏步衝過房間，走到一間鋪有一幅大地圖的桌子邊，發作了整整長達五分鐘的脾氣，他握緊拳頭捶打地圖，厲聲高叫：「炸彈和砲彈會落在這裡……這裡……這裡……和這裡，就在長城的前面、後面和長城的頭上……但是部隊在長城裡卻很安全！然後他們就會出來作戰！」

哈爾德一句話也沒吭，可是他知道，就如同統帥部其他將領也都知道，即使第三帝國有著這些使人沉醉的勝利，然而元首業已害怕——使德國處於兩面戰場——反攻。

然而，對工事的進行工作依然不多，到了一九四二年，正當戰爭的趨勢開始不利於希特勒，英軍突擊隊開始襲擊歐洲「堅不可摧」的歐洲堡壘。然後就來了一場戰爭中最血淋淋的突襲，那一次有五千多名英勇的加拿大軍，在第厄普（Dieppe）登陸，那就是登陸歐洲一次血淋淋的揭幕式。盟軍的策劃人員後來才知道德軍在港口構築的工事有多堅強，加軍傷亡達三千三百六十九人，其中有九百人戰死，那次突襲是場災難，但卻震驚了希特勒。他對著麾下將領大發雷霆，大西洋長城務必以最快速度完成，以「狂熱」的方式趕工。

確實如此，成千上萬的奴工晝夜不停修築工事，澆灌數以百萬噸計的混凝土。工事的混凝土使用得太多，以致希特勒治下的歐洲，任何其他工程都不可能得到混凝土；訂的鋼筋數量多得驚人，但這種材料極其缺乏，迫使工兵在缺乏鋼材的情況下施工。結果，有些碉堡與工事群只用可以部分轉動的鋼堡[2]充當碉堡上方掩護，那還是需用鋼材裝甲，這種設計也使得火砲的射界受限。工事建構對物資與裝備的需求太大，迫使德國拆除法國以前的馬奇諾防線，和德國國境工事（齊格飛防線）的部分資材，轉移到大西洋長城來。雖然有五十多萬人構工，但到了一九四三年年底，雖然「長城」離完工還很遠，但這些工事卻是真實的威脅。

希特勒知道登陸一定不可避免，而這時他卻要面對一個更大問題：找出幾十個把守這些增多出來的防務的師級部隊。在蘇聯境內，正當德軍力圖據守長達二千哩長的東線戰場，對抗蘇軍殘忍無情的攻擊，一個師又一個師遭紅軍消滅；在義大利，自從盟軍西西里島登陸以後，德軍就遭打敗，數千名部隊依然遭牽制住。一九四四年，希特勒被迫在西線增兵，用的是一種奇特的混合式補充兵——老頭、小孩子、在東線被打趴的殘部，從各佔領國家強迫徵來的「志願兵」（略略一算，就有波蘭、匈牙利、捷克、羅馬尼亞，與南斯拉夫各國）；甚至還有兩個蘇聯師，由蘇軍官兵組成，他們寧願為納粹作戰，也不願待在戰俘營裡。這些部隊作戰能力令人存疑，但卻填補了空隙。何況希特勒還有久經戰陣的部隊和裝甲師，到D日前，他部署在西線的兵力，整數達到難以忽視的六十個師。

2 編註：cupolas通常指涉鋼堡，由於缺乏混凝土與鋼材，迫使德軍用圓頂式鋼堡彌補碉堡上方保護力的不足，但這種鋼堡防護力不足，所能架設的火炮口徑也偏小，無法與正規的碉堡相比。

並不是所有師都滿編，可是希特勒所依賴的依然還是他的大西洋長城，這就會使情況不同了。然而以隆美爾這種一直在作戰——也被打敗過的人——到了前線，見到這些工事時也會大為震驚。自從一九四一年以來，他就不在法國，而他，也像德國很多將領一般，深信希特勒的宣傳，都以為防務差不多完成了。

他對長城有損的貶斥，對西總的倫德斯特來說並不意外，而且衷心贊同；的確，這或許是這位老師完全同意隆美爾論事的唯一一點。聰明的老倫德斯特從來不相信固定式的防禦，一九四〇年，他以高超的戰術，成功包抄法軍馬奇諾防線，導致法國崩潰。對他來說，希特勒的大西洋長城，只不過是一項「莫大的吹噓……對德國老百姓的吹噓更勝過敵人……而敵人，經由他們的間諜，對它的認識遠比我們多。」它只能「暫時妨礙」，但卻阻擋不了敵軍的攻擊。倫德斯特深信，沒有一種辦法，能防止盟軍登陸的成功。他計畫擊敗登陸的方法，便是在距離海岸線後方，集結雄厚的兵力，在盟軍部隊登陸**以後**，再加以攻擊。他認為，那才是攻擊的最佳時刻——也就是敵軍依然疲弱、沒有適當的補給線，以及在孤立的灘頭掙扎重組的時刻。

對於老師的這種理論，隆美爾完全不同意。他堅定的以為，摧毀登陸的唯一辦法便是：迎頭痛擊！他很篤定，那時已沒有時間調動增援兵力，敵人不停的空襲，或者艦砲與砲兵的猛烈轟擊，會把增援部隊摧毀。以他的觀點，每一項兵力，從步兵到裝甲師，都得在海岸的正後方保持戰備。他的侍從官清楚記得隆美爾為本身的戰略作總結的那一天，他們都站在一處闃然無人的海灘上，個子不高、身材結實的隆美爾，身穿一件厚實的軍大衣，脖子上繞著一條舊圍巾，大步走來走去，揮舞著他「非正式」的元帥指揮杖。那是一支長兩呎的銀頭黑木杖，有紅、白、黑三色的流蘇。他用指揮杖指著海灘說：「戰爭的輸贏就在海灘上，我們僅僅只有一個機會阻止敵人，那就是他依然還在水裡掙扎著要上岸的時候……預備隊絕不會開到攻擊點，甚至考慮到使用預備隊也是件蠢事。『主抵抗線』就在這裡……我們所有的一切，都務必放在海岸上。相信我，藍格，登陸的頭一個二十四小時，對盟國，也對德國都具有決定性，那會是最長的一日。」

大致上，希特勒批准了隆美爾的計畫，打從那時候起，倫德斯特已成了裝飾老總，隆美爾執行倫德斯特的命令，但僅限於符合他個人想法的命令，為了要辦到這點，他經常使用簡短有力的論述，隆美爾會說：「元首給了我十分明確的命令。」他從沒有直接向威嚴的倫德斯特說過這句話，而是向西總參謀長布魯門提特少將說。

在希特勒的支持，以及倫德斯特的勉強接受下（「希特勒，那個波希米亞的下士，」西總總司令怒喝道，「時常做與他自己相反的決定。」），堅持己見的隆美爾便著手把現行的各種反登陸計畫做了完全的修改。

短短的幾個月裡，在隆美爾無情的驅使下，海岸線的戰場經營已經完全改觀。在每一處認為可能登陸的灘頭，他下令所屬士兵與當地徵集的奴工營一起工作，架設起簡易的反登陸障礙。這種障礙物——交錯三角鋼架，鋸齒結構的鐵門，金屬頭的木樁，還有混凝土的三角錐——都埋置在低於低潮線的水線下，另以致命的地雷，把它們綁在一起。地雷不夠的地方，就用砲彈充當，彈頭不祥地指向海裡，只要碰觸就會引爆。

隆美爾奇怪的發明（大多數都由他自己設計）既簡單又致命。它們的目的是要刺穿和炸毀滿載部隊的登陸艇，或是阻擋住它們一陣子好讓岸砲有時間瞄準。他斷定不論哪種情況，敵軍士兵在抵達海灘以前，就會有大批傷亡。現在，有超過五十萬件以上的這種致命水下障礙物，配置在綿延的海岸線上。

隆美爾是一個力求完美的人，他依然不滿意。他下令，在海灘、斷崖底、蝕溝內[3]、以及敵軍用作深入內陸的路徑上埋設地雷。地雷的種類形形色色，從可以炸毀戰車履帶的烤餅式大型地雷，到小型的S型人員殺傷地雷都有。這種地雷踩到後會彈跳而在與人體下腹部齊高的高度爆炸，現在在海岸上佈置了五百萬枚這種地雷。在攻擊來臨以前，隆美爾希望再埋設六百萬枚。最後他更希望要在登陸的海岸，埋設六千萬枚[4]。

隆美爾的部隊俯瞰著海岸線，他們在機槍堡內、混凝土碉堡和戰壕中等待，這些工事四周全都是一層層的有刺鐵絲網，又有密林似的地雷與障礙物的支援。從這些陣地中的每一門火砲，隆美爾都能俯瞰沙灘與大海，它們業已瞄準這些地區，形成重疊射界。有些火砲陣地根本就設置在海岸上，它們隱藏在混凝土碉堡裡，上面是貌似無害的海濱住宅，砲口不是瞄準大海[5]，而是直接瞄準海灘，可以對一波波衝上岸的部隊實施近距離平射。

隆美爾利用每一種新技術、新發展的優點。在缺乏火砲的地方，他就部署火箭發射器連，或者多組迫砲。在某地，他甚至有稱為「哥利亞」的小型機械戰車。哥利亞可以攜帶半噸炸藥，從工事內由士兵遙控駛下灘頭，在登陸部隊或登陸艇中間引爆。

在隆美爾的老式武器大觀中，所缺少的便是向下倒往敵軍身上一鍋鍋的熔鉛——但在某方面，他卻有相當的現代化武器：自動火焰噴射器。沿著整個正面，有些地方佈有油管，從隱匿的煤油槽中，把油流進離開海灘而多草的敵軍接近路線，只要一按鈕，前進的敵軍部隊立刻就會被熊熊火焰吞沒。

隆美爾也沒忘記傘兵和滑降步兵的威脅，在工事後方低窪地區都已泛水，在距離海岸七到八哩處的每一片開闊地，都釘上了粗樁，再加綁詭雷。這些反空降樁中間繫有絆索，只要一碰絆索便會立刻引爆地雷或砲彈。

隆美爾對盟軍部隊，組織了血淋淋的歡迎禮，在現代戰爭史上，從來沒有過對一支進犯武力，準備得比這更強大、更致命的防務。然而，隆美爾並不滿足，他要有更多的機槍碉堡、更多的海灘障礙物、更多的地雷、更多的火砲與部隊。他最想要的，便是多個兵力雄厚的裝甲師，他打算部署在海岸後方遠處擔任預備隊。他在北非沙漠中運用裝甲師，打贏過好幾次值得紀念的會戰。而現在，在這個緊要關頭，沒有希特勒同意，莫說是他，連倫德斯特都調動不了這些裝甲部隊。元首堅持，要在他個人的指揮下掌握這些部隊。隆美爾在海岸防務方面，至少需要五個裝甲師，在敵軍登陸後的前幾小時內，便能發動一次逆襲。而晉見希特勒是他得到這些裝甲師唯一管道。隆美爾時常告訴藍格：「最後一個能見到希特勒的人，這一局他就贏了。」在拉羅什吉翁陰鬱的早晨，他準備回德國，這是一次長途行程。隆美爾比過去都還堅定地要贏得這一戰。

3 編註：這種蝕溝在奧馬哈灘頭上最為明顯，迫使美軍只能從灘頭上正面攻擊這些蝕溝，現今法國諾曼第地區 D514 縣道，就是沿著這些蝕溝興建。

4 原註：隆美爾非常沉迷於以地雷作為防禦武器，前任參謀長高斯少將（Alfred Cause）陪他一起出去視察，指著好幾公頃春天野花盛開的田野，說道：「這景致不是很棒嗎？」隆美爾點頭答道：「你記下來，高斯。這片地區要埋設一千枚地雷。」還有一次，他們上路去巴黎，高斯建議一行人去參觀在塞夫勒（Sèvres）有名的瓷器工廠，高斯驚訝隆美爾會同意此行，可是元帥對藝術作品並不感興趣，他快步走過展覽室，轉頭對高斯說道：「看看他們能不能為我的水雷製造防水外殼。」

5 編註：有些在諾曼第灘頭的碉堡，臨海的一邊是厚重的混凝土以對抗盟軍火力，並將砲口指向灘頭，可以對灘頭登陸部隊實施縱射。

5

第十五軍團司令部在一百二十五哩外的比利時邊界。軍團內部有一個人，很高興見到六月四日清晨的來臨。梅耶中校坐在辦公室裡，容貌憔悴、兩眼矇矓，自從六月一日以來，他沒有睡過一宵好覺。可是剛剛過去的這一晚卻是最糟的，他絕不會忘記。

梅耶有一項備受挫折、使人不安的工作。除了身為第十五軍團的情報處長以外，他還身兼登陸戰線上唯一的反情報組組長。這個由他創立的單位，核心有三十名負責無線電通信截聽的官兵，他們一天二十四小時晝夜輪班，在一處塞滿精密無線電裝備的混凝土碉堡裡工作。他們的任務就是監聽，此外什麼都沒有。每一名官兵都是通信專家，個個能說三種流利語言，在他們聆聽下，來自盟軍無線電通訊的每一個字，乃至每一個摩斯碼的單一聲響，他們沒有截聽不到的。

梅耶的這批官兵深富經驗，他們的器材也非常靈敏，甚至一百多哩外的英國，憲兵吉普車上的無線電發射機的呼叫，也都能截聽得到。美英兩軍的憲兵，在直接指揮運輸部隊時彼此在無線電交談，這對梅耶的幫忙相當大，他可藉此整理出駐紮在英國各個師級單位的番號。可是現在有好一陣子，梅耶的作業人員卻沒法再截收到這些通訊，這對梅耶深具意義，那也就意味著敵軍已經嚴格執行無線電靜默。他對登陸的近迫業已有許多跡象，而無線電靜默更是再增加一個。

就他手頭所有的其他情報報告，像無線電靜默這種情況，有助於梅耶推演敵軍計畫作為的大致景象。而他對自己的職務很在行，一天當中他要從一堆監聽報告中篩檢好幾次，不斷地搜尋可疑、不尋常的——甚至難以置信的資料。

就在這天晚上，他的手下截獲到了難以置信的資料。他們對這則入夜後以高速發報的新聞稿加以監聽，截聽到的電文為：「至急，紐約美聯社急電，艾森豪總部宣佈，盟軍在法國登陸。」

梅耶可嚇呆了，他即刻警告軍團參謀。但他停了一下冷靜下來，因為他知道這則電訊一定是錯的。這有兩項理由，第一，在整個登陸正面完全沒有任何動靜——如果敵軍發動攻擊，他會立刻知道。其次，在一月份時，當時的德軍軍事情報局長海軍加納瑞斯上將，曾經給了梅耶一份分成兩部分的奇怪電報，他說盟軍在登陸以前，會用來警示法國反抗軍預作準備。

加納瑞斯警告說，在登陸前的幾個月，盟軍會廣播成百上千的電文給反抗軍，卻僅僅只有少數幾則電文，才真正與D日有關，其他都是假的，故意設計用來製造誤導與混淆德軍的判斷。加納瑞斯說話向來直率、不含糊，梅耶便監聽所有這些電文，以免錯過那最重要的一則。

起先梅耶還心存疑惑，在他看來完全僅僅依靠一則電文，似乎是瘋狂。此外，他從過去經驗知道那時柏林的消息來源，有百分之九十都不正確。他有整整一個檔案的假報告，足以證明他的觀點；似乎盟軍已經對北起斯德哥爾摩，南到安卡拉的每一名德國間諜，都提供了登陸的「精確」地點與時日——卻沒有兩份報告內容是相同的。

不過梅耶知道，這一回柏林對了。經過幾個月的監聽，梅耶手下就在六月一日晚上，截獲到了這則盟軍電文的第一部分——和加納瑞斯說的一樣。這和前幾個月裡，梅耶手下所截獲到的成上百句密碼電文不相像。每一天，在英國廣播公司（ＢＢＣ）正常的廣播時間以後，便以法語、荷語、丹麥語與挪威語，向反抗軍唸出密碼的指示。對梅耶而言，大多數這種電文了無意義。沒法破解這種密語片段也很惱火。例如「特洛伊戰爭不進行」、「糖蜜明天會冒出白蘭地酒」、「約翰有把長鬍子」或者「沙賓剛剛得了耳下腺炎和黃疸」。可是，六月一日晚上九點，隨著ＢＢＣ新聞播報後的一句電文，卻是梅耶了解得再清楚不過了。

「現在請聽幾段私人的訊息，」播音員用法語說道，李希林上士立刻打開一具有線錄音機的開關，播報員停了一下，這才說道：「秋日小提琴的長長嗚咽。」

李希林兩隻手猛然往耳機上一按，然後脫下耳機，趕緊跑向梅耶的碉堡住處，他衝進梅耶辦公室，興奮地說道：「報告，那段電文的頭一節——在這裡了。」

他們一起回到無線電室碉堡，梅耶仔細傾聽錄音，這就是了——加納瑞斯曾經警告過他們要料到的一句。這是法國十九世紀詩人魏崙（Paul Verlaine）《秋歌》的第一句。根據加納瑞斯的資料，魏崙的這一行詩，會在「當月的一日或十五日播送……那就代表英美軍登陸所宣佈電文的前半段。」

電文的後半段，便是魏崙詩中的第二句「單調的鬱悶傷了我的心」。這一句一廣播出來，根據加納瑞斯的說法那就意味著「登陸會在四十八小時以內開始……從播出後的那天零時起計。」

梅耶聽到了魏崙第一行詩的錄音，立刻通知第十五軍團參謀長霍夫曼少將。「第一段電文已經來了，」他告訴霍夫曼說，「現在會有狀況要發生了。」

「你有絕對把握嗎？」霍夫曼問道。

「我們錄下來了呀。」梅耶回答。

霍夫曼立刻向整個第十五軍團發出警報。

梅耶同時也把這段電文，以電傳打字傳往最高統帥部。然後再打電話到倫德斯特的西總和隆美爾的B集團軍司令部。

在最高統帥部，這則電文呈給作戰廳長約德爾上將，但電文擺在辦公桌上，他並沒有下令戒備，卻假定倫德斯特已經這麼做了。但是倫德斯特卻以為隆美爾的軍團司令部也下達了命令[6]。沿著入侵的海岸，只有一個軍團在戒備：第十五軍團；而據守在諾曼第海岸的第七軍團，對這節電文的事一無所知，也就沒有戒備。

在六月二日和三日這兩天晚上，這句電文的第一段又廣播了一次，這可使梅耶擔憂起來，根據他的消息，它應該只廣播一次啊。他只能這麼假定，盟軍把這項準備命令一再重複，為的是要讓法國反抗軍確實收到。

六月三日的晚上，就在這則電文再次播送的一小時後，梅耶截收到了美聯社發出說盟軍在法國登陸的急電。假如加納瑞斯的警告是對的，那美聯社的報導就錯了。梅耶經過一開始的慌亂之後，便賭在加納瑞斯的情報上。這時他十分困倦，但卻十分得意，拂曉來臨，整個前線都還很平靜，更證明了他是對的。

現在沒有什麼事情可做，只有等待那極其重要的後半段警示，可能在任何時候播出。它的重要性至關重大，壓垮了梅耶。打垮敵軍的登陸，德國數十萬人的生命，以及德國的存亡，就全靠他和手下官兵監聽這則廣播，以及前線下令戒備的速度而定。他和手下以前從來沒有這麼準備妥當過，他只能希望自己的上級也意識到這則電文的重要。

正當梅耶安定下來等待，一百二十五哩外，B集團軍司令正在準備回德國去。

6 原註：相信隆美爾一定也知道這封訊息，但從他對盟軍的評估，顯而易見的是漏算了。

6

隆美爾元帥仔細勻了一點蜂蜜在一片塗了奶油的麵包片上。席間，還坐著他那位才氣煥發的參謀長史派德爾博士少將以及幾位參謀。早餐並沒有什麼形式，談話都很輕鬆，了無限制，就像一家人在一起進餐，做老爸的坐在餐桌的一頭。在某種形式上來說，這有點像一個關係密切的家庭……每一員軍官都由隆美爾親自挑選，他們也對他盡心盡力。今天早晨他們都向隆美爾提到形形色色的問題，希望他能向希特勒提起。隆美爾卻沒有說得很多，只注意傾聽。這時，他再也忍不住要走了，看了看錶，「各位！」他突然說道，「我得走了。」

堡邸正門外，隆美爾的駕駛士丹尼爾，正站在元帥座車邊，車門敞開，隆美爾邀請同行的另一位參謀鄧普霍夫上校坐在藍格旁邊，他是參謀群中唯一隨行的，鄧普霍夫的車可以跟在後面。隆美爾和他這個官方家庭中的成員一個個握手，向參謀長短短說了幾句，便坐進他通常坐的位置——駕駛座的旁邊，藍格和鄧普霍夫則坐在後座，隆美爾說道：「丹尼爾，現在我們可以走了。」

座車在庭院裡慢慢兜了一圈，駛出堡邸正門，經過車道兩旁十六株修剪成方正的菩提樹，車子進村以後向左轉，駛上了往巴黎的幹道。

六月四日，在這個特別陰鬱的星期日早上七點鐘，離開了拉羅什吉翁，隆美爾覺得很好。這次行程的時間沒有比這更好了。在他座位旁邊有一個紙箱，裡面有一雙五號半、漂亮的灰色、要送給太太的手工小皮鞋。這是個特別而極具人情味的理由，他要在六月六日星期二和她在一起，那天是她的生日[7]。

在英國，這時正是早晨八點鐘（英國雙重夏令時與德國中部時間相差一小時）。在普茨茅斯市附近森林裡，盟軍最高統帥艾森豪將軍，在一輛拖車裡。經過幾近整夜不眠後，睡得正酣，到現在為止在他附近的總部，已由電話、傳令與無線電，下達了密碼電文已經過了好幾個小時了。艾森豪大約在隆美爾起床的時刻，下達了一個生死攸關的決定：由於天候狀況不佳，他已把盟軍登陸時刻延後二十四小時。如果天候狀況許可，D日就會是六月六日，星期二。

7

美國科尼號驅逐艦（USS Corry, DD-463）艦長，三十三歲的霍孚曼少校，正用望遠鏡觀望跟在他後面，穩定地駛過英吉利海峽的長長船隊。在他看來，萬難相信他們出航了這麼遠，竟沒遭到任何攻擊。他們準時駛往航道。這支緩緩前行的船團，隨著一條迂迴的航線行駛，行駛的速度

7 原註：自從第二次世界大戰以後，隆美爾麾下的許多高階軍官，都眾口一詞，力求為隆美爾六月四日、五日兩天以及D日不在前線的情況作最有利的辯護。舉凡出版、文章及訪問，他們都說隆美爾在六月五日赴德國，這不正確。他們也宣稱，希特勒命令隆美爾回德國，這也是不正確。希特勒總部中，唯一知道隆美爾有意晉見元首的人，便是元首的副官施密特少將。當時是最高統帥部作戰廳副廳長的瓦里蒙將軍告訴我，約爾德、凱特爾，以及他本人，根本不曉得隆美爾在德國。甚至在D日當天，瓦里蒙還以為隆美爾在集團軍司令部指揮作戰。至於隆美爾離開諾曼第的日期，則是六月四日，這是毫無爭論餘地的證據，這記載於小心謹慎記錄的《B集團軍作戰日誌》上，那上面才是正確的時間。

一小時不到四節。自從前一天晚上駛離普茨茅斯港以後，他們已經行駛了八十多浬。霍孚曼預料在任何時刻都會碰到麻煩，潛艇或者飛機的攻擊，乃至兩者同時攻擊，至少他預料會碰到水雷，隨著每一分鐘過去，他們也更深入敵人水域。法國就在前面，僅僅只有四十浬了。

這位年輕的少校艦長，在科尼號上從一名上尉升到艦長，還不到三年便平步青雲，對能率領這一支壯盛的船團，有說不出的得意。透過望遠鏡望著這個船團，他知道對敵人來說，這是一個活靶。

在他前面的是掃雷艦群，六艘小小的艦隻散開成一個對角線隊形，就像一個倒過來V字型的一邊，每一艘掃雷艦都在艦身右邊拖曳一根長長的鋸齒纜線切割器，在海水中拖曳藉以切斷繫留雷的繫索、引爆漂雷。在掃雷艦群後面的，便是那些瘦滑艦身的「牧羊犬」——護航驅逐艦。在她們後面的，縱目所及便是綿延不斷，見不到盡頭的船團。好大的船列中，都是行動笨拙的登陸艦，載著上萬名官兵、戰車、火砲、車輛和彈藥。每一艘滿載的船艦上，在一根結實的繫纜頭都繫有一只防空阻塞氣球。因為這些阻塞氣球飄浮的高度一致，在勁風時搖搖擺擺，使得整個船團看起來就像醉醺醺般的向一邊偏移。

在霍孚曼看來，這真是壯觀，他知道船團中船艦的總數，估計一下每艘艦艇的距離，這支盛大的閱兵隊伍的尾端，一定還在後面的英國普茨茅斯港內。

而這僅僅只是一個船團，霍孚曼知道還有好幾十個船團，在他啟航的時候也出發了，或者會在這一天離開英國。這天晚上，他們所有的船艦會蓋滿了塞納灣。清晨以前，這支五千艘的龐大艦隊，就會停在諾曼第登陸灘頭的外海。

霍孚曼根本等不及見證這種場面，他所率領的船團，很早就離開了英國，因為他們要去的地方最遠。這是美軍雄壯兵力的一部分。第四步兵師，他們要去的地方，霍孚曼和數以百萬計的美國人一樣，以前根本沒聽說過。在瑟堡半島東側一片刮著風沙的地帶，盟軍命名為猶他灘頭（Utah）。在它的東南方十二哩處，正在濱海維爾（Vierville）與科勒維爾（Colleville）兩個村落的前面，是美軍登陸的另一處灘頭，稱為奧馬哈（Omaha Beach），宛如一條新月形的狹長海灘，是美軍第一與第二十九步兵師的登陸點。

科尼號艦長原先還指望在這天早晨能見到靠近他的其他船團，可是看上去海峽中只見他的船團。他並不煩惱，因為他知道附近還有其他船團，不是U部隊就是O部隊[8]，正在駛向諾曼第。霍孚曼並不知道，由於天候狀況不穩定，十分擔心的艾森豪只准少數幾個慢速船團先在夜間出發。

突然，駕駛台上的電話嗡嗡響了，一名艙面軍官要伸手去接，但是挨得近的霍孚曼一把抓起了電話，「駕駛台，」他說道，「我是艦長。」他聽了一下，「你確定嗎？」他問道，「電文複誦了沒有？」霍孚曼再聽了較長的時間，然後就把電話筒放回話筒架上，這太難以相信了，整個船團奉令折回英國——沒說理由，出了什麼事，登陸延期了嗎？

霍孚曼從望遠鏡裡看前面的掃雷艦群，她們並沒改變航向，它們後面的驅逐艦也沒轉向，它們接到了電訊嗎？在作任何舉動以前，他決定親自看看這份轉向的電報。他一定得確認，便迅速爬到下一層甲板的無線電室。

---

8 編註：分別是 Force U 與 Force O。

通信上兵格里遜並沒有弄錯，他把通信紀錄簿給艦長過目，說道：「我為了確定核對了兩遍。」霍孚曼急忙回到駕駛台去。

現在他的工作，以及其他驅逐艦的工作，便是把這支龐大的船團兜轉回頭，而且要快。因為他負責領頭，他現在最關切的是在前面幾浬遠的掃雷艦群，由於實施嚴格的無線電管制，沒法以無線電通知她們，「全速前進，」霍孚曼下達命令，「接近掃雷艦，通信兵用燈號。」

正當科尼號向前疾駛時，霍孚曼往後面看，只見身後的驅逐艦群，改變航向，轉彎駛到船團兩側。這時在通信燈號閃光下，她們開始進行讓船團轉向的大工作。霍孚曼憂心忡忡，知道他們已鄰近危險邊緣——距離法國僅僅三十八浬，他們被敵人發現了沒有？倘若船艦的轉向沒有被敵人偵測到，那真是奇蹟。

在下面的通信艙裡，格里遜繼續接收每十五分鐘便發出來登陸延後的密碼。對他來說，這真是很久沒有收到的最壞消息了，這則電報似乎肯定了那些使人不得安寧的猜疑。德軍完全知道登陸情資。是不是因為德軍已經發現才取消D日？也像其他成千上萬的人一般，格里遜並不明白，登陸前許多準備——船團、船艦，官兵，補給，塞在從蘭茲角到普茨茅斯間的每一處港口、水道和海港，怎麼可能在航行中沒被德國空軍的偵察機發現？如果登陸延後的這則電報是指別的原因，那麼緊跟著的便是，德國人就有更多的時間發現盟軍的艨艟艦隊了。

這個二十三歲的通信兵，轉動無線電另外一具轉盤，對正德軍的宣傳台——巴黎廣播電台。他想聽聽聲音性感的「軸心莎麗」。她那嘲弄的廣播很逗趣，因為說得太離譜了，不過誰也說不準啊。此外還有一個原因：這個「柏林婊子」，這是對她不敬的習慣稱呼，卻似乎有很多沒完沒了的最近熱門歌曲。

格里遜並沒有機會聽，因為正當這時，一串長長的氣象報告密碼開始傳到。不過當他把這些電文打完字，「軸心莎麗」開始播放這一天的頭一張唱片。格里遜立刻聽出來，開頭的幾小節，就是戰時流行歌曲《我量你不敢》（*I Double Dare You*），但這首歌配了新歌詞。正當他細聽時，這些歌詞證實了他最擔心的恐懼。那天早上八點鐘前，格里遜和盟軍成千上萬的官兵鐵了心，要在六月五日入侵諾曼第，而現在還要再等上苦悶的二十四小時，卻聽到了這首很貼切，但讓人全身發毛的歌《我量你不敢》：

我量你不敢到這裡來；
我量你不敢冒險靠得太近。
脫下禮帽，休說大話，
不要喝采，稍安勿躁，
你能不能膽敢向前進？
我量你不敢冒險來偷襲，
我量你不敢要試著入侵，
如果你響亮的宣傳有一半像所說的那樣是真的，
我量你不敢到這裡來，
我量你不敢。

8

在普茨茅斯市外索思威克邸（Southwick House）裡，盟軍海軍總部的巨大作戰中心，他們都在等待船艦返航。

這間寬敞、挑高樓板、四牆金、白色壁紙的房間，此時正是活動熱絡的空間。那邊有一面牆，整整一幅巨大的英吉利海峽地圖，兩名皇家海軍女子服務團（Women's Royal Naval Service, Wrens）的官兵，每隔幾分鐘就在移動梯上爬上爬下，只為了替每一個返航船團標定新位置，把圖上的彩色標誌在圖面上移動。盟國各軍種的參謀，三三兩兩擠在一起，每一個新報告進來，他們便默默注視，外表上他們很鎮靜，但外人都可以感受到他們的緊張。這種緊張不安不僅是當下要船團幾乎就在敵人眼皮下轉向，而且還要沿著特定的掃雷航道返回英國；艦隊現在還面對另一種敵人的威脅——海上的狂風暴雨。對這些航速緩慢，又滿載部隊與補給的登陸艇，一次暴風雨可能就是災難。海峽中的風速，業已刮到了每小時三十哩，浪高五呎，而天氣預報還要更壞。

幾分鐘、幾分鐘過去，圖面上反映出這次召回井然有序，一串串的標誌回到了愛爾蘭海，雲集在懷特島附近，一起擠進了英格蘭西南海岸的各處港口與錨地。有些船團得耗上幾近一天才能返港。

只要往圖上瞄上一眼，每一個船團的所在，以及盟國艦隊幾乎每一艘艦隻，都能一目了然，可是有兩條船不在圖上——兩艘小型潛艇，它們似乎在圖上完全消失了。

在附近的一間辦公室裡，一位俏麗的二十四歲海軍女子服務團中尉，心中琢磨著自己的丈夫要多久才能回到母港。妮爾麥昂納有點著急，但還不到過度擔心，即令她那些在作戰中心裡的朋友，似乎對她丈夫昂納上尉，和他那艘五十七呎長的X－23號袖珍潛艇，要去什麼地方都一無所知。

——

離法國海岸半浬外，一具潛望鏡破水而出，三十呎的下方海面，昂納上尉累縮在X－23號潛艇擁擠的控制室裡，把軍帽往後推——他記得曾這樣說：「好了，各位，讓我們瞧一瞧。」

他一隻眼睛緊貼著有橡皮墊的接目鏡，向四周緩緩轉動潛望鏡，接物鏡鏡面上模糊的閃爍海水消失，眼前隱約的景象便清晰了，這是靠近奧恩河（Orne）河口那個還睡意沉沉的度假勝地威斯特拉姆（Ouistreham）。他們靠得很近，視野跟著放大，昂納可以見到煙從煙囱裡冒出來；而遠處的一架飛機正從卡恩（Caen）附近的卡皮奎特機場（Carpiquet Airport）起飛；他也見到了敵人，看得十分入神，德軍正在沙灘上兩邊綿延不斷的反登陸障礙物中間構工。

對這位現年二十六歲的皇家海軍備役軍官來說，這真是偉大的時刻。他從潛望鏡往後退，對負責行動、擁有領航長才的萊恩上尉說道：「瘦子，看一看——我們幾乎在目標上了。」

某方面上也可以說，登陸業已開始，盟軍的第一艘艦隻和頭一批官兵，已在諾曼第海灘外就定位。在X－23潛艇的正上方，正是英軍和加軍登陸地區，昂納上尉和艇員並不知道這一天的重大意義。正是四年前的六月四日這一天，就在不到二百哩外的地方，英軍三十三萬八千人，從一處名叫敦克爾克且熊熊火起的海港撤退。對在X－23號潛艇裡的五名特別精選的英國人來說，這可是緊張、得意的時刻，他們是英軍的前鋒，X－23號艇上的組員正帶領盟軍返回法國，後面成千上萬的袍澤馬上就會跟上。

這五個人擠在X－23號潛水艇狹小且功能齊全的艇艙裡，穿著橡皮蛙人裝，他們帶了幾可亂真的文件，能通過最多疑的德軍衛兵的仔細檢視。每一個人都有一張貼有照片的假造法國身分證，再加上工作許可證與配給證一應俱全，還蓋有幾可亂真的德軍橡皮圖章戳記，還有其他相關信件與文件。一旦發生任何事，X－23號艇遭擊沉或者不得不棄船，艇員就要游水上岸，利用身上的證明文件，力求逃脫敵人的搜捕，與法國反抗軍接觸。

X－23號潛艇的任務特別危險，在H時[9]前二十分鐘，它和姊妹艇X－20號——在海灘過去二十多哩外，在勒哈梅爾（Le Hamel）那處小小村莊的正對面——會大膽浮出海面充當領航指標，清楚把英軍與加軍登陸地區的邊線標示出來：這裡的三處灘頭被命名為寶劍、天后和黃金。

他們要遵行複雜且精細的計畫，潛艇一浮上海面就打開無線電信標機，發出連續不斷的訊號；同時，聲納裝置也自動經由海水發出聲波，而由水下聽音器接收，滿載英軍與加軍部隊的艦隊，便會根據以上其中一種或兩種信號直駛往目標區。

每一艘袖珍潛艇，裝有一根十八呎長的伸縮桅杆，桅杆上有一具小型的強光探照燈，所發出的閃光柱，在五哩以外都可看得到。如果燈光是綠色表示潛艇已對正目標，紅色則表示沒有。

計畫中還有其他輔助導航設備，每一艘袖珍潛艇，都要放出一艘繫留的小橡皮艇，艇上有一個艇員，可以向海岸邊漂浮一段距離。艇上配了探照燈，可由艇員操作。盟軍駛來的登陸艦艇，看到了小型潛艇的燈光，以及漂浮的橡皮艇，便能精確標定三處登陸灘頭的正確位置。

沒有一件事會被忽略，包括袖珍潛艇也許會被龐大的登陸艦撞擊的危險在內。為了保護X－23號，他們有一面黃色大旗作清清楚楚的標示，這一點也沒有逃過昂納的注意，這面黃旗也可能使他們成為德軍射擊的良好目標。盡管如此，他還是計畫要揚起第二面旗幟，一幅很大的海軍白色「戰旗」，昂納和艇員準備冒被敵人射擊的危險，但卻不願冒險遭撞沉。

所有這些器具以及更多東西，都打包裝進已壅塞的X－23號內艙。此外，還在通常只有配備三個人的潛艇內，再多添了兩名領航專家。現在在X－23號單一的全功能艇艙中，根本沒有站起來或坐下去的空間，因為艇艙僅僅只有五呎八吋高、五呎寬，和八呎不到的長度。艙內原來就很悶熱，在他們膽敢冒險浮出海面，也就是天黑之前，艇內空氣將會變得更糟。

即令白天在靠岸的淺海中，昂納知道也一向有這種可能——被低飛的偵察機或者巡邏艇發現，他們在潛望鏡深度待得越久，危險就越大。

萊恩上尉抱住潛望鏡，作了一連串的方位偵測，很快就辨認出好幾處地標：威斯特拉姆的燈塔、鎮上的教堂，以及幾哩遠處朗格呂納（Langrune）與濱海聖奧班（St.-Aubin-sur-Mer）另兩座教堂的尖頂。昂納說得對，他們幾乎「正中目標」，從他們標定的位置，還不到四分之三哩。

能這麼接近，昂納如釋負重，這是一次長程的困苦行程，他們從普茨茅斯港出航，兩天的航程差不多就到了九十浬。大部分時間都航經水雷區，現在他們可以進入位置，然後將潛艇坐底，「棄卒作戰」（Operation Gambit）有了一個好的開始。昂納私底下希望規劃人員另外取一個作戰代號，雖然他不迷信，但望著這個詞的意義，這位年輕的艇長大為吃驚發現「棄卒」的意義，就是「西洋棋開局前被犧牲的小卒」。

昂納從潛望鏡中看了看正在海灘上工作的德軍最後一眼，他想，明天這時候這些海灘就會打

9 編註：即行動開始的時間點，取自英文Hour的字首。

得天翻地覆。「降潛望鏡。」他下令，下潛；由於與基地沒有聯繫，昂納和X－23號艇員都不知道，登陸已經後延了。

9

到上午十一點鐘時，海峽的勁風刮得正猛，在英國實施限制的海岸區，都已經封鎖且與境內的其他地區不相往來，登陸部隊不安地等待著。現在他們的世界只剩下集結區、機場與船艦。就像他們與陸地之間——奇怪地卡在熟悉的英國世界和一無所知的諾曼第世界——被切斷。他們知道，把他們與世界分隔開來的，是嚴密的安全保密措施。

在安全保密的另一面，生活照常進行，人人都在做自己習以為常的例行工作，渾然不覺正有幾十萬人等候命令，這道命令注定了第二次世界大戰結束的開始。

——

在英國薩里郡的萊瑟希德鎮（Leatherhead, Surrey），一位五十四歲瘦小的物理教師正在遛狗。杜伊是一位沉默寡言且客氣的人，除了小小的朋友圈以外，他沒沒無聞。然而，退休的杜伊（Leonard Sidney Dewe）在社會上跟隨的粉絲之多，遠遠超過一位電影明星。每一天，將近有一百萬人，為了在倫敦《每日電訊報》（*Daily Telegraph*）上他和朋友——另外一位學校教師君斯（Melville Joues）所擬的填字遊戲而苦苦思索。

二十多年以來，杜伊就是《每日電訊報》填字遊戲的資深編輯。在那個時候，他那艱深複雜的字謎，使數不盡的百萬人士既憤激又滿足。有些字謎癖的人說，《泰晤士報》（*Times*）的字謎要難些，可是杜伊迷很快便指出，《每日電訊報》的字謎，從來沒有兩次的提示相同，這對謙虛的杜伊來說，是一件相當得意的事。

杜伊要是知道這件事，一定會愕然大驚。打從五月二日起，他就成了蘇格蘭場[10]負責反情報任務——ＭＩ５的直接詢問對象。因為一個月以來，他的字謎嚇倒了盟軍最高司令部的許多部門。

就在一個特定的星期天早晨，ＭＩ５決定和杜伊談談。他回到家時，發現有兩個人在等著他。杜伊也和別人一般，早已聽說過ＭＩ５，可是他們能向他問到些什麼？

「杜伊先生，」偵訊開始，其中一人說，「在過去一個月裡，有關若干盟軍作戰的高度機密代號，有好些出現在《每日電訊報》的填字遊戲裡，您能不能告訴我，是什麼促使您用這些詞彙——或者，您在什麼地方弄到手的？」

大出意料的杜伊，還沒有來得及回答，ＭＩ５幹員，從口袋裡掏出一張單子說道：「我們特別有興趣，想要知道您是如何選擇這些詞彙的？」他指著單子，五月廿七日《每日電訊報》得獎競賽的字謎，有這項提示「十一、橫：不過像這個字眼的大亨，有時偷了它一些。」這句玄奧的提示，出自一些奇怪的鍊金術，在杜伊的忠實信徒認為很合理。答案刊在兩天前——六月二日，正是整個盟軍登陸計畫的代號——「大君主」（Overlord）。

10 編註：即英國警察總部所在地。

杜伊不知道他們談到的盟軍作戰是什麼，所以他並不過度吃驚，或甚至對這些問題生氣。他告訴他們，真無法解釋自己是如何選上這特定詞彙，為什麼要選上它。他指出，這在歷史上是一個很普通的字眼呀。「不過，」他抗議道：「我怎麼能說得出來，什麼詞彙用作代號，什麼又沒有。」

兩位MI5幹員彬彬有禮，他們同意這的確很難。不過所有這些代號所用的詞彙，都在同一個月刊載出來，這不是很奇怪嗎？

他們對這位戴著眼鏡、現在略略有點為難的教師，在單子上一個又一個字的指出來，在五月二日的字謎裡，提示：「美國的一部分」（十七、橫），答案為「猶他」；下三排的答案對應於五月二十二日是「密蘇里州的印第安人」，答案竟是「奧馬哈」。

在五月卅號這天的填字遊戲（十一、橫）提示：「這種灌木為喬木苗園演化的中心」，答案是「桑椹」（Mulberry）——這是兩座人工港的代號，將來要設在灘頭外的位置。而六月一日（十五、下），「不列顛尼亞和他拎住的同一樣東西」答案，卻是「海王」（Neptune），這是登陸作戰中海軍部分的代號。

杜伊無從解釋使用這些詞彙的原因。他說，就他自己所知道的一切來說，單子上所列的字謎，可能在六個月以前就完成了。還要什麼解釋嗎？杜伊認為僅有一個解釋：出奇的巧合[11]。

——

還有其他許多使人毛髮悚然的驚險。三個月以前，在芝加哥的中央郵政總局，有一大包鼓脹卻捆緊得不好的大信封，在郵件分類台上裂開了，露出很多外表可疑的文件。至少有十來個郵件分類員看到了內容物：是某些關於稱作「大君主」的作戰計畫。

情報軍官立刻蜂擁到現場，對郵件分類員都加以詢問，情報軍官告訴他們，要分類員把自己可能看到的任何東西都忘掉。然後，便訊問那位完全無辜的收信人：一個女生，她也無法解釋為什麼這些文件寄給她，但她卻認得信封上的筆跡。經由她的說法，就依這些文件回到發信地點，卻是一個同樣無辜的倫敦美軍總部的士官，他把信封地址寫錯了，由於錯誤，他把文件寄給在芝加哥的妹妹了。

像這種事情雖然微小，但事情也可能更糟。盟軍總部知道，那就是「大君主」這個代號的意義已為德國情報局（Abwehr）發現；他們一個名叫狄諾（Diello），或者較為人知的名字，西塞羅（Cicero）的阿爾巴尼亞特務，在元月份把情報寄給柏林。起先，西塞羅還把這個計畫誤指認是「太鎖」（Overlock），但後來他就更正了。柏林相信西塞羅，他是在英國駐土耳其大使館裡當僕從。

不過，西塞羅卻沒法發現「大君主」的關鍵秘密：D日的時間與地點。盟軍對於這項情報極其謹慎，一直到四月底，才僅僅有幾百名盟軍軍官知道。盡管反情報軍官頻頻警告，英倫三島上的德國特務極其活躍，可是在那一個月，還是有兩員高階將校，一位是美軍少將，一位是英軍上校，不小心地違反了保密規定。在倫敦克拉里奇飯店（Claridge's Hotel）的雞尾酒會，美軍少將告訴一些袍澤，盟軍會在六月十五日以前反攻。英軍上校則在英國其他的地方，告訴一些民間友

11 編註：六十年後這些詞彙的來源有了初步答案，主要是杜伊取自附近小學生聊天所得。

人，他手下官兵正在進行訓練去攻佔一個特定目標，並暗示說地點就在諾曼第。這兩員軍官立即降級並調離指揮職[12]。

而到了現在，六月四日，星期天，盟軍總部為一則消息嚇呆了，這一定又是消息走漏，這比以前發生的任何一次都要更糟。那天晚上，美聯社一名無線電報機打字員為了要增進打字速度，在一架閒置的打字機上練習。由於錯誤，打字的穿孔紙帶上，有她練習打字的「急電」內容，也不知道什麼緣故，領先了每夜通常發出的蘇聯公報。雖然這項錯誤三十秒鐘後便加以更正，可是字句已經發出，這則公報到達美國，報出：「**至急，紐約美聯社急電，艾森豪總部宣佈，盟軍在法登陸。**」

這則電訊後果十分嚴重，可是當時任何補救方法都太遲了，龐大的登陸部隊已經出動，全力以赴。現在，時間一小時一小時滑過，天氣持續變壞，集結了前所未有的空降與兩棲作戰部隊，正等候艾森豪將軍的決定。艾克會確定在六月六日登陸嗎？或者，由於海峽的天候——二十年來最糟的天候——迫使他再度延後登陸？

10

在索思威克邸海軍總部二哩外，一處急雨如注的樹林裡，這位不得不下達那個大決定的美國人，正在一輛裝潢簡易的三噸半拖車中，為這個問題而掙扎，並力求使自己輕鬆一點。雖然他可以搬進那無限擴展、寬敞的索思威克邸中更為舒適的住處，但艾森豪決定不搬，他要盡可能接近自己部隊的裝載港口。幾天以前，他下令編成一個精簡的總部——供參謀住的幾頂帳棚和幾輛拖車，其中一輛他自己住，很久以前便為這輛拖車取了個名字「我的馬戲團車」。

艾森豪的拖車是一輛又長又矮的拖車，多多少少很像一輛活動箱型車，隔成了三小間，分別是寢室、客廳和書房。除開這些以外，拖車的一邊是有嵌配得俐落的小廚房、小型配電盤和一間流動式廁所。拖車另一頭，是一層玻璃隔成的觀察台。不過盟軍統帥很少在這裡久待，將拖車作充分利用，而且根本沒用過客廳和書房。要舉行參謀會議時，他總在拖車旁的一個帳棚裡開會。唯有他的寢室，有「住人」的樣子。這很清楚是他的風格：睡床旁邊的桌子上，有一大堆平裝本的西部小說。在這兒，也是唯一有照片的地方——太太瑪咪，還有二十一歲的兒子約翰，穿著西點軍校制服的照片。

從這輛拖車裡，艾森豪指揮盟國幾近三百萬人的大軍，在他龐大部隊中，有一半以上是美軍，大約為一百七十萬官兵，包括了陸軍、海軍和海岸防衛隊的官士兵。英軍和加軍加起來整數在一百萬人左右，此外還有自由法國、波蘭、捷克、比利時、挪威以及荷蘭的部隊。以前從來沒有過一名美國將領指揮過這麼多國家這麼多的部隊，也沒有肩負起這麼可怕的重擔。

然而，盡管他的職位崇高，權力無窮，個子高大、曬得黑黑的美國中西部漢子，帶著感染他人的笑容，很少有跡象顯示出他就是盟軍最高統帥。他不像盟軍中很多赫赫有名的將領般，有著一眼就認得出來，成為搶眼個人特徵的諸如古裡古怪的帽子，或者花稍的軍服上一排排齊肩高的

---

12 原註：雖然美軍這位將軍是艾森豪在西點官校的同學，可是盟軍最高統帥也無能為力，只有派他回國。在D日以後，這件案子曝光了，他以上校軍階退役。在艾森豪總部甚至沒有保留英國軍官洩密的紀錄，這事已由該員的上級悄悄處理，後來那位上校努力發展，成為英國國會議員。

動章。艾森豪的每樣事情都很收斂，除開軍階的四顆將星以外，前胸口袋上只有單獨一排動標，還有盟國遠征軍最高司令部（SHAEF, Supreme Headquarters Allied Expeditionary Force）熊熊火焰中一把利劍的臂章，他避開一切顯眼的標誌。即令在他的拖車中，也沒有彰顯個人權威的物品，既沒有帥旗、地圖、裝框的訓令，或者偉人乃至準偉人時常造訪他所致送的簽名照。可是在他寢室裡，接近睡床邊卻有三具極為重要的電話，各有不同的顏色，紅色為打往華府，具有「擾頻」通話保密功能；綠色電話直達倫敦唐寧街十號邱吉爾首相官邸；黑色電話則通往才華煥發的參謀長史密斯少將、沒有多遠的總部，以及盟軍統帥部的其他高階成員。

艾森豪除了已經有的憂煩以外，又在黑色電話上聽到了關於「登陸」的錯誤「急報」。他聽到這個消息時一聲也沒有吭，侍從官海軍上校布奇，記得盟軍統帥只嗯了一聲表示聽到了，現在還能說什麼？做什麼？

四個月以前，在華府的盟國參謀首長聯席會（Combined Chiefs of Staff, CCS）下令派他出任盟軍統帥，只有明確的一節，詞斟句酌地加以指定：「貴官將與其他聯合國國家，共同進入歐洲大陸進行作戰，其目標在德國心臟地區，以及摧毀其武裝部隊……」。

其中的一句，便是作戰的目標與決心。但對於整體同盟國而言，這將是比軍事作戰行動還大的涵義。艾森豪稱它為「偉大的十字軍」——他們的遠征，是一舉將一個窮兇惡極、使全世界陷入戰爭、使歐洲支離破碎、三億多人受到桎梏的暴政給除掉。（實際上，當時沒有人能夠想像得到納粹德國的野蠻行徑竟涵蓋了整個歐洲——數以百萬計的人，消失在希姆萊的毒氣室與焚燒爐，又有數以百萬計的人被驅離家園，宛同工奴般工作。絕大多數人都一去不復還，數以百萬計的人備受酷刑致死，作為人質處決，或是乾脆讓他們餓死。）這支偉大十字軍無可取代的目標，不但要打贏這場戰爭，而且要摧毀納粹，使世界史上不會被超越的野蠻時代能夠告一段落。

不過，首先得要登陸成功。如果失敗了，那擊敗德國的最後勝利，也許要耗上許多年。

要準備一次大規模的登陸作戰，大部分有賴密集的軍事計畫作為，這項工作進行了一年多。在任何人知道艾森豪出任盟軍統帥很早之前，就有小小一批英美軍官，在英軍摩根爵士中將（Sir Frederick Morgan）的領導下，為這次登陸作戰打好了底子。他們的困難是難以置信的涉及到極多層面——沒有什麼指導原則，沒有什麼軍事上可循的前例，只有一堆問號：

攻擊應該在什麼地方發動？何時發動？

應使用多少個師？如果需要X個師，能否在Y日前編成、訓練完畢、準備上陣？

運載他們需要多少運輸艦？艦砲岸轟，支援及護航艦艇又需要多少？所有這些登陸艦艇從哪裡來——有些能從太平洋或地中海戰區抽調嗎？

空中攻擊需要數以千架計的飛機，要容納這些飛機，需要多少個機場？

要儲備所有各類補給品、裝備器材、火砲、彈藥、運輸機、糧秣，要多久時間？以上除了發動攻擊時的需要，在後續作戰還需要多少補給？

這些只是少數使人吃驚而盟軍策畫人員必須回答的問題，其他的問題也成千上萬。直到最後，他們的研究在艾森豪就職以來經過擴展與修改，成為最終的「大君主行動」。遠比此前任一次軍事作戰需要集結更多的兵員，更多的船艦，更多的飛機，更多的裝備和物資。

儲備工作極為龐大，甚至計畫還沒有完全成形之前，就已有前所未見的大量兵員與補給湧到了英國，一下子就有了偌多的美軍出現在小鎮與鄉間，使得住在那裡的英國人置身美國人中間，時常有令人感到無望的劣勢感，他們的電影院、旅館、餐廳、舞廳和喜歡的酒館，一下子就像潮水般擠滿了來自美國每一州的官兵。

每一處地方都大興土木建造機場，為了進行龐大空中攻勢，除了已有的幾十個機場以外，還要再興建一百六十三處基地；一直到後來，第八航空軍和第九航空軍的機組人員，有一個一致同意的玩笑話，說他們可以在一個縱橫英國三島全寬、全長的跑道滑行，而不會碰到彼此的機翼。各處的海港也都擠得滿滿的，一支支援作戰的海軍大艦隊，從戰艦到魚雷快艇，幾近有九百艘開始集結。到達的船團數量極多，到春天以前，它們已經下卸了兩百萬噸的貨品與補給——多到要鋪設一百七十哩長的新鐵路來運送。

到五月時，英國看上去就像一座巨大的兵工廠，隱藏在各處樹林裡的，都是堆積如山的彈藥；在荒野上綿延不斷的是首尾相近的戰車，半履帶裝甲車、裝甲車、卡車、吉普車和救護車——一共有五萬多輛。在野地裡長長的一排是榴彈砲與高砲，還有大量的半完成品，從半圓型活動營房到簡易機場的透鋼板跑道，還有大量土木器材，從推土機到挖土機都有。在中央的堆棧中有龐大數量的食品、服裝和醫療補給品——從防暈船藥片到醫療用的十二萬四千張病床，應有盡有。但這許多物品中最為驚人的景象，卻是幾處山谷中排滿了一長列的火車車頭，幾乎達一千輛嶄新的火車機車頭，幾近兩萬輛油罐車廂和貨車，一旦建立灘頭，這些火車機車頭就會用來代替法國破落的鐵路車輛。

那裡也有新奇的作戰物品。有些戰車能游泳，還有些戰車載著一大捆的板條木，用在反戰車壕上，或者作為反戰車壕的踏腳石；還有些戰車裝備了巨型鋼鏈的連枷，可以在車身前面拍打地面引爆地雷。還有一種平坦、長度達一條街區的艦艇[13]，每一艘都裝了森林般的密密麻麻發射管，以發射二戰最新的武器——火箭。或許最奇特的便是兩座人工港，將來要拖過海峽運到諾曼第灘頭去；它是工程的奇蹟，也是大君主作戰重大的秘密之一。在最初生死攸關的幾個星期中，直到能奪下一處港口為止，它們可以確保兵員與補給源源不絕湧到灘頭。這兩座人工港，稱為「桑椹」（Mulberries）。最先構成的部分，便是由巨大的鋼質浮箱所造成的外防波堤。其次是大小不等，一共一百四十五座龐大的混凝土沉箱，它們一個個沉在海底構成一座內防波堤。這些沉箱中最大的一座備有人員寢室，上方架設高砲，將它拖運時就像一座五層樓高的公寓橫躺在海面上。在這些人工港中，大得像自由輪的貨輪，便可以卸貨到往來灘頭的駁船上。小型的船艇像沿岸航行船和登陸艇，可以把裝載的貨品，下卸在水中龐大的鋼架碼頭上等候的卡車，經由浮橋支撐的碼頭載運物資駛上岸。在「桑椹」遠方，一線排開六十艘作封港用的舊船，要沉下去作額外的防波堤。在諾曼第的幾個登陸灘頭外，每一座人工港的作業海域與多佛港相等。

在五月整整的這一個月時間，兵員和補給開始向各處港口與裝載區移動。壅塞是一個大問題，不過經理部門、憲兵和英國鐵路當局，總能使每一次的調動準時進行。

滿載了部隊與補給品的列車，在每一條鐵路上來來回回，好像它們要等著把海岸都覆蓋起來一樣。一列列的車隊塞滿了每一條道路；每一處小村莊和村落，都罩上了一層細細灰塵。整個英國南部，在整個春天寧靜的夜晚，都交響著卡車隊低沉的嗚嗚聲、戰車的呼呼聲與鏗鏘聲，以及絕不會錯聽的美國人口音，所有人似乎都問著同一個問題：「目的地究竟他媽的有多遠？」

13 編註：LSTR，把戰車登陸艦改裝成架設了一〇六六管火箭發射器的火力支援艦，是最後一波次的海軍火力支援，不過D日當天許多火箭太早落海並未攻擊到內陸目標。

幾乎一夜之間，海岸地區冒出了許多半圓型活動營房與帳棚，部隊開始湧進了裝載區。士兵都睡在堆成三層或四層高的床鋪上。淋浴和廁所通常都在好幾片田野外，去那裡的兵都得排上隊。開飯時排的隊伍，有時長達四分之一哩。部隊太多了，多到要有五萬四千人，其中四千五百人為剛結訓的伙房兵，來為美軍的各處設施服務。到五月份的最後一個星期，兵員、補給開始裝上運輸艦和登陸艦，這個時候終於來了。

各項統計數字都能震撼人們的想像力；這支部隊似乎是勢不可擋。現在，這一支巨大的武力——自由世界的青年，以及自由世界的資源——都在等著一個人下決心：艾森豪。

在六月四日整整這一天，艾森豪大部分時間一個人待在拖車內。他和麾下將領已經竭盡全力，確保入侵能夠以最低的生命代價獲得一切成功的機會。可是現在，經過數月在政治上與軍事上的計畫作為以後，大君主作戰現在要交給天氣來決定了。艾森豪了無辦法，他所能做的便是等待，希望天氣好轉。但不論發生了什麼情況，他迫得要在這天終了以前，作成一個扭轉乾坤的決定——實施登陸，或者再延一天。不論登陸或不登陸，大君主作戰的成功與失敗，搞不好就是靠這項決心而定，而且沒有人可以代替他下決心，重責大任都繫之於他，而且只有他一個人承擔。

艾森豪面臨可怕的左右為難，在五月十七日那天，他已決定了D日得在六月初三天的其中一天——五、六或七日。氣象研究已經指出，這次登陸兩項至關重大的天候要求條件，在諾曼第只有這三天才有：那就是深夜升起的月亮，而在破曉後不久的低潮。

先由傘兵與滑降步兵發動攻擊，美軍第一〇一、第八十二以及英軍第六空降師，大約一萬八千名官兵，需要有月光。但他們的奇襲，卻又全靠他們飛抵投落區時的黑暗。因此他們至關緊要的要求，便是遲升的月色。

海上登陸則要在潮水低潮，暴露出隆美爾的灘頭障礙物時發動。整個登陸作戰所依賴的，便是潮汐時間，這使得氣象計算更為複雜。後續部隊在這一天較晚的時間登陸，也需要低潮——而且還得在黑夜降臨以前。

月光及潮水這兩項苛刻的因素，可把艾森豪拘束住了，光以低潮這一項，便把任何一個月可遂行攻擊的日子，減到了只有六天，而這六天中卻有三天沒有月色。

但這還不僅於此，還有許多其他的考慮他都得納入計算。第一，各軍種都要求白天長時間的良好能見度——以辨別灘頭；海軍和空軍則得以瞄準目標，良好的能見度也可以避免五千艘在塞納灣內操作、幾乎到了艨艟相接龐大艦艇的碰撞危險。其次，要求風平浪靜，海浪洶湧不但會使艦隊大受破壞，暈船也會使官兵還沒踏上灘頭以前，就茫然無助。第三，需要有刮向內陸的微風，才能使灘頭的煙霧散去，不會遮蔽目標。最後一項，盟軍需要在D日後加三天的平和天氣，以便於迅速集結兵力和補給。

在盟軍總部裡，沒有一個人期望在D日這一天天氣會盡善盡美，至少艾森豪不是這樣期望。他已經調整好自己、與麾下氣象參謀作過數不清的推演、對所有因素加以認定和衡量，以為決定發動進攻時，艾森豪可以接受的最低限度條件。不過據他的氣象官認為，以諾曼第地區為準，在六月中任何一天能達到盟軍最低要求的天氣，大約為十比一，在這個狂風暴雨的星期天，艾森豪獨自在自己的拖車裡，考慮每一種可能性，它們似乎已經變成了天文數字。

在這可能登陸的三天中，他已經選定了六月五日，如果要延緩的話，那他可以在六號發動攻擊。但假如他下令在六號登陸，那時又不得不再加取消，返航船團的加油問題，也許會阻止他在七號實施攻擊。當時只有兩種可行的替代方案，其一是把D日往後延，一直延到下次的天候條件，那就是六月十九號。但他如果這麼一延，空降部隊就被迫在黑暗中跳傘——六月十九號那天沒有月亮。其二則是等待，一直等到七月份，一如他後來回想起來，這麼漫長的延期，「痛苦得不堪設想。」

一想到延期登陸的可怕，艾森豪麾下很多最小心謹慎的指揮官，甚至都準備在八日或者九日冒險進擊。他們都明白，超過二十多萬官兵，大多數都作過任務提示，要如何能使他們在艦上、裝載區和機場上隔離、分隔，而不讓反攻的秘密透露出去。即令在這段期間保密成功，但德國空軍的偵察機，也會偵察到這支龐大的艦隊（如果它們還不曾偵察到的話），或者德國間諜也會千方百計知道這個計畫。對每一個人來說，登陸展延的後果極為嚴重，但這卻要艾森豪非下這個決心不可。

在下午逐漸黯淡的天色中，盟軍統帥偶爾會走到拖車門口，透過濕漉漉的樹梢，凝望覆蓋在天空的雲朵。其他時候，便在拖車外踱來踱去，香菸一根跟著一根，踢著小徑上的煤渣——高大的身影，背微微傴僂，兩隻手深深插在口袋裡。

在這種孤寂的漫步中，艾森豪似乎沒有注意過任何人。但在下午時，他看到了奉派在前進總部的四名記者之一，國家廣播公司（ＮＢＣ）的瑞德穆勒。艾克突然說道：「瑞德，我們散步走走。」他並沒有等穆勒，依然兩隻手插在口袋裡，以他尋常的快速步伐走了，一下子就進了樹林，穆勒連忙趕了上去。

這是一次很奇怪、靜悄悄的散步，艾森豪半個字也不吭，「艾克似乎完全為心事所據，也完全沉浸在自己的所有問題裡。」穆勒回憶說道。「就像他已經忘記了我跟他在一起似的。」穆勒有很多問題想向盟軍統帥提出卻沒有問，他覺得自己不能打岔。

到他們走回營地時，艾森豪道過了再見，穆勒望著他爬上了到拖車門的那具小鋁梯，在那一剎那，穆勒看來：「被煩惱壓得彎腰駝背……就像兩肩上的四顆將星，共有一噸重。」

晚上九點三十分鐘前，艾森豪麾下的高階將領，以及他們的參謀長，都在索思威克邸圖書室集合。這間圖書室大而且舒適，有一張覆有綠呢檯布的桌子，幾張安樂椅和兩套沙發，三面牆都是深色橡木書架，卻沒有幾本書，房間的空間是一覽無遺的。窗戶上掛了燈火管制用的雙排厚實窗帘，在這天晚上，它們阻絕了沙沙的密雨聲和單調的強勁風聲。

參謀軍官三三兩兩站在屋子裡，悄悄談話，靠近壁爐的是艾森豪的參謀長史密斯少將，和他交談的是抽著菸斗的副司令，英國皇家空軍泰德上將。坐在一邊的是暴躁的盟國海軍總司令藍姆賽上將，在他身邊的是盟國空軍總司令雷馬洛利上將。史密斯少將回想起來，只有一個人穿得很隨便，那就是D日總指揮、火爆的蒙哥馬利，穿著他習以為常的燈籠褲和一件纏頸的套頭毛衣。艾森豪一聲令下，就由這些人將攻擊命令傳達下去。他們和參謀軍官——這時屋子裡一共有十二員高階將領，等候盟軍統帥，與九點三十分召開的決定性會議。那時，他們會聽取氣象官最新的氣象預報。

九點三十分，會議室門開了，艾森豪身著整潔的暗綠色戰鬥服，大步走了進來。他只有在與老朋友打招呼時，隱約地閃過他那習以為常的艾森豪式笑容。當主持會議時，擔憂的表情很快就回到了他臉上。用不著提示，每一個人都知道他要下的這個決心十分嚴肅。立刻有三位負責大君主作戰的高級氣象官走了進來，氣象處長是皇家空軍的史特格上校。

史特格開始簡報時會場一片死寂，他迅速描述前二十四小時的天氣圖，然後平靜地說道：「各位……天氣情況有一些迅速而出乎預料的發展……，」所有的眼光現在都集中在史特格身上，他給滿面焦急的艾森豪和麾下將領帶來一線希望的光芒。

他說他已經察覺到有一道新的鋒面，會在以後幾個小時內向海峽移動，在各登陸地區會形成漸進的晴朗天氣，這種改善情況將會在第二天持續一整天，一直延續到六月六日的上午。在那以後天氣又會開始變壞。在這一段天氣良好的時段裡，風力會顯著降低，天空會清澈——至少足以使轟炸機能在五號晚上，一直到六號上午進行作戰。到六號中午，雲層會變厚，天空又會是陰霾一片。總之向艾森豪所報告的是，一段勉強可以接受的良好天氣，遠遠低於最低要求，最多只能較「二十四小時多一點」。

史特格的話一說完，他和另兩位氣象官，就要接受連珠砲似的問題。對天氣預報的精準度，全體將領都有信心嗎？他們的預報會不會錯誤——檢查過報告的每一種可能來源嗎？緊接著在六號以後，天氣會不會有機會繼續好轉？

有些問題是這些氣象官所不能回答的，他們的報告經過一再查核。對這項預報，他們盡可能地樂觀，但也有些許機會天氣情況會突然發生變化，而證明他們的預報錯了。他們盡其所能的回答問題後離開。

接下來的十五分鐘，艾森豪麾下各將領加入討論，藍姆賽上將強調要作成決定的緊迫性。如果要在星期二進行大君主作戰，在海軍柯爾克少將[14]指揮下，登陸奧馬哈與猶他兩個灘頭的美軍特遣部隊，就得在半小時內收到命令。藍姆賽主要是關切再加油的問題；如果這兩支部隊延遲出航，然後又被召回，那就不可能讓他們在星期三——六月七號這天，再做一次攻擊前的準備。

這時艾森豪便一一詢問各將領的意見，史密斯少將說攻擊應該在六號發動——這是一次賭博，可是卻應當放手一搏。泰德和雷馬洛利兩人卻很擔憂，即令氣象預報的雲層比有效進行空中作戰的條件要來得好；但那也就意味著登陸時，沒有適時的空中支援；他們認為那就會發生「不確定性」。蒙哥馬利則堅持他前天晚上所作的判斷，也就是把六月五號D日延後時所說：「依我說，上！」

現在全看艾森豪了，時候已經到了，只有他能下決心。他把所有各種可能性加以權衡，期間歷經了長長的一段沉寂。史密斯少將軍注視著，對盟軍統帥的「孤單形影」大為吃驚，只見他坐在那裡，兩隻手在身前緊緊握住，低頭望著桌子。就這麼過了幾分鐘，有人說是兩分鐘，還有人說長達五分鐘，這時臉孔繃得緊緊的艾森豪才抬起頭來宣佈他的決定。他緩緩說道：「我非常肯定，我們一定要下這個命令……我不樂意這麼做，不過就是這樣了……我看不出我們還能有其他辦法。」

艾森豪站了起來，神色疲憊，但臉上卻少了一些緊張。六個小時以後，再進行另一次氣象簡報，他可以維持自己的決定並再度確定——D日是六月六號。

艾森豪和麾下將領離開圖書室，這時卻是急忙去使得這次偉大的登陸作戰動起來。在寂然的圖書室最裡面，會議桌上懸著一層層藍煙，在光滑的桌面上，反映出壁爐的熊熊爐火，在壁爐面上一具時鐘，指針指著九點四十五分。

---

14 編註：一九六二年六月七日至一九六三年一月十六日，曾出任美國駐中華民國大使。

11

大約在晚上十點鐘，第八十二空降師的一等兵「荷蘭佬」舒茲，決定不賭骰子了，也許他再也不會有這麼多的錢。自從宣佈空降突擊取消，至少延二十四小時以後，這場賭博就開始了。起先在一座帳棚後面賭，後來搬到一架飛機的機翼下，而這時卻在飛機棚廠裡賭得正酣。這處棚廠已經改為大型宿舍，由一排排的雙層床鋪，隔成了一行行的通道，在這些通道裡來來去去，都要耗上好久。「荷蘭佬」是當中的大贏家之一。

贏了多少錢，他自己也不知道，但他猜手裡這一大把摺摺皺皺的美鈔、英鈔，還有嶄新藍綠色的盟軍法國鈔票，大致有兩千五百美元以上。這是他活了二十一年以來，在任何一段時間中，自己所曾見過最多的錢。

他在體能上與精神上盡了一切努力，為這次跳傘作了準備。這天早晨，在機場內舉行了各種宗教的禮拜儀式，「荷蘭佬」是天主教徒，他參加了告解和領聖餐。這時，他曉得自己該把贏來的錢怎麼辦了，他在心裡盤算要如何分配，在人事官室留下一千美元，一等自己回到英國，請假外出時就可以用那筆錢；另外一千美元，他打算寄給住在舊金山的媽媽，替他保存起來，但要她把五百美元作為送禮——她當然可以用這筆錢。其餘的則有特別用途，一旦自己的部隊——第五〇五傘兵團到了巴黎，就要去狂歡。

這名年輕的傘兵覺得很好，每一件事都照料到了——可是真照料到嗎？為什麼今天早上那件事一直懸掛在心，使他有些許不安？

早上分發信件時他接到媽媽的一封信，把信封扯開時，一串念珠滑了出來掉在腳邊，他很快一把撿起來，沒讓四周說俏皮話的大夥見到，並把念珠塞進一個留在後方的行李袋了。

這時他想起了念珠，猛然想起一個以前從沒想過的問題，為什麼在這種時候還要去賭錢？他望望手指頭縫裡伸出來皺巴巴摺在一堆的鈔票——比他一年所賺的錢還要多[15]。就在這一剎那，二等兵「荷蘭佬」舒茲可明白了，如果他把所有這些錢都留起來，他肯定會戰死。荷蘭佬決定不冒這個險。「讓開點，」他說道，「這一局我也來一把。」他瞄一下手錶，心裡琢磨著花多少時間才能把這兩千五百塊錢給輸掉。

這天晚上，行徑古怪的並不只舒茲一個，從阿兵哥到將領，似乎沒有一個人急於要向命運挑戰。在紐伯里（Newbury）附近，美軍第一〇一空降師師部，師長泰勒少將，正和師內幾員高階軍官，舉行非正式的長時間會議。裡面大約有五六個人，其中一位是副師長普拉特准將（Don Pratt），他坐在床上。正當他們交談時，另外一位軍官進來了，取下軍帽便往床上一拋，普拉特一躍而起，把這頂軍帽掃落在地板上，說道：「老天，真他媽運氣壞！」每一個人都哈哈笑了，可是普拉特再也不坐在那張床上了，他已經被指定要率領第一〇一空降師的滑降步兵飛入諾曼第。

夜色漸深，在英國各地的登陸部隊都在繼續等待，幾個月的訓練使他們緊張，都已準備去放手一搏，延期卻使得他們神經兮兮。自從暫緩了以後，現在已過了十八個小時，而每過一個小時，都會抽離一部分他們的耐性與戰備。他們並不知道，現在距D日還不到二十六小時，現在登

15 編注：傘兵除每月基本軍餉的五十美元之外，另外有五十美元加給，每月領一百美元，一年軍餉可領一千二百元。

陸的消息要傳開還依然太早。因此，在這個狂風暴雨的星期天晚上，官兵都在孤單、焦急，還有暗自害怕中等待，怕有什麼事情或是任何事情會發生。

在這種情況下，他們所做的正是全世界上的人都會做的事：想念家庭、妻兒子女、心上人。而每個人都談到即將來臨的這一仗。灘頭的真實情況會是如何？這次登陸會是人人所想的那麼艱難嗎？沒有人能對D日這天的景象具體化，但是每一個人都以自己的方式為這一天作好準備。

在黑漆漆且怒濤澎湃的愛爾蘭海，美軍亨頓號驅逐艦（USS Herndon, DD-638）上，法爾中尉力求自己專心致志在打橋牌上。不過這卻很困難，在他的四周有太多嚴肅的事情在提醒他，這並不是一次交誼夜。寢艙四壁上，釘有大幅空中偵察照片，上面標有俯瞰諾曼第各處灘頭的德軍火砲陣地，這些火砲就是亨頓號在D日的目標，法爾想到，亨頓號也會是德軍火砲的目標。

法爾很有理由確信他會在D日後生存下來，已經有許多人開玩笑，說誰會躲得過誰躲不過。在貝特斯特港，他們的姊妹艦科尼號的水兵，對亨頓號能否歸來的打賭，已經是來到十比一。亨頓號的水兵，也就以牙還牙的散佈謠言說，登陸艦隊一啟航，科尼號就會被滯留在港內，因為船上水兵的士氣太低沉了。

法爾中尉信心十足，亨頓號會安然返航，他也會隨艦一起安返。但他也因對未出生的孩子寫了一封長信而感到高興。他從來沒想過，在紐約市的太太安妮，會生出個女兒（她並未生女兒，十一月份，法爾夫婦有了個兒子）。

紐海文（Newhaven）附近的集結整備區，英軍第三步兵師的戴爾中士，坐在床上替太太希愛達擔心。他們在一九四〇年結婚，打那時起兩夫妻便盼有個兒子，幾天以前他請假回去，希愛達便說她有了喜。戴爾十分火大，他一直都意識到，登陸時間很迫近而他又將出征，他頂了一句話：「我一定要說，這真不是時候。」這種傷人的口不擇言，讓他這時又自責起說過這種話來。

可是現在已經太遲了，他甚至沒辦法打電話給她，他跟集結整備區中成千上萬的英軍一樣躺在床上，力求能使自己入睡。

有少數人毫不慌張，十分冷靜、睡得很熟。在英軍第五十步兵師的裝載區，這麼一位仁兄，便是連士官長何禮斯。很早以前他便學到了要隨心所欲隨時入睡，即將來臨的攻擊並沒有使何禮斯多擔心，他對即將發生的事情了然於心。他曾經由敦克爾克撤退，跟第八軍團轉戰北非，在西西里島登陸。這天晚上在英國的百萬大軍中，何禮斯是稀有之士，他期待反攻，他想回到法國去多宰幾個德軍。

這對於何禮斯來說是很個人的事。敦克爾克撤退時，他是機車傳令，在撤退中經過里爾（Lille），他看到了一個從來不會忘記的景象。他與部隊脫離了，在市區的一處轉錯了彎，顯然德軍剛剛經過，他發現是條死路，這裡全是被機槍掃射、成百上千具體溫尚存的法國男女老少屍體。嵌在屍體後面的牆上，以及地面上狼藉一片的是數以百計的彈頭。打從那時起，何禮斯便成了獵殺敵人的超級獵手，他的獵殺紀錄，現在已逾九十人。到D日這天結束，他在自己的司登衝鋒槍上，刻上一百零二次的勝利。

也有一些人急於踏上法國土地，對基佛海軍中校和他手下一百七十一名頑強的法國突擊隊員來說，這種等待似乎沒完沒了，除了他們在英國所交的少數朋友以外，他們沒有什麼人可以道別——因為他們的家人依然在法國。

在漢布爾河口（Hamble River）附近的營地，他們把時間都耗在檢查武器、研究用泡沫橡膠塑形的寶劍灘頭地形模型，以及在威斯特拉姆內的各個目標。突擊隊員中，有一位蒙特拉伯爵，他以身為士官而極為驕傲。今晚他很高興聽到計畫略有更改。他這一班人，會率先對這處觀光勝地的賭場加以攻擊，那處地方現在被認定是一處防守堅固的德軍指揮部，「那可是件樂事，」他告訴基佛中校，「我在那處地方，損失了不少的財富。」

一百五十哩外，接近普利茅斯（Plymouth），是美軍第四步兵師的集結整備區，布朗中士下勤務，看到一封給他的信，他在戰爭影片中見過這碼子事已有很多年了，卻從來沒想到會發生在自己身上：這封信中夾有一份「艾德勒增高鞋公司」的廣告。這廣告尤其使這位班長惱火，他那一班士兵個頭都很矮，矮得讓大家都稱他們是「布朗的小不點」。中士在班兵中算是最高的了——身高五呎又五吋半。

正當他心裡奇怪，誰把他的名字告訴了艾德勒公司，一位班兵來了，格伊杜斯基下士決定還一筆借用的錢，他恭恭敬敬把錢奉上時，布朗還搞不清楚這是怎麼回事，「不要有什麼錯誤想法，」格伊杜斯基解釋說道，「我可不要你下了地獄還到處追著我來收帳。」

跨過海灣的威茅斯（Weymouth）附近下錨的運輸艦新阿姆斯特丹號（SS Nieuw Amsterdam）上，第二突擊兵營的寇契納少尉，正忙著一項例行工作——檢查全排的信件。今天晚上，這個工作尤其繁重，似乎每一個人都寫了長信回家。第二和第五突擊兵營，在D日的任務最為艱辛，他們要在一處叫做霍克角（Pointe du Hoc）的地方，攀登幾處近一百呎的垂直懸崖，制壓一處配置六門長程火砲的砲台——這些火砲威力極大，能瞄準奧馬哈灘頭，或者猶他灘頭的運輸艦區[16]，突擊兵得要在三十分鐘內完成這項任務。

預料攻堅的傷亡會很慘重——有人認為會高達六成——除非空中轟炸與艦砲轟擊，能在突擊兵到達那裡以前，摧毀這幾門火砲。不論用什麼方式，沒有人預期這次攻擊會有若一陣微風般的輕鬆。沒有人敢那樣說，除了寇契納的一名班長強生中士。

少尉看到了強生的信大吃一驚，雖然這些信件沒有一封會在D日——只要會發生的話——以前寄出去，甚至經由尋常管道這封信也寄不出去。寇契納派人把強生找來，中士一到，排長便把信還給他。「強生，」寇契納冷淡說道，「這封信最好由你自己寄——等你到了法國以後。」強生的信寫給一個女孩，請她在六月初約會見面，她住在巴黎。

中士離開官艙，使這位少尉有感於中，只要有像強生這般樂觀的人，天下沒有辦不到的事。

在這冗長的等待時刻，這支登陸大軍中幾乎每個人都寫了信，這些信都寫了很久，似乎是他們情感上的宣洩。很多信記下了他們的想法，而這是男人很少會做的事。

奉令登陸奧馬哈灘頭的是美軍第一步兵師，該師的杜林根上尉寫信給太太：「我喜歡這些人，他們睡在艦上每一處地方，甲板上、卡車內、車上和車下。他們抽菸、打牌、到處打打鬧鬧、各種各樣的惡作劇；他們一批批聚在一起，談的大都是女孩、家庭和經驗（有另一半或沒有）……他們是好軍人，世界上最優秀的……登陸北非以前，我緊張兮兮並有點害怕；登陸西西里島時，我忙得很，害怕就在我任務中逝去……這一回我們要攻上法國一處灘頭，從那以後只有上帝知道答案。我要妳知道，我全心全意愛妳……我祈求上帝恩佑，為了妳、安恩和派特而饒我一命。」

在海軍的大型軍艦、或者大運輸艦、在機場、或者在裝載區的人運氣要好些。他們受到種種

16 編註：transport area，為運輸艦卸載作業而設，是登陸灘頭附近的一個指定海域。

限制，也過於擁擠，可是他們一身乾燥、暖和又舒適。在各海港外面下錨的平底登陸艇，艦艇上隨著海浪起伏的官兵那就是另一碼子事了。有些人待在艦艇一星期以上，艦上又擠又臭，官兵的悽慘程度是令人難以置信的。對他們來說，戰爭在他們離開英國之前就展開了，這一仗對付的是不斷的噁心和暈船。大多數官兵依然記得，在艦上只聞到三種東西的味道：柴油、堵塞的馬桶，還有嘔吐物。

每一艘艦艇的情況各自不同，在ＬＣＴ－777號戰車登陸艇上，通訊下士海克特看到海浪之高大為吃驚，浪頭竟從翻滾的登陸艇的一頭撲下來，而從另一頭流出去。英軍的ＬＣＴ－6戰車登陸艇裝載得太多，以致於艇上美軍第四步兵師的霍普弗中校以為它會沉沒。海水沖到了船舷，有時竟沖刷進了艦內。艦內廚房積水迫得部隊只能吃冷食——如果那些人還吃得下東西。

第五特勤工兵旅（5th Engineer Special Brigade）的布拉雅中士還記得，ＬＳＴ－97號戰車登陸艦太擠了，擠得人踩人，艦身滾轉得好厲害，幸而有床鋪可睡的人卻很難能待在床上。加拿大第三步兵師的馬吉上士，他那艘登陸艇的狀況「比在尚普蘭湖中心划艇上更糟糕」。他暈得再也嘔吐不出東西來了。

可是在這段待命期間，受苦最大的，是那些被召回的船團上的步兵。整整一天，他們都在海峽裡破浪乘濤，全身浸透、又困又累。它們鬱鬱地排成一列，這些零零落落的船團，最後一艘在深夜十一點時拋下了錨，所有的船都回來了。

在普利茅斯港外，科尼號艦長霍孚曼少校在駕駛台上，望著長長一行，大大小小、各式各樣登陸艦艇一片黑漆漆的剪影。天氣很冷，風依然勁急，他卻聽得到這些吃水淺的船艇每衝過一道海浪時的拍擊聲和撥水聲。

霍孚曼人很困倦，他們回港才沒多久，這時才頭一次知道延後登陸的原因，而這時他們又接到隨時作好準備的命令。

船內消息傳得很快，通訊兵格里遜聽到了預告，準備繼續值更。他前往餐廳去，人進了餐廳，只見有十幾個人在吃晚飯——這天晚上有火雞肉與一整套的配料。每一個人看起來都垂頭喪氣。「你們這班傢伙，」他說道，「像在吃最後晚餐似的。」格里遜差不多說對了，在場的人到了D日的H時，有一半將隨科尼號沉沒。

附近的LCI-408號步兵登陸艇，士氣也非常低落。海岸防衛隊的艦員深信，這次虛行只不過是另外一次演練罷了。第二十九步兵師的二等兵費力普，想使他們振作起來。「這條船，」他莊重的預測，「根本不會體驗到戰鬥。我們待在英國這麼久，一直等到仗打完了，我們的差事還不會開始，他們會要我們去清掃多佛白崖上的藍鴝鳥糞才真。」

到了半夜，海岸防衛隊的巡防艦和海軍的驅逐艦，又開始了集結船團的繁重工作：這一回它們不會回頭了。

——

法國海岸外，X-23號袖珍潛艇緩緩升到水面，這時正是六月五號凌晨一點鐘。昂納上尉很快掀開了艙口蓋，爬上小小的指揮塔。昂納與一名艇員豎起了天線。艇內，賀奇斯上尉把無線電機的轉鈕轉到一八五〇千周，兩隻手把耳機摀住，並沒有等多久便收聽到了極其隱約的呼號：「惡煞……惡煞……惡煞……。」他聽見呼叫呼號後面緊跟著的一字電文，不大相信地朝上望，兩隻手把耳機按得更緊一點；再聽一次，他告訴別人並沒有聽錯呀，他們彼此鬱鬱相望沒有人吭聲，這表示他們還要待在水底下整整一天。

12

在破曉的光線中，諾曼第各處海灘都被一層濛霧籠罩住。前一天下個不停的雨，現在已經成了濛濛雨，把一切都浸濕了。海灘遠處，是一片古老而不規則形狀的田野。這兒打過無數次的血仗，未來也會經歷數不盡的戰鬥。

諾曼第的老百姓，已經和德軍共住了四年。這種連繫，對不同的諾曼人有不同的意義。在三處大城市——勒哈佛和瑟堡（Cherbourg）這兩處海港，在東西兩頭夾住一片地區，在它們中間的（地理位置與大小都相同）卡恩，則在內陸十哩處——被佔領是生活中嚴峻而又持續性的現實。這裡是秘密警察與黨衛軍的指揮部，這裡使人知道戰爭還存在——晚上搜捕人質、從無止息地對反抗軍的報復，以及十分歡迎卻又讓人害怕的盟軍轟炸。

城市外面，尤其是在卡恩與瑟堡之間，是一帶灌木樹籬地區：小塊小塊的田地，四周都是巨大的土埂，土埂頂上是密密的灌木和小樹。自羅馬人開始，這種樹籬就是攻防雙方都用來作戰的天然工事。散落在田地裡的是木製農舍，農舍屋頂為茅草屋頂或紅瓦屋頂，到處都有小村落，就像小小的城堡。幾近所有城堡都有方正的諾曼式教堂，教堂四周圍繞著有幾百年歷史的灰石房屋。對世界上絕大多數人來說，他們對這些小鎮的名稱一無所知——維耶維爾（Vierville）、科勒維爾、拉馬德林（La Madeleine）、聖艾格里斯（Ste.-Mère-Église）、謝迪蓬（Chef-du-Pont）、聖瑪麗迪蒙（Ste. Marie-du-Mont）、阿羅芒契（Arromanches）、呂克（Luc）。

在這種人煙稀少的鄉下，德軍的佔領遠比大都市有不同的意義，諾曼的農夫，置身在戰爭的動盪中，力盡所能以求調適這種狀況。數以千計的男男女女，像奴工般送出家園，而那些還留下來的人，被迫在勞工營內於撥出特定的時間構築海岸防線的工事。可是這些凶悍獨立的莊稼漢，絕不做超過絕對必要以外的事。他們一天天生活下去，以諾曼人的堅毅性格痛恨著德國人，冷冷地觀看，等待著解放的這一天。

在懶洋洋的維耶維爾的村落邊，三十一歲的律師哈德雷，正從一處能俯瞰全村、位於小山上的媽媽家中，挨著起居室的窗邊，用望遠鏡看著一名騎著一匹農村大馬的德國士兵，正往海邊的堤岸騎去。他的坐鞍兩邊，掛著好幾個鐵桶。這真是好笑的景象：那匹後臀奇肥的馬兒、乒乒乓乓的鐵桶。最好笑的，還是這名士兵水桶般的鋼盔。

哈德雷看見這名德兵騎過村莊，經過高細尖頂的教堂，走到一堵混凝土牆[17]，這堵牆把通往海灘的公路封死了。這時他得下馬把鐵桶除了一個以外都拿了下來。沒多久在懸崖附近，奇妙地出現三到四名士兵，他們接過桶又消失不見了。這名德國兵帶著剩下的這一隻桶，爬上水泥牆，翻過去到一戶赤褐色、四周都是樹木，坐落在海灘盡頭處空地上的夏季大別墅。這名德兵蹲身下去，把這個桶遞給等在別墅下、挨近地面伸出來的一雙手。

每天早上都一成不變。這個德國兵從來不遲到，總是在這個時候，把咖啡送到維耶維爾的村口。對海灘盡頭這些位處於懸岩的機槍堡和偽裝碉堡中的德軍來說，這一天已開始了。這片海

17 編註：反戰車牆，通常與進攻面呈垂直，可由灘岸側射火力打擊。

灘——外表平靜，緩緩曲折的沙灘——到了隔天，全世界都會知道，這裡就是奧馬哈灘頭。

哈德雷知道這個時間正好是上午六點十五分。

以前他對這種例行性公事觀察過好幾天了。這碼事在哈德雷來說，真是一幕小喜劇，部分是由於這名德兵的外表，部分也因為他覺得有趣。德國人自吹自擂的科技知識，一到了像在戰地裡供應晨間咖啡這麼簡單的事就變了樣。不過哈德雷的樂子帶有點苦澀，他像所有的諾曼地區的人，長久以來就恨德國人，尤其是現在。

好幾個月以來，哈德雷看見德軍部隊與徵召來的勞工營，沿著海灘後面的懸岩，以及海灘兩頭盡處的陡坡上挖掘、鑿洞、挖地道。見到他們在沙灘上，重重疊疊設置障礙物，埋下成千上萬枚醜惡、致命的地雷。他們並不就此罷休，以有條不紊且徹底的方式，把懸岩下面沿海興建的一排排漂亮、漆有粉紅色、白色、紅色的夏季木屋與別墅炸掉，九十幢房屋中現在僅剩七幢。它們之所以被摧毀，不但要為砲手清除射界，也因為德軍要木料支撐碉堡，依然矗立的七幢房屋中，最大的那一幢——用石料建成且終年可用——就是哈德雷家的。幾天以前，當地指揮官正式通知他，他的房屋也要拆掉。德軍決定要用到他家的磚塊和石料。

哈德雷心中琢磨，也許是某處的某人做這個決定。德國人在有些事上，一向都無法預測。但他可以確定接下來的二十四小時內發生的事：從他收到的通知，這幢屋子將會在明天倒下來——正是星期二，六月六號。

六點三十分，哈德雷把收音機打開，收聽英國廣播公司的新聞，這是被嚴格禁止的行為，但他也像千千萬萬的法國人一樣，不甩這個命令。這只是另一種抵抗的方式，但他還是把音量調到最低。也像尋常一般在新聞結束時，「英國上校」——道格拉斯里奇（Douglas Ritchie），哈德雷一向認為他就是盟軍總部的發言人——唸了一段重要的文告：

「今天，六月五號，星期一，」他說道，「盟軍統帥指示我宣佈：現在，在這些廣播中，會成為盟軍統帥與佔領國的各位直接溝通的管道……在恰當時刻，會有極為重要的指示發佈，但卻不可能總是在預先宣告的時間發表，因此各位務必養成習慣，不論是個人也好，或是與朋友的安排也好，隨時都要收聽，這並不像聽起來那麼困難……，」哈德雷猜測，所謂的「指示」會與登陸有關。每一個人都知道它會來，他以為盟軍會攻擊英吉利海峽最窄的部分——大約在敦克爾克或者加萊附近，那裡都有港口，但不會在這裡。

住在維耶維爾的迪布斯（Dubois）與達武（Davot）這兩家人，並沒有聽到這項廣播。他們凌晨才入睡，前一晚他們舉行了盛大慶祝一直到凌晨。在整個諾曼第，都有類似的家庭聚會，因為六月四號星期天，被教會當作「初領聖體日」，這一向是個大節日，是每年一度的家庭團聚日。

迪布斯家和達武家的小孩，穿上最漂亮的衣服，在維耶維爾的小教堂裡，在得意的父母和親人前，第一次領聖體。他們的一些親友，每個人都有德國當局發給的一張特別通行證，是花了好幾個月才審批下來，才能大老遠從巴黎過來。他們的旅程既惱火又危險。惱火的是，擁擠的火車不再按時行駛；危險的是，盟軍戰鬥轟炸機都以火車頭作目標。

但這一趟旅行值得，到諾曼第的旅程一向都是如此。巴黎人目前罕見的所有東西——新鮮奶油、乳酪、雞蛋、肉類，當然還有當地使人喝了會上癮的蘋果酒——「蘋果白蘭地」，在這裡卻還是很充裕。除此以外，在這種艱困的時代，諾曼第是一處好地方，安靜而且平安，離英國夠遠而不至於被攻擊。

這兩家人的團圓大為圓滿但還沒有結束。今天晚上，大夥還要坐下來大吃一頓，主人備有釀藏許久、上好的葡萄酒與白蘭地。這才算得上是結束慶典，親人會在星期二一大早搭火車趕回巴黎。

他們原本在諾曼第的三天休假，卻被延長了許多。大家要困在維耶維爾達四個月之久。

再挨近海灘邊，接近科勒維爾的村口，四十歲的布洛克斯，正在做每天早上六點半的例行工作：坐在滴滴答答的穀倉內，歪戴著眼鏡，腦袋藏在一條母牛的乳房邊，把一道稀稀的牛奶擠進桶裡。他的農場就在一條狹窄的泥土路邊，略略高起，離大海不到半哩遠。他已經好久不曾到過那條路或者去海灘了——自從德軍封灘之後。

他在諾曼第務農已五年了，布洛克斯是比利時人。第一次世界大戰時，眼見自己的家園毀於一旦。他從來不曾忘記。一九三九年，第二次世界大戰一開始，他立刻辭掉辦公室的工作，把太太和女兒遷到諾曼第來，他們在這兒會安全些。

十哩外有著大教堂的巴約（Bayeux），他漂亮的十九歲女兒安妮瑪莉（Anne Marie），正準備出發到她任教的幼稚園。她正巴不得這天的結束，因為到那時就放暑假了，她會在農場度過假期。她明天會自己騎車回來。

也就是在明天，一個她從來沒見過，高高瘦瘦的羅德島州美國人，會在與他老爸農場幾乎成一直線的海灘上登陸，而她會嫁給他。

沿著諾曼第海岸，老百姓都在幹日常工作，農人在田地裡，照看蘋果園，趕著白棕色相間的奶牛。村子裡與小鎮上店鋪都開門了，對每一個人來說，這只不過是德軍佔領下另一個尋常的日子。

在沙丘和一片廣垠的沙灘後方，有一個名為拉馬德林（La Madeleine）的小村落，這兒很快就會以猶他灘頭而知名。加森格爾（Paul Gazengel）照常把小店面和咖啡館開門，雖然可以說沒有什麼生意。

以前有一陣子，加森格爾過的日子還不賴——但還不太好，卻足以供應他自己、太太瑪森和十二歲女兒琴妮的所需。可是現在整個海岸地區都封閉了。就在海岸後面——大致從維爾河口（在附近入海）起，沿著整個瑟堡半島這一邊的所有住家都已經搬離，唯有那些保有自己田地的人才准許留下來。現在這家咖啡館老闆的生活費用，就全靠拉馬德林村裡還沒搬走的七家人，以及附近少數德軍的照顧了。對於德軍，他不得不伺候。

加森格爾很想搬走，他坐在咖啡館等候頭一位上門的顧客時，卻不知道在二十四小時後，他會出遠門，他和村子裡的所有男人，都會遭圍捕送往英國去審訊。

這天早上，加森格爾的一位朋友，麵包店老闆卡登（Pierre Caldron），內心有許多更為嚴重的問題。在離海岸十哩遠，卡倫坦鎮（Carentan）的珍醫師診所裡，他坐在五歲兒子皮爾的病床邊，皮爾剛剛開刀割除了扁桃腺。中午時分，珍醫師再檢查了他兒子的病情，「你沒什麼須要擔心的，」他告訴這位著急的爸爸：「明天你就可以帶他回家了。」不過卡登卻不這麼想，「才不呢，」他說道：「如果今天我帶小皮爾回家，他媽媽會更快樂一些。」半小時以後，卡登兩手抱著小孩，出發回到聖瑪麗迪蒙的家，那兒就是猶他灘頭的後方——正是傘兵在D日當天，與第四步兵師會合的地方。

——

對德軍來說，這一天也是平平靜靜，了無大事，什麼事都沒有發生，也沒料到會有什麼事發生，天氣太惡劣了。這使得在巴黎的盧森堡宮，德國空軍司令部的氣象官史塔比教授上校，在例行會報上告訴各參謀，可以放下心來。他懷疑盟軍飛機能在這種天候下作戰，防砲連官兵奉命解除戰備。

史塔比的下一步，便是打電話到離巴黎十二哩郊區的聖日耳曼昂萊的雨果大道二十號，這是一幢龐大的三層碉樓，長一百呎，寬六呎，正在一所女子高中下方一處山坡上——這就是西總，倫德斯特元帥的總司令部。史塔比和他的聯絡官——氣象技術員穆勒少校通話。穆勒克盡職責地把氣象預報記下來，然後呈給參謀長布魯門提特少將。西總非常認真看待氣象報告，布魯門提特尤其急於想要見到這一份報告。他正對總司令計畫的視察行程表做最後的修正。報告證實了他的想法，行程可以按表實施。倫德斯特會由他的兒子，一位年輕的少尉陪同，計畫在星期二赴諾曼第視察海岸防務。

在聖日耳曼昂萊，知道這處碉樓存在的人並不多，而知道在那所高中後面，大仲馬街二十八號那處並不起眼的小小別墅中，住著德軍西線權力最大的一位陸軍元帥的那就更少了。別墅四周圍有高牆，鐵門永遠關閉，進入別墅要經過一道穿過學校圍牆而特別建造的走廊，或者經過大仲馬街邊圍牆上一扇並不顯眼的門。

倫德斯特像以往一樣睡得很晚（這位高齡元帥，目前很少在十點三十分以前起床），到他在別墅一樓書房的辦公桌坐下時，幾乎快到中午了。他就在那裡與參謀長會談，批可了西總的「盟軍企圖判斷」，以便在下午轉呈到希特勒的最高統帥部。這份判斷又是一份典型的錯誤揣測，內文為：

敵空中攻擊，有系統且明顯的增加，這顯示敵軍已達高度戰備。可能登陸的前線，依然為起自荷蘭須耳得至諾曼第一帶地區……而布列塔尼半島的北方正面，則不可能包括在內……（但）仍不清楚敵軍會在以上地區的哪個地段登陸。敵空中攻擊集中於敦克爾克至第厄普間之海岸防線，這或許意指盟軍會在該地段作主登陸……（但）尚不能認為入侵迫在眉睫……

由於這一份含糊的判斷出現偏差——把可能登陸的地區，歸納於幾近八百哩長海岸的某處。倫德斯特和他的兒子出發到元帥中意的一家餐廳，也就是距離不遠、位於布吉瓦爾（Bougival）的「雄雞餐廳」。這時一點鐘剛過，距D日還有十二小時。

在德軍整個指揮體系裡，持續不斷的惡劣天氣，作用上就像是麻醉劑，各級司令部都對在最近的未來不會發生攻擊十分有信心。他們的理由是基於盟軍在北非、義大利以及西西里島登陸時，對氣候狀況作過周詳的判斷。每一次登陸，天氣的狀況都不一樣，但是像史塔比，以及他在柏林的上司桑特格博士（Karl Sonntag）這些氣象專家卻都注意到，除非天氣展望有利，尤其是能進行空中作戰，否則盟軍絕不會登陸。在德國人一板一眼的心目中這幾乎可以確定，盟軍不會偏離這個原則，天氣要恰恰剛好，否則盟軍不會攻擊。而此刻的天氣並不好。

在拉羅什吉翁的B集團軍司令部裡，勤務照常進行，就像隆美爾依然在司令部一般。但是參謀長史派德爾少將認為，情勢安靜得足以計畫一次小餐會。他邀了幾位客人：連襟賀斯特博士（Dr. Horst）、哲學家及作家容格（Ernst Junger），還有一位老友，軍方的其中一名戰地記者，舒瑞姆少校。學者般的史派德爾，很期待這一頓餐敘，希望他們能討論自己喜愛的主題：法國文學。還有些別的事要加以討論。容格所擬的二十頁草稿，暗中傳給隆美爾與史派德爾，這兩位都熱烈認為這份文件，勾勒出一個迎向和平的計畫——希特勒遭到德國法庭審判，或者遇刺以後。「我們可以一整晚討論這些事情。」史派德爾告訴舒瑞姆說。

在聖洛市德軍第八十四軍軍部，情報官海恩少校，正在為另一種宴會作安排，他訂了好幾瓶上等的夏布利葡萄酒，軍部參謀計畫在子夜時分，讓軍長馬克斯將軍驚喜一番，他的生日就在六月六日。

他們在午夜舉行這次驚喜的祝壽酒會，是因為馬克斯軍長得在破曉時分，到布列塔尼半島的雷恩市（Rennes）去。他和諾曼第所有的高級將領，都要參加在星期二清晨舉行的一次大型兵棋推演。馬克斯對自己所要扮演的角色略略覺得有點被逗樂了，他要代表「盟軍」。這些兵推都由曼德爾將軍安排。也許跟他是傘兵將領的關係，這次推演的要項，竟是「入侵」作戰，先由傘兵「突擊」，緊接著便是從海上「登陸」。每一個人都以為這次兵推會很有趣——假設性的登陸行動，竟假定會在諾曼第發生。

這次兵推，讓第七軍團的參謀長佩梅塞少將很擔心。整整一個下午，他在勒芒市的軍團司令部內，一直在想這件事。他麾下在諾曼第與瑟堡半島的高級將領，在同一段時間裡，全都離開了自己的司令部。這已經夠糟的了，如果他們在半夜離開那可就更加危險。對他們大多數人而言，雷恩是一段長距離行程，佩梅塞怕的是有些將領會計畫在天亮以前離開前線，破曉時分一向讓佩梅塞很擔心。倘若在諾曼第發生入侵作戰，他深信攻擊一定會在第一抹曙光時發動。他決定要警告所有未參加演習的人，命令用電傳打字機拍發，電文為：

「茲提示預擬參加作戰演習的將領以及其他人，不可在六月六日黎明以前前往雷恩市。」

不過這道命令來得太遲，有些人業已動了身。

因此就在這次決戰前夕，自隆美爾以下的許多高級將領，都一員又一員地離開防線。他們全都有理由，但幾乎就像任性的命運之神，巧妙地操縱他們離開。隆美爾身在德國，B集團軍作戰處長鄧普霍夫上校也是如此。西線海軍司令克朗克上將，通知了倫德斯特說，因為海浪洶湧，巡邏艇無法離港以後，便去了波爾多市。第二四三步兵師師長黑爾米希中將，他那一個師據守瑟堡半島的一側，自己卻去了雷恩市。去雷恩的還有七〇九師師長施利本中將，能征慣戰的九十一空降師師長法利少將。該師剛剛調到諾曼第，他也準備出發。倫德斯特的情報處長狄楚林上校正在休假，還有一個師的參謀長，根本找不到人——他和法國情婦打獵去了[18]。

就在這個節骨眼上，負責灘頭防務的指揮官散佈在整個歐洲時，德軍最高統帥部作了決定，把在法境內的德國空軍剩餘的幾個戰鬥機中隊，調離諾曼第等各灘頭的飛航半徑距離外，飛行員都嚇呆了。

18 原註：D日以後，這許多指揮官離開防區的巧合，讓希特勒大感震驚，並認真談到要作一次調查，看是不是英國特務搞的鬼。

事實上，希特勒本人對這個重大日子的準備，並不比麾下的將領高明。元首當時正在巴伐利亞的貝希特斯加登官邸，他的海軍侍從官帕德卡莫上將還記得，那天希特勒起得很晚，中午舉行了例行軍事會議，然後在下午四點鐘進午餐。除了他的情婦伊娃布朗以外，還有許多納粹要人夫婦。素食的希特勒向與會的夫人們道歉，說這一頓並沒有葷食，還發表了他在進餐時常有的評論：「大象是最強壯的動物，他也受不了肉食。」午餐以後，這一批人離開到花園裡去，元首在園裡品嚐青檸花茶。他在六到七點鐘間小睡片刻，在晚上十一點鐘又舉行了一次軍事會議。然後，在午夜前不久，又把這些夫人找回來。就普特卡莫的回憶所及，這一批人打從這時起，就不得不聽上四個小時的華格納、李海與史特勞斯的音樂。

把這些飛行中隊往後撤的主要原因，是需要他們擔任本土的空中防禦。這幾個月以來，由於盟機晝夜二十四小時不停的猛烈轟炸，這種防務需要便產生了。從當時環境上看來，德軍最高統帥部認為，把這些十分重要的飛機，暴露在法國的各處機場似乎毫無道理，這些機場正由盟軍的戰鬥機與轟炸機加以摧毀。希特勒向麾下將領保證在盟軍進犯的那天，德國空軍會有一千架飛機攻擊灘頭，現在這種保證是決然不可能實現了。到了六月四日，整個法國境內僅僅只有一百八十三架日間戰鬥機[19]，其中大約有一百六十架堪用。而在這一百六十架中，第二十六戰鬥機聯隊（Jagdgeschwader 26, JG 26）中的一百二十四架，正在這天下午，從海岸地區往後方調動。

在法境里爾市，也是第十五軍團的作戰境地線內，第二十六戰鬥機聯隊部，聯隊長普瑞勒上校是德國空軍中頂尖的「空中英雄」之一（他擊落九十六架敵機）。他站在機場，火氣很大，頭頂上是他手下的三個中隊之一，正飛往法國區東北部的梅茲（Metz）。第二個中隊也快要起飛，奉令飛往蘭斯（Rheims），大約介於巴黎到德國邊境中間的一個城市，第三個中隊已飛往法國南部。

對這位聯隊長來說，除了抗議毫無辦法。普瑞勒是一位意氣風發且神經質的飛行員，在德國空軍中以脾氣火爆聞名。敢和將軍頂撞，這時他打電話給自己的長官。

「這簡直是發瘋！」普瑞勒叫道：「如果我們預料會有登陸，各中隊應該往前推，而不是往後調！如果在調動期間敵軍攻擊，會發生什麼情況？我的補給品要到明天甚至後天才到得了新基地，你們通通瘋了！」

「聽我說，普瑞勒，」西線空軍司令說道，「登陸完全不可能，天氣太壞了。」

普瑞勒把電話筒給摔了。然後走回去機場上，那裡只剩下兩架飛機，一架是他的座機，另一架則是僚機，由吳德塞克上士飛。「我們該怎麼辦？」他向吳德塞克說道，「如果登陸來了，他們八成指望我們能完全抵擋得了呢。所以，現在我們還不如來喝醉算了。」

———

在整個法國，正在注意與等待的所有百萬人中，只有少數的男女確切知道，登陸迫在眉睫了，這些人不到十二個。他們像尋常一般，沉著自然地執行自己的任務。沉著與自然，便是他們行業的一部分，他們是法國反抗軍的領袖。

他們大多數都在巴黎，從那裡指揮著一個龐大複雜的組織。事實上，這是一支大軍，有完整的指揮體系，更有數不盡的局、處，處理從拯救遭擊落的盟軍飛行員到破壞行動，從間諜到暗殺的每一項事情。他們有區域首長、地區指揮官、分部組長，以及行列中千千萬萬的男女。帳面上，這個組織有偌多重疊的行動網，似乎是複雜得不必要。但這種明顯的紊亂，卻是經過了精心考量，這樣做可以隱藏著反抗軍的實力。各指揮部的彼此重疊，可以提供更大的保護；多層的行動網，能保證每一次行動的成功，整個結構極其秘密，各領袖除了代號外，彼此互不相識。一個團體不知道另一個團體在做什麼，反抗軍要能生存，就得用這種方式不可。即使有了所有的預防措施，德軍的報復手段也極具破壞力。一九四四年五月時，外界認為，一名活躍的反抗軍鬥士，

19 原註：在本書研究過程中，本人發現關於德軍戰鬥機在法國境內的機數，不下於五種數字，本書所提的一百八十三架，本人認為相當精確，資料來源出自普瑞勒上校所撰寫的書籍 *Geschichte eines Jagdgeschwaders : das J.G. 26 (Schlageter) von 1937 bis 1945*，已被認可是關於德國空軍作戰最具權威之作。

他的生命期是少於六個月的。

這支男男女女、為數龐大的秘密抵抗大軍，從事一場無聲的戰爭已達四年多了——這一場戰爭通常平淡無奇，但卻總是充滿危險。成千上萬的人遭處決，更多人死於集中營。但現在，反抗軍基層雖未知情，但他們一直奮戰所等待的這一天，已經近在眼前了。

前幾天，反抗軍司令部，已經接到了英國國家廣播公司數以百計的密碼訊息，其中少數幾個訊息一直發出預警，登陸也許在今後任何時刻發生。這些密碼訊息中的一句，也就是德軍第十五軍團情報處長梅耶中校手下官兵，在六月一號那天所截收到的同一句預警，那就是法國詩人魏崙一首詩中的頭一句，「秋日小提琴的長長嗚咽」（加納瑞斯上將的指示果然沒錯）。

現在，反抗軍的各領袖比起梅耶更為焦急，他們等待這首詩第二行與其他電文，這些電文可以確定了以前所接到的訊息。這些預告要一直到最後，也就是實際登陸那天的前幾個小時，才會廣播出來。即令到了那時，反抗軍領袖也都知道，他們無法從這些電文裡知道登陸在什麼地方發生。對大部分的反抗軍來說，一旦盟軍下令執行預先規劃的各種破壞計畫，那才是真正的那麼一回事了。這兩句電文代表攻擊即將發動的暗示。一句為「蘇伊士天氣很熱」，那就是進行「綠計畫」——破壞鐵軌與鐵路器材。另外一句為「骰子都在桌面上」，那便是「紅色計畫」，截斷電話線與電纜。所有區域、地區、地段的反抗軍領袖，都獲得預告，要收聽這兩項電文。

星期一晚上，也就是D日前夕，BBC在下午六點三十分，播出了這一則電文，播音員以很鄭重的聲音宣佈：「蘇伊士天氣很熱……蘇伊士天氣很熱……」

在維耶維爾與貝辛港間（Port-en-Bessin，大致在奧馬哈灘頭地帶）的諾曼第海岸段的反抗軍情報組長梅爾卡德，是在他於巴約開設的腳踏車店的地下室裡，蹲在一具隱藏的收音機旁聽到了這項播報。廣播字眼的衝擊力，使得他幾乎目瞪口呆，這是他絕不會忘記的一刻。他不知道盟軍會在什麼地方與什麼時候登陸。畢竟，經過了三年這麼長的時間，它終於來了。

暫停了一下，播報員又播出了梅爾卡德一直在等待的第二句電文：「骰子都在桌面上，骰子都在桌面上」。這句以後，便是一長串的電文，每句都重複一遍：「拿破侖上場一決勝負……約翰愛瑪莉……箭不會經過……」梅爾卡德把收音機關了，他已經聽到了與自己有關的兩則電文，其他電文則是對法國其他反抗軍團體的特別預警。

梅爾卡德三腳兩步上了樓，對太太馬德琳說道：「我要出去一趟，會晚點回來。」便從他的腳踏車店裡，推出一輛低輪競速單車，騎車去向地段的首長報告。他曾是諾曼第自行車大賽冠軍，曾經好幾次代表全省參加有名的「環法自由車賽」。他知道德軍不會攔阻他，他們發給他一張特許證，他是可以練習賽車的。

這時，每一處地方的反抗軍團體，都把這項消息悄悄地告訴頂頭上司，每一個單位都有自己的計畫，確確實實知道該做些什麼。卡恩火車站站長奧格（Albert Augé）和他的人，要摧毀調車場裡的水泵，搗毀火車頭裡的蒸氣噴射器。在伊希尼附近來自楓丹省的一家咖啡店老闆，他的工作就是破壞諾曼第地區的通信，他手下四十多人的組員要切斷通往瑟堡大量的電話線。瑟堡市一家雜貨店老闆格瑞斯林，有一項最為艱困的工作。他那一組人，要以炸藥炸斷瑟堡——聖洛——巴黎間的鐵道網。而以上只是少數幾隊人而已。對反抗軍來說卻是一個大命令。時間非常迫切，攻擊可能在天黑以前就會開始，可是從布列塔尼到比利時邊境，沿著整個入侵的海岸，反抗軍都準備著，全都希望攻擊會朝著自己的地區來。

對有些人來說，這些電文引起了相當麻煩的問題。在維爾河河口附近的海濱勝地格朗邁康西

（Grandcamp），它的位置幾乎就在奧馬哈與猶他灘頭的正中央，在那一地段的反抗軍領袖馬里安，有一項重要情報要傳到倫敦去，不知道怎麼才能辦得到——假設他還有時間的話。這天下午稍早時，手下向他報告，還不到一哩外，新進駐一個新的防砲群。為了要確定，馬里安便隨意地騎著自行車兜過去看看這些防砲，即令有人攔下他知道他也能通過，在許多假造的識別證中也有適合這種情況的，這張通行證載明他是擔任大西洋長城的建築工人。

這個單位與防區範圍之大，使馬里安大為震驚，這是一個機動的防砲群，配備了重型、輕型，以及混合編裝的防砲，一個防砲群五個連，一共二十五門防砲。他們正在進入陣地，掩護從維爾河口起一直到格朗邁康西西郊為止的所有通路。馬里安注意到防砲群內官兵正全力地辛勤工作，將防砲放列，就像他們在搶時間一般。這種全力奮鬥的行動讓馬里安很擔心，這可能意味著登陸就在這兒。不知道是怎麼一回事，德軍似乎已經知道了。

雖然馬里安不知道，但幾小時後，這些防砲正精確地涵蓋了美軍第八十二以及第一〇一空降師傘兵運輸機與滑翔機的航路。然而，如果德軍最高統帥部中，有任何人對即將來臨的攻擊有任何情報，他們卻沒有告訴第一防空團團長吉斯托威斯基上校。他到現在心中還在琢磨，為什麼把他這一個兩千五百名官兵的防砲群，急忙調到這裡。但吉斯托威斯基已經習慣了突如其來的調動，他的部隊有一次奉令全靠自身機動力，調到蘇聯的高加索，再也沒有什麼事能出乎他的意料了。

德軍士兵在火砲上操作時，馬里安從容地騎了自行車在旁邊經過，心裡卻在為這個大問題苦苦掙扎。如何把這項極為重要的情資，送到五十哩外卡恩的秘密總部，交給諾曼第的軍事情報處副處長吉爾。馬里安目前要做的事太多，沒法離開自己的地段。所以他決定冒一次險，用一連串的快信信差，把訊息送到巴約的梅爾卡德手上。他知道這得耗上好幾個小時，但假如還有時間，馬里安很有把握梅爾卡德總有辦法把消息送進去卡恩。

馬里安要使倫敦知道的還有一件事，這倒不像防空砲陣地那麼重要，只是要確定幾天前寄出的許多訊息——有關霍克角九層樓高的峭壁頂上配置的大量火砲陣地。馬里安要把消息再傳一次，這些火砲還沒有進入陣地，它們正在途中，離開陣地有二哩遠。（盡管馬里安奮力地要警告倫敦，但在D日為了制壓這些根本不存在的火砲，美軍第五突擊營發動了英勇的行動。全營二百二十五名官兵，損失了一百三十五人。）

反抗軍有些成員，卻完全不知道登陸已迫近。六月六日，星期二，本身就具有特殊的重大意義。對吉爾來說，那也就是指在巴黎與他上司的會晤時間。即令現在預料「綠色計畫」的破壞組，會在任何時刻爆破鐵軌，吉爾依然從容地坐在一列赴巴黎的火車裡，吉爾心中確信，登陸時刻不會安排在星期二，至少也不在他的地區內，如果是在諾曼第登陸，他的上司就會取消這次會晤。

對登陸日期他並不煩惱，下午在卡恩時，吉爾的各地段首長中，有一個是加入反抗軍的共產黨團體首領。他斷然地告訴吉爾，登陸預定在六號黎明。這個人的情報，過去總是被證明是很確實的，但這卻使吉爾心中想起一個老問題：這傢伙的情報直接來自莫斯科嗎？吉爾斷定不是。他無法想像，蘇聯竟會為了危害盟軍的行動而故意洩密。

在卡恩，對於吉爾的未婚妻琴妮．波塔德，星期二來得還不夠快。過去三年的地下工作中，在那不勒斯路十五號一樓的小小公寓裡，波塔德掩藏過六十多名遭擊落的盟軍飛行員。這工作既危險，又沒有回報，而且搞得緊張兮兮，一次說溜消息，很可能就得面臨槍決。星期二以後，她就可以呼吸得輕鬆自在一點了——直到下一次她再藏匿遭擊落的飛行員為止——因為到星期二那天，她就要把兩名在法國北部遭擊落的皇家空軍飛行員，轉送往逃脫的路線。他們在她的公寓裡待了十五天，她希望自己的運氣能再持續下去。

但有些人運氣已經用光了。對李維莉來說，六月六日可能了無意義，也可能一切都有意義。她和先生路易士在六月二日被德國秘密警察逮捕。他們協助過一百多名盟軍飛行人員逃走，卻被自己農場上一個小伙子告密。現在，李維莉（Amélie Lechevalier）坐在卡恩監獄的床鋪上想，不知道她和她先生還有多久要被槍決。

13

晚上九點鐘前，法國海岸外出現了十幾艘小小船隻，她們沿著海岸線悄悄地行駛，由於靠得很近，船員都清清楚楚見到諾曼第的住宅。這些行駛中的船隻沒有人注意，它們是已經完成掃雷並返航英國的掃雷艦——是一支前所未見、規模最為龐大艦隊的先鋒。

這時在海峽的那一邊，一批密集的艦艇，駛過洶湧的灰暗海水，向希特勒的歐洲逼近——終於，自由世界釋放出它的力量與憤怒。它們來了，殘忍無情地一列一列，有十條航線寬，橫跨二十浬，各種的艦艇共五千艘。艦艇中有新型快速攻擊運輸艦、行駛緩慢銹蝕斑斑的貨輪、小型越洋郵輪、海峽渡輪、醫療艦、久歷風霜的油輪、近岸貨船，以及一大批忙亂的拖輪。這兒有一隊隊數不盡的淺水登陸艦——龐大容艙的船隻，有些甚至有三百五十呎長。這些登陸艦有很多艘，和大型運輸艦一樣，搭載了小型登陸艇，以利搶灘——多達一千五百艘。在各船團前面便是掃雷艦、海岸警衛隊的巡防艦、浮標敷設艦，以及馬達救難艇。這些船艦上空都飄浮著防空氣球，一中隊一中隊的戰鬥機在雲層下方飛過。這一支空前的大船團，滿載了官兵、火砲、戰車、車輛和補給，不包括小型的船艦，這一片龐大的陣容，共有七百零二艘軍艦[20]。

美國奧古斯塔號重巡洋艦（USS Augusta, CA-31），是柯爾克海軍少將的旗艦，率領著美軍的特遣部隊——開往奧馬哈與猶他兩處灘頭的二十一個船團。在珍珠港事件的前四個月，雍容華貴的奧古斯塔號重巡洋艦，載了羅斯福總統前往加拿大境內安靜的紐芬蘭灣，與邱吉爾首相——他們將有很多次歷史性會議——作頭一次會晤。在附近，雄赳赳氣昂昂地行駛著的，是戰旗飄揚的戰艦群，英軍的納爾遜號（HMS Nelson）、拉米利斯號（HMS Ramillies）和厭戰號戰艦（HMS Warspite）；美軍的德克薩斯號（USS Texas, BB-35）、阿肯色號（USS Arkansas, BB-33）和自豪的內華達號戰艦（USS Nevada, BB-36）——日軍在珍珠港把她炸沉，並一度坐底。

駛往寶劍、天后和黃金三個灘頭的英加大軍，共有三十八個船團，領先的是追擊並擊沉德國俾斯麥號戰艦的英國維恩爵士少將（Sir Philip Vian）率領的旗艦錫拉號巡洋艦（HMS Scylla）；貼近的是英軍大名鼎鼎的阿賈克斯號輕巡洋艦（HMS Ajax）。一九三九年十二月，她與另外二艘軍艦圍攻希特勒艦隊中引以為豪的格拉夫斯比上將號袖珍戰艦（Graf Spee），最後迫使德艦在南美

20 原註：對登陸艦隊艦艇的正確數字，爭議相當多。但關於D日最精確的軍方著作——哈里遜（Gordon Harrison）的《橫渡海峽攻擊》（*Cross-Channel Attack*，美國陸軍官方戰史）；以及莫里遜海軍上將（Samuel Eliot Morison）的《入侵法德》（*Invasion of France & Germany*）——他們都同意數字大約是五千艘，這包括了裝在各艦上的登陸艇在內。皇家海軍愛德華中校（Kenneth Edwards）所著的《海王作戰》（*Operation Neptune*）舉出數字略低，大約四千五百艘。

洲的拉普拉塔河口海戰後於蒙特維多港自沉。此外還有其他的著名巡洋艦：美軍的塔斯卡盧薩號（USS Tuscaloosa, CA-37）與昆西號（USS Quincy, CA-39），英軍的企業號（HMS Enterprise）與黑王子號（HMS Black Prince），法軍的喬治萊格號（Georges Leygues），一共二十二艘。

船團的邊緣，行駛著各式各樣的艦艇，姿勢優美的砲艦、短短壯壯的護衛艦、像荷軍索姆巴號這種瘦瘦長長的砲艇、反潛巡邏艇、迅速的魚雷快艇，以及到處都是的瘦削驅逐艦。除了美軍和英軍幾十艘驅逐艦外，還有加軍的卡佩勒號（HMCS Qu'Appelle）、薩克其萬號（HMCS Saskatchewan）與瑞斯狄果契號（HMCS Ristigouche），挪威的斯文納號（HNoMS Svenner），甚至還有一艘波軍的波倫號驅逐艦（ORP Poiron）。

這支龐大的無敵艦隊，緩緩地笨重地越過海峽行駛。他們是根據以分鐘為單位的航行表來操作，是從來不曾嘗試過的作法。艦艇從英國各處港口湧出，以兩個船團一條航道的方式，沿海岸行駛，船團向威特島以南的集結區集中。她們行駛到那裡再自行分開，各支隊自行採取事先審慎決定的航道，再駛往他們指定的灘頭。這處集結區，很快就有了個外號「皮卡迪利圓環」，各船團沿著五條已敷設過的浮標航道向法國前進。接近諾曼第時，這五條航道又分成了十路，每一個灘頭兩路——一路行駛快速艦艇，一路行駛慢速船團。正前方，就在掃雷艦、戰艦與巡洋艦等先鋒部隊後面，便是指揮艦，五艘雷達與無線電天線林立的攻擊運輸艦。這五艘浮動的海上指揮所，便是登陸作戰的神經中樞。

到處都是船艦，對在艦上的人來說，這支歷史性的無敵艦隊，至今還使他們記得，是生平所見過「印象最深刻，最不能忘記」的景象。

對陸軍部隊的官兵來說，哪怕很不舒服以及當前會有危險，終於上路了是件樂事。人員依然緊張，但有部分的緊繃已經消散。而今，每一個人都要做完、做好這份差事。在登陸艦與運輸艦上，大家在寫最後一分鐘的信件、玩紙牌、加入沒完沒了的吹牛打屁。「軍牧，」步兵第二十九師的達拉斯少校（Thomas Spencer Dallas）回憶說，「幹的都是陸上辦公室的業務。」

第四步兵師第十二團的軍牧龔恩上尉（Lewis Fulmer Koon），置身在一艘擁擠的登陸艇上，幹的是所有教派的牧師。猶太裔軍官格瑞上尉（Irving Gray），請求龔恩軍牧，可不可以帶領他那一連做禱告：「不論基督教、天主教或猶太教，向我們全部信仰的神禱告，使我們的任務得以達成，若有可能，帶領我們再次安然返國。」龔恩樂意照辦了。在暮色漸合中的一艘海防艦上，槍砲上兵史衛尼（William Sweeney）還記得，步兵運輸艦蔡斯號（USS Samuel Chase, APA-26）上，用閃光燈拍出訊號：「正在望彌撒。」

對大多數人來說，這一趟行程的最先幾個小時，都在安靜中度過。很多人開始反思，談的通常是原先只有藏在自己內心中的事。成百上千的人後來都回想起，他們當時坦承自己的恐懼，並且坦率地談論其他涉及個人的事。在這個奇特的一夜，他們彼此的關係更密切，對以前從沒見過面的人都推心置腹起來。

第一四六工兵營的一等兵赫恩（Earlston Hern）說：「我們談了好多話，家啦，自己過去的經歷啦，這次登陸我們會經歷些什麼啦，可能會是什麼情形啦等等。」他在登陸艇滑不溜丟的甲板上，和一位醫護兵談話，卻根本不知道人家的姓名：「那醫護兵家裡有麻煩，他老婆是個模特兒吵著要離婚。他是個憂心忡忡的傢伙，他說她總得等他到家再說吧。我還記得我們在交談時，一直有個年輕的小伙子在附近，自己輕聲輕氣地在唱歌。醫護兵對小伙子說，他唱得比以前要好些，這似乎使他心情還不錯。」

在英艦帝國鐵砧號（HMS Empire Anvil）上，美軍第一步兵師的庫茲上等兵（Michael Kurtz），是歷經北非、西西里島與義大利各次登陸作戰的老兵，一名新到的補充兵——來自威斯康辛州的二等兵史登伯問他。

「下士，」史登伯說道，「你老實說你認為我們還有機會嗎？」

「他媽的，是呀！老弟，」庫茲說，「別擔心會被打死了，在我們這部隊裡，要擔心的是去到那裡後的作戰情況。」

第二突擊營的匹蒂上士（Bill "L-Rod" Petty），開始擔心起自己的事了。他和朋友二等兵麥休（Bill McHugh），坐在一條老邁的跨海峽輪船班米克利號（Ben-my-Chree）上[21]，凝望著夜空的逼近。即使周圍被一長列軍艦所包圍，卻於事無補。他掛心的是在霍克角的懸岩頂，他轉頭對麥休說：「我們根本沒指望從這一回活著出來。」

「你真他媽的往好處想嘛。」麥休說道。

「也許，」匹蒂答道，「也許我們中僅僅只有一個人回來。」

麥休不為所動，說道：「大限來時，該走就得走啊。」

有些人則想看看書，第一步兵師的波得特下士（Alan Bodet），便看起貝拉曼恩（Henry Bellamann）的《金石盟》（*Kings Row*）來。可是他沒法專心看，因為他在為自己的吉普車心煩。一旦把車子開進三到四呎深的海水裡，防水設施挺得住嗎？加拿大第三步兵師的砲手波恩（Arthur Henry Boon），人在一艘裝了多輛戰車的登陸艇上，想看一本書名取得很迷人的袖珍書，《一個妞兒與百萬男人》（*A Maid and a Million Men*）。在帝國鐵砧號運輸艦上，第一師的軍牧狄瑞，大為吃驚地看見一位英國海軍軍官，在看羅馬詩人賀瑞斯的一本拉丁文詩集。要隨著步兵第十六團，在第一波登陸奧馬哈灘頭的他，那天晚上看的卻是辛門茲所著的《米開蘭基羅傳》。在另一個船團裡，一位人在登陸艇上的加拿大陸軍吉南上尉，起起伏伏得很厲害，船上幾乎每一個人都暈船，他卻帶了厚厚一本當天晚上看上去很符合當下的書籍。為了使自己與其他袍澤的冷靜下來，他翻到〈詩篇第二十三篇〉，高聲朗誦：

「上主是我的牧者，我一無缺乏。……」

但並不完全都這麼嚴肅，也有輕鬆的一面。在班米克利號上，有些突擊隊員把直徑四分之三吋粗的繩索從桅杆垂掛到甲板，然後從甲板往上爬了上去，使得英國船員大為吃驚。在另一艘船上，加拿大第三步兵師的士兵，就以背誦、跳舞、合唱等一應俱全的方式，辦了一場業餘的晚會。英皇直屬利物浦步兵團的德拉西上士，聽到風笛演奏愛爾蘭民謠《楚麗的玫瑰》（Rose of Tralee），聽得忘其所以，站起身來，遙向在愛爾蘭的瓦勒拉總理說了一段祝頌詞，「因為你使我們置身於戰爭之外」[22]。

很多人此前耗上好多個小時，擔心自己活下來的機率，現在卻等不及要去搶灘。橫渡海峽的航程，證明其恐怖程度比可怕的德軍還要來得厲害。在五十九個船團裡，暈船就像是瘟疫，尤其

---

21 編註：班米克利號是二戰初期即被皇家海軍徵用的商船，隸屬於曼島航運公司（Isle of Man Steam Packet Company）。然，作者卻誤把公司名當成是船名，寫成曼島號。

22 編註：二戰時的愛爾蘭為中立國家。

是在起起伏伏的登陸艇上。每一名官兵都發有暈船藥，還加上一項列在裝載單上的裝備，印著典型的軍事用語：「袋子，嘔吐用，一個。」

這是軍事效率的最高表現，但依然不夠用。第二十九步兵師的魏德費技術上士回想當時：「嘔吐袋都吐滿了，鋼盔也滿了，我們就把消防桶的砂子倒空再吐進去。鋼製甲板根本沒法站人，你都可以到處聽見有人在說：『要殺了我們之前，叫他們先把這些該死的桶子先弄出去。』」

有些登陸艦，官兵暈船暈得太厲害了，他們威脅著——大部分是逞口舌之快——要翻欄跳海。加拿大第三步兵師的二兵朗格，發覺自己抓住一個朋友不放，那位朋友「求我放開他的救生腰帶」。皇家海軍陸戰隊的突擊隊員威瑟中士，記得在登陸艦上的「嘔吐袋一下子就用光了，很快只剩下一個」。然後，就一個人傳給一個人接續著用。

由於暈船，成千上萬的官兵損失了一頓好幾個月都碰不上的盛餐。經過特別的安排，所有船艦上盡可能有最好的伙食。這一頓特餐，官兵取名為「最後一餐」，每一艘船各自不同，胃口也因人而異。在卡洛爾號運輸艦（USS Charles Carroll, APA-28）上，第二十九步兵師的史密士上上尉，用了一份牛排，上面一個荷包蛋，再加冰淇淋與羅甘莓。兩小時以後，他就掙扎著去搶舷側欄杆邊的位置了。第一一二工兵營的羅森布拉特少尉，吃了七份的雞皇麵，覺得很可以。第五特勤工兵旅的布拉雅中士也是如此，他還吃了三明治跟喝了咖啡，還是覺得餓。他一個好朋友，從艦廚裡「抬」了一加侖的什錦水果罐頭，結果他們四個人把它給嗑光。

在英軍「查爾王子號」（HMS Prince Charles）上，第五突擊營的索恩希中士，逃過了所有的不舒服，他服下過量的暈船藥，一覺睡到登陸。

人人都有相同的悽慘與害怕的經歷，有些記憶卻深深刻畫，栩栩如生得出奇。第二十九步兵師的安德生少尉，還記得在天黑前一小時，太陽如何襯映出整個艦隊的側影。第二突擊營F連，為了祝賀雷揚中士，圍在他四周齊唱《生日快樂》，他才二十二歲。第一步兵師中年方十九歲、十分想家的艾倫二等兵，這天晚上給他的感覺，彷彿就是「密西西比河上常見的泛舟之夜」。

各艦上那些即將在破曉時分創造歷史的人們，都安頓好自己，想盡辦法多休息一下。唯一的法國突擊隊，他們的指揮官基佛，用毛毯捲住自己時，心中想起了一六四二年，雅各亞士里爵士在英國愛曉戰役（Battle of Edgehill）時的禱告。「主啊，」基佛禱告，「祢知道我今日是何等忙碌的，假若我忘記祢，請祢不要忘記我。」他把毛毯拉起，立刻就睡著了。

晚上十點十五分過一點，德軍第十五軍團的反情報處處長梅耶中校，從辦公室裡跑出來。現在他手上拿著的，搞不好就是整個第二次世界大戰中，德國所截獲的最重要電文。梅耶現在知道盟軍在四十八小時內就會發動攻擊，有了這份情資，德軍便可以把盟軍趕下海，這份電文由BBC播給法國反抗軍，正是魏崙那首詩的第二行：「單調的鬱悶傷了我的心。」

梅耶衝進餐廳，第十五軍團司令札爾穆特將軍，正和參謀長以及另外兩名軍官打橋牌。「司令，」梅耶上氣不接下氣地說道，「電文，第二部分——在這裡了！」

札爾穆特想了一下，然後下令軍團進入全面戒備，當梅耶急急忙忙跑出餐廳，札爾穆特又看看手裡的這一副牌，「為這種事感到激動對我來說太老了。」札爾穆特記得他這麼說過。

梅耶回到辦公室，他和參謀立刻以電話通知西總——倫德斯特的總部。同時轉報希特勒的最高統帥部，並以電傳打字機通知所有其他友軍司令部。

如同過去，從來沒有令人感到滿意的解釋，第七軍團又再次被列在通知名單之外[23]。盟軍艦隊要花上四個小時多一點的時間，才能到達五個灘頭外海的運輸艦區；三小時內，就有一萬八千名傘兵，降落在黑暗的田野與樹籬上，進入德軍從來沒有提出警告的區域。

——

美軍第八十二空降師二等兵舒茲準備妥當，像機場中的每一個人般，他穿了跳傘裝。降落傘全掛在右胳臂上，臉上用木炭塗黑，他頭上的瘋狂髮型，是受到今晚周圍傘兵，模仿易洛魁印第安人的感染，剪成中間從前到後長條狀的短髮。四周都是他的個人裝備，每一方面他都準備好了。幾小時以前他贏到手的兩千五百美元，現在只剩下二十元了。

這時，官兵等候卡車載他們去登機。荷蘭佬舒茲的一個朋友哥倫比，從一處還在持續的骰子賭局，跑上前來說：「快！借我二十塊！」

「為什麼？」舒茲問道：「說不定你會被打死呢。」

「我把這個給你。」哥倫比說道，把手錶取下來。

「好吧，」荷蘭佬說道，把自己最後二十塊錢遞給他。

哥倫比跑回去賭了，荷蘭佬看看這隻手錶，是一隻寶路華牌的畢業金錶，背面有哥倫比的名字，和他雙親的獻詞。就在這時有人叫道：「好吧，我們走了。」

荷蘭佬撿起自己的裝備，和其他傘兵離開了機棚，正當他要爬上卡車時經過哥倫比旁邊，「拿去吧，」他把手錶交還時說道，「我用不著要兩隻錶。」現在，荷蘭佬剩下的，只有媽媽寄給他的玫瑰念珠了，他決定還是帶走。卡車隊駛過機場，向等候著的機群駛去。

全英國境內的盟軍空降部隊，都登上了飛機與滑翔機。飛機載著導航組——他們要為空降部隊標示降落區——早已先行一步。在紐伯里的美軍第一〇一空降師師部，盟軍統帥艾森豪將軍和一小批軍官與四名記者，望著第一批飛機滑行到定位起飛。他花了一個小時和官兵談話。他對空降作戰，遠比整體登陸作戰的其他方面更為擔心。他麾下有些將領認定，空降作戰可能會有百分之八十以上的傷亡。

艾森豪向第一〇一空降師師長泰勒少將道了再見。泰勒身先士卒，率領官兵進入戰場。泰勒離開時，走得筆筆挺挺卻又很僵硬。他不想讓最高統帥知道，自己這天下午打壁球傷了右膝韌帶，艾森豪也許就不准他去了。

這時艾森豪站著，望著機群在跑道上滑行，緩緩地拉起機頭。它們一架跟著一架進入了黑夜，在機場上空盤旋，集合編成隊伍。艾森豪兩隻手深深插在口袋裡，凝望著夜空。龐大的機群

23 原註：本書標註的所有時間，都以英國雙重夏令時為準。這是比德國的中央時間晚了一小時。所以對梅耶來說，他手下官兵截獲到這則電文的時間，為晚上九點十五分。而在第十五軍團的「戰鬥日誌」上，記錄了發給各級司令部的電傳電報內容如下：

「電傳電報文號：2117/26。緊急，致六十七軍、八十一軍、八十二軍、八十九軍，比利時及法國北部軍事總督、B集團軍、第十六防砲師、海峽海岸司令、比利時及北法空軍：BBC六月五日二一一五時所播訊息經處理，依據本軍團現有紀錄，該訊息意指『預計在四十八小時內登陸，始於六月六日〇〇〇〇時』。」

值得注意的是，第七軍團或者第八十四軍，都沒有包括在這則電報的受文單位表內。要通知這些單位，並不是梅耶的職責，責任落在隆美爾的司令部，因為這兩個單位都屬B集團軍管轄。不過，最大的玄奧卻是，為什麼倫德斯特的西總，沒有對盟軍可能從荷蘭到西班牙登陸的整個正面提出警告。這種玄奧囿於一項事實而更形複雜。戰爭結束後，德國人宣稱有關D日的電文，至少截獲了十五則，並有正確破譯。而本人所發現的，僅僅只有魏崙詩的電文，填寫在德軍的日誌裡。

編隊最後一次怒吼著飛過機場，向法國飛去時，ＮＢＣ記者穆勒望著盟軍統帥，艾森豪兩眼裡是盈眶的淚水。

幾分鐘後，海峽中登陸艦隊上的官兵，都聽到了飛機機群的咆哮聲。聲音愈來愈響亮，一批又一批的機群在頭上飛過，花了很長時間才通過完畢，然後發動機的轟雷聲再漸漸消逝。在美軍亨頓號駕駛台上，值更官法瑞上尉，和報業協會（ＮＥＡ）記者湯姆・伍爾夫（Tom Wolfe），仰望暗黑的夜空。沒有人說得出話來。正當最後一批飛機通過時，一個琥珀色的信號燈光透過雲層向下方的艦隊閃爍，它緩緩閃出摩斯電碼的三短一長，代表勝利（Victory）的字母Ｖ。

第二部　暗夜空降

1

月光流瀉在臥室裡，聖艾格里斯鎮上年已六十歲的女教師勒芙娜特太太（Angèle Levrault），緩緩張開了眼睛。在床對面的牆上，一球球的紅色與白色的燈光，靜靜地閃爍。勒芙娜特連忙坐正緊盯著看，這些閃爍的燈光，似乎慢慢從牆上往下掉。

到她完全恢復意識時，老太太才領悟出來，自己正望著梳粧台上那面大鏡子的反射。就在這時她聽到了遠處飛機低沉的振動聲，低沉的隆隆爆炸聲，還有防砲連續快速發射的斷續尖銳聲。她連忙走到窗戶邊。

在遠遠的海岸外，高掛在天空裡的是怪異、非常明亮的一簇簇閃光，這使得雲層都染成了紅色。遠處有粉紅色亮光的爆炸，以及一串串橘色、綠色、紫色和白色的曳光彈流。對勒芙娜特太太來說，好像二十七哩外的瑟堡市，又在遭受轟炸了，她很高興今晚自己住在恬靜的聖艾格里斯。

女教師穿上鞋子和睡袍，穿過廚房出了後門，到外屋那裡去。花園裡樣樣都很平靜，信號彈和月光，使得園子亮得和白天一般。附近一帶田野的樹籬，靜靜悄悄的滿是長長的暗影。

她才走了幾步，便聽到飛機聲越來越響亮，正對著鎮上飛來。一下子，在這一區的每一處防砲連都開火射擊。勒芙娜特太太可嚇壞了，沒命地向一株大樹跑過去找掩蔽。飛機機群飛過來，既快又低，伴隨著的便是轟雷般的防砲彈幕，一下子她為這種噪音震聾了。幾乎同一時間，發動機的怒吼聲消失了，防砲射擊也停止，就像什麼事都沒發生過，又恢復了靜寂。

就在這時，她聽見頭上某處有一種奇怪的拍擊聲，抬頭一看，正向她的花園裡飄盪落下來的是一名傘兵，他腳底下還擺動著鼓鼓的東西[1]。下一秒月色都被遮斷了，就在這時，美軍第八十二空降師五〇五團的導航隊員二等兵墨菲[2]，轟的一聲就落在二十碼外，頭下腳上滾進了花園，勒芙娜特站在那裡，人都嚇呆了。

這名十八歲的傘兵，很快抽出一把傘兵刀，把傘繩割斷，抓住一個腿袋站起身來，卻見到了勒芙娜特太太。他們站著彼此望了好久一陣子。對法國老太太來說，這個傘兵看起來令人害怕，人又高又瘦，臉上東一條西一條的塗著戰地偽裝，顴骨和鼻子上塗得最多，他似乎被武器和裝備壓矮了。老太太在害怕中望著無法動彈。這個陌生的幽靈，把一隻手指放在嘴唇上，用氣音發出「噓」聲，很快就消失得無影無踪。就在這時，勒芙娜特太太才回過神、動起來，摟起睡袍的下襬，發瘋似地跑向屋子。她所見到的是第一批降落在諾曼第的美軍，時間是六月六日，星期二，凌晨十二點十五分，D日已經開始了。

導航隊員空投進入了這整片地區，有的跳傘高度才三百呎。這種登陸先鋒部隊是由一小批勇氣十足的志願官兵組成，他們的任務是在瑟堡半島五十平方哩內標示出空降區，這處空降區正在猶他灘頭後面，是第八十二師與第一〇一空降師傘兵與滑降步兵降落的地帶。他們在蓋文准將開

1 編註：腿袋，先於傘兵著地，也可讓傘兵有觸地預警時間。

2 原註：我以戰地記者的身分，於一九四四年六月訪問過勒芙娜特太太。她對那名美軍的名字與單位都不清楚，只把三百發裝在彈袋裡的子彈給我看，是那名傘兵掉下來的。一九五八年，當我寫書時，開始訪問參與D日作戰的人，還能找到的導航組人員只有十幾名。其中一位是墨菲先生，這時已是波士頓一位名律師。他告訴我說：「落地以後……我就從軍靴上抽出傘兵刀，把傘繩割斷，卻不知道也把裝了三百發子彈的彈袋也割掉了。」他的敘述與十四年前勒芙娜特太太告訴我的，各方面都完全符合。

設的特種學校受過訓練，「當你們降落在諾曼第時，」蓋文告訴他們，「你們僅僅只會有一個朋友——上帝。」如此重要的任務全靠速度與隱密，要竭盡一切努力避免出麻煩。

可是導航隊員一開頭就遇到了困難，一頭栽進了混亂。C-47運輸機迅速飛越目標區，起先快得讓德軍以為它們是戰鬥機，防砲部隊對突如其來的攻擊感到震驚，對著天空盲目射擊，滿空交織著灼閃的曳光彈流，和致命的爆炸破片。第一〇一空降師的艾塞中士飄蕩向下降落時，帶著一種難以理解的感受，凝望著「從地面上冒上來各種彩色子彈所形成的優雅長長弧流」，這讓他想起了七月四日國慶煙火，認為「它們美極了」。

二等兵瓊斯在跳傘以前，座機挨了一發直接命中彈。砲彈轟的一聲穿過去，沒有造成什麼傷害，離瓊斯不過一吋遠。一等兵杜斯，身上負著一百磅以上的裝備往下跳，瓊斯被追著他打來的曳光彈嚇壞了。這群子彈從瓊斯頭上打過，當子彈穿過降落傘傘衣時，他感到傘本身被施於的拖力。然後，一串彈流貫穿了他身前的裝備，卻奇蹟似地沒有打中他。但一發子彈打裂了他的用品包，破洞「大得讓每一樣東西都掉出去了」。

防空砲火之猛烈，迫使許多飛機偏離了航向。一百二十名導航組員，僅僅只有三十八人直接降落到目標區內。其餘都落到幾哩以外去。他們落進田地裡、花園內、流溪中、沼澤上，他們落進了樹林、樹籬，有的還落在屋頂上。這些隊員大多數都是能征慣戰的傘兵。即令如此，他們落地後想弄清自己的初始方位時也感到極度混亂。跟他們過去幾個月研究的地形圖相比，現場實際的田野較小、樹籬較高和道路狹窄。在這種失去方向感的恐怖時刻，有些人幹了些有勇無謀、甚至危險的事。一等兵威廉搞昏了頭，竟忘記了置身敵後，把隨身攜帶的一盞大型標示燈打開，他要看一看它還亮不亮，燈亮了；一下子田野中大放光明，可把他嚇得就像德軍正對著他開火一樣。第一〇一空降師導航組組長麥力曼上尉，差一點就暴露了自己的位置。他降落在一片牧場上，立刻就遇到一隻碩大無比的公牛從黑暗中向他衝來。若非牠低眸了一聲，麥力曼幾乎就要開槍打牠了。

導航組員除了自己嚇自己、驚動了諾曼第人以外，也使少數見到他們的德軍感到震驚與混亂。有兩名美軍傘兵，正好落在德軍第三五二步兵師重機槍連連部外面，離最近的空降區足足有五哩遠。這個連由杜寧上尉指揮，駐紮在布雷旺德（Brevands），連長杜寧上尉已經被低飛的機群以及猛烈的防空砲火驚醒。他從床上跳下來，快速著裝，竟把馬靴穿錯了腳（這事直到D日這天終了他才發現）。杜寧在街道上，看見遠處有兩個人影，便喝問口令但卻沒有答覆。他便用自己的施邁瑟衝鋒槍，向著對方掃射過去，這兩名訓練精良的導航組員並沒有還擊，就這樣消失了。杜寧連忙衝回連部，打電話向營長報告，上氣不接下氣地說：「傘兵！傘兵！」

其他導航組員可就沒這麼幸運了，第八十二空降師的一等兵墨菲，拖著自己的袋子（裡面是一具手提雷達裝置），從勒芙娜特太太的花園走出來，向聖艾格里斯鎮北面的空降區走去，聽到右邊一陣短促連放槍聲。後來才知道他的夥伴多孚查克二兵就在那時被打死了。多孚查克曾經發誓「總有一天獲頒勳章，只為了向自己證明辦得到」。他也許是D日那天第一個死去的美軍。

在這整片地區，導航組員都像墨菲一般，想找到自己的方位。這些神色兇猛的隊員，悄悄地從這排樹籬前進到另一排樹籬。他們穿著傘兵裝，全身背負著槍枝、地雷、燈具、雷達裝置和反光板等裝備向會合點前進。他們要標示出空降區的時間剩下不到一個小時，凌晨一點十五分，美軍就要展開大規模的空降行動了。

五十哩外，在諾曼第戰場的東端，六架英軍飛機載運導航組員，同時還有六架皇家空軍轟炸機，拖曳著滑翔機飛臨海岸線。在他們前方的天空，是狂風暴雨般狠毒的防空砲火，到處都是冉冉下降、隱隱約約有如天女散花般的照明彈。在距卡恩幾哩外的小村落蘭維爾（Ranville），十一歲的杜克斯也見到了這些照明彈。射擊的聲音驚醒了他，也像勒芙娜特太太一般，他對床頭柱巨大的銅把手上可以見到萬花筒似的反影，感到十分入迷。他搖醒同睡的奶奶，興奮地叫道：「奶奶，醒醒，醒醒，出事了！」

就在這時，杜克斯的爸爸也衝進房間裡來，「快！穿上衣服！」他要求婆孫兩個：「這是一次大空襲。」父子兩人可以從窗戶中見到機群從田野上飛進來，只是杜克斯先生意識到，這些飛機卻沒有聲音。他立刻明白這是什麼一回事了。「我的天啊，」他叫道，「它們不是飛機，是滑翔機！」

這六架滑翔機，像巨大的蝙蝠一般，每一架載有大約三十名官兵，靜悄悄地掠飛下來。一飛過海岸，便對著離蘭維爾五哩的地點飛去。它們的拖曳機在五千到六千呎高度切斷拖曳繩，讓它們在月色下向兩條平行而閃閃發光的水道飛去，一條是卡恩運河，另一條則是奧恩河。在蘭維爾與貝努維爾村（Bénouville）間有兩條重兵把守的橋樑。這兩條類似雙胞胎的橋樑彼此相連且橫跨這兩條水道。這些橋樑正是英軍第六空降師滑降步兵——牛津—白金漢郡輕步兵團及皇家工兵團——首屆一指單位的志願官兵所組成——的攻擊目標。他們的危險任務，便是攻佔這兩座橋，制壓橋樑駐軍。如果他們能達成任務，那麼卡恩通向海邊的一條重要孔道就會被阻斷，這可阻止德軍增援——尤其是裝甲兵的東、西向移動，迫使他們不能長驅直入英軍與加軍登陸區的側翼。由於盟軍需要這座橋來擴大灘頭堡，所以必須在守軍引爆橋樑以前把它們完整拿下，這就需要對橋樑駐軍來一次迅雷不及掩耳的奇襲。英軍想出一個大膽且危險的解決方案，滑翔機要在非常接近兩座橋樑的位置，緩緩地在有月光的暗夜下降。機上的官兵都互挽起胳臂，屏住了氣息。

三架飛向卡恩運河橋的滑翔機群內，布倫機槍手格雷二等兵，閉上了眼睛，緊緊坐穩等待觸地時的撞擊。周遭靜得出奇，地面上並沒有砲火，唯一的聲音便是這架大飛機在空中輕輕經過的嘆息聲。坐在艙門邊，準備滑翔機一觸地就把門推開的，便是指揮突擊的霍華德少校。格雷還記得他們的排長布拉澤里奇中尉說道：「弟兄們，到了。」然後便是一陣劈劈啪啦的撞擊，滑翔機艙底被撕扯開來。駕駛艙罩碰碎的碎片如雨般向後飛，滑翔機就像一輛失控的卡車般左右搖擺，吱吱叫著滑過地面，迸發出一陣的火花。破裂的機身再一次讓人發暈的半轉前傾後，嘩啦啦一聲停了下來。一如格雷的回想：「機頭衝進了有刺鐵絲網裡，幾乎就上了橋。」

有人一聲大喝：「弟兄們，上！」官兵從機身爬了出來，有些人從機艙門擠出來，還有人從鑽進去鐵絲網內的機頭滾下去。幾乎在同一時刻，另外兩架滑翔機也在幾碼外觸地，其餘隊員從機身一湧而出。這時每一個人都瘋狂地向橋上衝去，這一陣猛撲把德軍都嚇壞了，成了瓦解狀態。手榴彈朝他們的掩體和交通壕裡扔進去，有些德軍根本還在砲位中大睡，被手榴彈爆炸的炫目轟隆聲驚醒，被司登衝鋒槍徹底解決。還有些德軍依然搞不清頭緒，英軍似乎不知道從什麼地方來的，一下子就有了這些人。德軍抓著步槍和機槍，對著那些隱隱約約的人影胡亂開火。

各小組消滅了橋附近各處的抵抗，格雷和四十來個兄弟，在布拉澤里奇中尉的率領下，衝過去攻佔遠處最重要的目標。衝到一半，格雷見到一名德軍衛兵，右手拿著維利信號槍，準備發射警告照明彈，那是這個勇漢的最後動作。格雷如同其他人那樣，手握布倫機槍從腰部開火。照明彈在夜空中劃出一條弧線，而那名衛兵也倒下來死了。

他的警告，推測是為了向幾百碼外的奧恩橋德軍示警，可是發射得太遲了。橋上的守軍業已遭制伏，雖然過程中僅僅只有兩架滑翔機到達了目標（第三架滑翔機弄錯了目標，落在七哩外的迪夫河橋上了）。這兩座橋差不多同時被攻佔，由於襲擊的突如其來，德軍遭致壓制。諷刺的是德軍即使有時間，也沒辦法炸毀這兩座橋。英軍蜂湧上橋，工兵發現雖然炸橋的準備已經完成，炸藥卻沒有安裝上去，炸藥還囤放在附近的小屋子裡。

如同其他時候，激戰之後恢復了莫名的靜寂。攻佔橋樑的官兵，為眼前一切的快速發展而感到茫然，都在琢磨自己是如何能存活下來，人人都想知道還有誰也活下來了。十九歲的格雷，為這次突擊的自我表現而意氣風發，卻急切要找自己的排長布拉澤里奇中尉。格雷最後一次見到排長，是他率領官兵衝過橋去攻擊。過程中有人傷亡，其中一位便是他二十八歲的中尉。格雷發現排長的屍體就躺在運河橋附近的小咖啡店前面。「一彈中喉，」格雷回憶說道，「顯然他還被一枚含磷的煙幕手榴彈命中，他的傘兵裝還在燃燒。」

特朋頓下士在附近一座攻下的機槍堡裡，發出作戰成功的訊號，一再用無線機發送密語：「火腿和果醬，火腿和果醬……。」D日的第一戰結束了，持續不到十五分鐘。現在霍華德少校和他手下一百五十多名官兵深陷敵境，並暫時與外斷絕聯繫，官兵準備據守住這兩座重要的橋樑。

至少他們還曉得自己置身在什麼地方。對大多數凌晨十二點二十分從六架輕轟炸機上，跳傘下來的六十多名英軍傘兵導航組員，可就不能這麼說了。他們跳傘的時候，也正是霍華德的滑翔機觸地的時間。

這些人承受了D日所有任務中最最艱苦的一項。作為英軍第六空降師的攻擊先鋒，他們志願跳傘落進一處未知地帶。在奧恩河以東，以手電筒、雷達信標和其他導航設施，標出三個空降區來。這三個地區，全都在大約二十平方哩的矩形地帶裡，靠近三個小村落——距海岸不到三哩的瓦拉維爾（Varaville）；現在正為霍華德手下官兵據守兩座橋樑的蘭維爾；還有距卡恩東郊不到五哩的圖夫雷維爾（Touffréville）。英軍傘兵應當在十二點五十分降落在這些地區裡，導航組員佈置時間只有三十分鐘。

即令大白天在英國，要在三十分鐘以內發現和標示出空降場都很困難。到了晚上，在一個幾乎沒有人到過的敵軍地帶，他們的任務更形艱鉅。就像他們在五十哩外的袍澤一般，英軍的導航組員一頭栽進了麻煩，他們也分散得很遠，而他們的跳傘甚至更為混亂。

他們的困難始於天氣，刮起了一陣莫名其妙的狂風（美軍導航組卻沒有遇到），有些地區遭一片輕霧籠罩住。載著英軍導航組的飛機，飛進了防空砲火的彈幕裡。飛行員本能地採取閃避動作，結果便飛越過了目標區，或者根本就找不到目標區。有些飛行員在指定地區飛了兩三趟，直到所有導航組員都跳傘下去為止。有一架飛得很低，在猛烈的防空砲火中，頑固地來來回回飛了使人寒毛倒豎的十四分鐘，才讓導航組員跳下去。以上經過的結果就是，很多導航組員或者他們的裝備，都投在錯誤的地方。

要降落到瓦拉維爾的傘兵，落點很準確，但立刻發現他們的裝備器材，大部分都在落下來時砸碎，或者落在別的地方。而要降落到蘭維爾的導航組，沒有一個人落在接近任務初始點的附近；但運氣最不好的，則是落在圖夫雷維爾的各組。兩個十人小組，要以燈光標示空降區，每一組兩人向夜空發出閃光信號的「K」字字母[3]。其中一組落在蘭維爾，他們輕易就集合在一起，

3 譯註：即「長─短─長」的摩斯碼。

結果在錯誤的空降區發出信號。

要空降在圖夫雷維爾的第二組，也沒有落在正確的位置。在這一「捆」[4]的十名組員中，僅僅只有四人安全落地。莫里塞二等兵是其中之一，他驚悚地眼睜睜看著其他六名隊員，被突如其來的一陣強風捲住，向東方偏離。莫里塞愛莫能助地看著他們，掃向遠處在月光下發光的鏡面，洪水氾濫的迪夫河（Dives）河谷——德軍把那一帶淹沒，作為防務的一部分，莫里塞再也沒有見到他們之中的任何一個了。

莫里塞和剩下來的三名隊員，落在距離圖夫雷維爾相當近的地方。他們集合後，由歐蘇利文下士領導出發偵察空投區。幾分鐘後他們就遭到射擊，射擊的火力來自他們該加以標示地區的邊緣。因此，莫里塞和另兩名隊員，把標置圖夫雷維爾的燈光，放置在他們原先降落的玉米田裡。

其實在紛亂一開始的幾分鐘，這些導航組員並沒有幾個人真正遭遇過敵軍。到處都有人驚動了衛兵，導致守軍開槍射擊，不可避免的會有人傷亡。可是他們四周那種預兆不祥的靜寂才是造成了更為巨大的恐怖。官兵原都以為一落地就會遭到德軍的猛烈抵抗。恰好相反，對大多數人來說一切都極為安靜——太安靜了，以致於大家都有過被自己搞出來的夢魘給嚇到的經驗。有好幾回導航組員在田地裡和樹籬邊，彼此躡手躡腳接近，每一個人都以為對方是德軍。

在諾曼第的黑夜暗中摸索，接近黑烏烏的農舍，宛如在沉睡的村落的外緣，導航組員和各營先遣組的兩百一十名官兵，都在設法搞清楚自己的位置。他們最迫切的任務總是正確找出自己置身何處，跳傘落點準確的人，認出了在英國看過的地形圖上所顯示出的地標。有的人則是完全迷路，想以地圖和指北針，試圖標定自己的所在位置。來自前進通訊組的溫德姆上尉，以最直接的方式解決了這個問題。像個在漆黑晚上走錯路的駕駛，他沉著地點亮火柴去照亮路標，發現自己的集合地點蘭維爾僅僅在幾哩之外。

可是一些導航組員卻是無可避免地折損了。其中兩位從夜空中栽下去正好落在德軍第七一一師師長賴契特少將的師部前草坪上。機群在頭上咆哮飛過時，師長正在打牌，他和其他軍官衝出來站在檐廊——恰好看見這兩名英軍落在草坪上。

很難說哪一方受到的驚嚇比較大，賴契特呢還是這兩名導航組員。賴契特的情報官俘虜了這兩人，繳械後把他們帶到檐廊上。大吃一驚的賴契特，僅僅只能衝口而出說了一句：「你們打從哪兒來的？」英軍中的一人，彷彿自己誤闖了雞尾酒會一般，帶著泰然自若的語氣說道：「萬分對不起，老傢伙，我們只是不小心來到這裡。」

即令他們被帶走並加以審問，美軍和英軍的五百七十名傘兵——盟軍解放大軍的頭一批部隊——已經佈置好D日交戰的舞台。在各處空降區，導航燈光已開始對著天空爍光了。

2

「怎麼一回事？」普拉斯凱特少校對著電話嚷嚷，他半睡半醒中卻大為吃驚，身上依然穿著內衣，飛機和砲火的嘈雜聲，已經使他醒過來，每一種本能都告訴他，這不只是空襲。在蘇聯前線兩年的痛苦經驗告誡了這位少校，一切全得靠直覺。

---

4 編註：一架運輸機所投落的傘兵量詞稱為一捆，可理解為組。

他的團長奧克爾中校，似乎對普拉斯凱特的電話很煩。「普拉斯凱特老兄，」他冷冰地說：「我們還不曉得是怎麼一回事，搞明白了就會讓你老兄曉得的。」奧克爾砰然一聲掛上了電話。

這回答並不能使普拉斯凱特滿意，因為過去二十分鐘裡，機群一直在點點照明彈的夜空中轟隆隆飛過。機群轟炸了東面與西面的海岸，普拉斯凱特正中間的海岸防區，卻平靜得使人不安心。他在距海岸有四哩遠的埃特雷昂（Etreham）營部，手下有第三五二步兵師的四個砲兵連——總共有大砲二十門，射擊火力涵蓋了奧馬哈灘頭的大半。

普拉斯凱特緊張兮兮，決定越過團長向上級詢問。他打電話到師部，和第三五二步兵師的情報官布拉克少校通話。「或許只是轟炸空襲，普拉斯凱特，」布拉克告訴他，「情況還不明朗。」

普拉斯凱特覺得有點蠢，便把電話掛上了，琢磨自己是不是太急躁了，畢竟並沒有下達警戒令啊。事實上，普拉斯凱特回想，幾個星期以來，一會兒戒備，一會兒解除戒備。這一回是少有的一晚，他和官兵奉令取消戒備的。

普拉斯凱特現在人完全清醒了，緊張得睡不著，在行軍床邊坐了一陣子，他腳邊的那隻德國狼狗哈瑞斯，正安靜躺著。在莊園內的營部，一切都很安靜，但他仍然聽得到遠處依然有機群的嗡嗡聲。

突然野戰電話響了。普拉斯凱特一把抓起，「據報半島已有傘兵降落，」是團長奧克爾上校沉著的聲音：「下令你這個營戒備，立刻開到海岸去，這一回可能是登陸了。」

幾分鐘以後，普拉斯凱特、第二砲兵連連長魏肯寧上尉和射擊官特恩中尉，出發到前進指揮所去。在貼近聖霍洛林（Ste.-Honorine）的懸岩上，建有一個觀測碉堡。狼狗哈瑞斯也跟了他們一起走。類似於吉普車的福斯82式水桶車內部很擠，普拉斯凱特還記得，把他們送抵海岸邊的這幾分鐘，誰也沒有吭一聲。他有件最擔心的事：他手下四個砲兵連，彈藥只夠支撐二十四小時。幾天以前，第八十四軍軍長馬克斯將軍來視察火砲陣地，普拉斯凱特便提出了這個問題。「如果登陸真在你的防區上來，」馬克斯要他放心，「你會得到打都打不完的彈藥。」

水桶車經過海岸防務的外圍，來到了聖霍洛林。到了那邊，普拉斯凱特把哈瑞斯牽在皮帶上，營上的人跟著他。普拉斯凱特慢慢爬上懸岩後面一條通到隱密的指揮所的狹窄小路。小路被好幾股有刺鐵絲網明顯地標示出來，這也是通往指揮所的唯一入口，兩邊都埋設了地雷。幾乎要到懸崖頂部時，普拉斯凱特跳進交通壕，下了一層混凝土的階梯，隨著一條彎彎曲曲的地道，終於進了一個沒有分隔的大型碉堡，裡面有三個人值班。

普拉斯凱特很快就站在砲兵的高倍數望遠鏡前。這具望遠鏡就用支架架在碉堡內兩個觀測孔中的一個，沒有比這處地方更適宜作觀測所了。它高出奧馬哈灘頭有一百呎，且幾乎正對著馬上將成為諾曼第灘頭的正中央。天氣晴朗時，從這一處有利的地點，觀測員可以目視到整個塞納灣，左邊從瑟堡半島島尖，一直到遠在右方的勒哈佛都在觀測範圍內。

即使在這時候的月色，普拉斯凱特還是有很好的視野。他緩緩將望遠鏡從左轉到右，掃瞄整個海灣。海灣上有一點點的霧，偶爾有黑雲遮住了炫眼的月光，在海上拋下暗暗的陰影，但卻沒有見到半點不尋常的情況。海上沒有燈光、沒有聲音，他用望遠鏡在海灣上來回轉動了幾次，但卻空蕩蕩地沒有船隻。

最後普拉斯凱特站起身來，打電話到團部向特恩中尉說：「這裡什麼事都沒有。」但他依然不安，「我要待在這裡，」他向團長奧克爾說，「也許這只是一場虛驚，但依然可能會有事情發生。」

——

這時，在德軍第七軍團指揮所裡，整個諾曼第地區許多模糊且相互牴觸的報告，經過篩檢報了進來。而每一處的軍官，都試圖加以評估。他們並沒有什麼可以做——這兒見到人影，那兒有射擊的槍聲，別處地方有一具降落傘掛在樹梢。是要出事的預示——不過，會是什麼事？盟軍僅僅只有五百七十人空降。但這足以形成最糟的混亂狀況了。

報告都很零碎，沒有確切結論，事發地區又那麼分散，即令經驗最老到的軍人也都懷疑且困惑。多少人跳傘了——兩人還是兩百人？他們是從轟炸機上跳傘的機員嗎？這是法國反抗軍一連串的攻擊嗎？沒有人有把握，甚至和傘兵面對面的第七一一師師長賴契特將軍，也不能確定。賴契特以為這是針對他師部的空降攻擊，他就把這個報告傳給軍長。很久以後，消息傳到了第十五軍團部，在「作戰日誌」上卻只是這麼一條難解的註記：

「沒有更多詳情。」

過去的虛驚太多了，使得每一個人既謹慎又痛苦。連長要三思而後行，接續才報告營長，他們派巡邏隊一再加以查證；營長向團部參謀通知以前，甚至更加小心。在D日這一天的最初時刻，各級司令部裡的實際情形，每一個人都有自己的看法。但是有一項事實看來很明顯：基於這些破碎的報告，在這時沒有一個人願意發出警報——警報也許在事後證明是錯的。因此，時間便一分鐘一分鐘地消逝。

在瑟堡半島上，兩位將領剛剛出發去雷恩參加兵棋推演。而這時又有第三位，第九十一空降師師長法利少將選定了這個時刻出發。盡管第七軍團司令部下令，嚴禁部隊指揮官在破曉以前離開，法利卻覺得，除非他早點動身，否則實在看不出要怎樣才來得及參加這次兵推。他的這一決心，付出了自己的生命代價。

在勒芒（Le Mans）第七軍團司令部，軍團司令多爾曼上將在熟睡。推測可能是氣象因素，他取消了在這天晚上舉行的戰備演練。多爾曼人很疲憊，但他很早上床。他的參謀長，能力極強而十分耿直的佩梅塞少將，正在準備就寢。

在聖洛（St.-Lô），第八十四軍軍部，也是次於軍團司令部的指揮階層，為馬克斯將軍舉行驚喜壽誕酒會的工作全都已就緒。軍情報官海恩少校，連壽酒都預備妥當。酒會計畫是：當聖洛大教堂的子夜鐘聲響起（正是英國雙重夏令時凌晨一點鐘）時，海恩少校、參謀長克林根中校，以及幾位高階主官，便走進軍長房間去祝賀。大夥都在琢磨，不知道面容嚴肅、只有一條腿（他在蘇聯前線負傷失去了一條腿）的軍長會有什麼反應。他為眾人公認是諾曼第地區最優秀的將領之一，但他也是位嚴肅的人，從來不會有什麼情緒的顯現。但計畫還是擬訂了，大家對整個計畫都覺得有點孩子氣，但各參謀還是決定舉行祝壽會。他們差不多就要進去軍長房間了，猛然間，他們聽到了附近一個防砲連開火射擊。大夥衝到室外，恰好見到英軍一架轟炸機火焰騰騰，被打中的飛機進入螺旋往下掉，還聽到砲手高興的吼叫聲：「我們打中了！我們打中了！」馬克斯將軍還待在自己房間裡。

正當教堂鐘聲鏘然響起時，這一小批人，由海恩少校領頭，帶著一瓶夏布利白葡萄酒和幾個酒杯，齊步走進軍長房裡，為此還些許感到有點不自在。馬克斯抬起頭來，戴著眼鏡溫和地凝望他們時，有一陣子躊躇。海恩回憶說道：「他站起身來和我們打招呼時，那隻義肢發出吱呀的聲音。」他友好地揮一揮手，立刻就使每一個人自在了。葡萄酒瓶打開，參謀圍站在這位五十三歲將軍的四周，大家立正，僵硬地各把玻璃杯舉了起來，祝軍長健康。氣氛洋溢的此時，他們卻一點兒不知道，四十哩外，四千兩百五十五名英軍傘兵，正空降在法國的土地上。

3

在月色照耀的諾曼第田野上，傳來英國一支獵號低沉起伏的號聲，聲音孤零零不調和地飄浮在空氣中。號角一而再再而三地響亮起來，幾十個、幾百個戴著鋼盔的人影，穿著綠、棕、黃三色迷彩傘兵服，一身掛滿裝備與武器，掙扎著越過田野、沿著溝渠在樹籬的兩側，全都往號聲的方向前進。其他的獵號也加入了合奏。突然，號角響起，對英軍第六空降師數以百計的官兵來說，這就是交戰的前奏。

奇特的音調來自蘭維爾地區，這些呼叫是第五傘兵旅兩個營的集合信號，他們得迅速運動；一個信號是趕忙去協助霍華德少校那支據守兩座橋樑的小股滑降步兵兵力。另外一個信號便是佔領蘭維爾並加以據守，因為它正在這處重要通道東端的入口上。以前，從沒有傘兵部隊指揮官用這種方式集合部隊，可是今晚速度極為重要。第六空降師在和時間賽跑，因為到了清晨六點三十分與七點三十分間，美軍和英軍部隊就要在諾曼第的五處灘頭登陸了。「紅魔鬼」[5]有五個半小時去把守住最初的立足點，還要穩住整個登陸區的左翼。

這一師有繁多的複雜任務，每一個任務幾乎都要求分秒不差的同步進行。攻擊計畫要求傘兵控制卡恩東北的幾處高地、據守奧恩河與卡恩運河上的橋樑、炸毀迪夫河五座以上的橋樑、阻擋敵軍，尤其是阻擋敵方裝甲兵長驅直入到灘頭堡的側翼。

可是輕裝的傘兵並沒有足夠的火力擋住一支裝甲兵的集中攻擊。因此防守作戰的成功，還得靠戰防砲與特種穿甲彈能迅速、安全運到。由於戰防砲的體積與重量，只有一種方法能把它們安全運進諾曼第，那就是利用滑翔機隊。到了凌晨三點二十分時，就會有六十九架滑翔機機隊，從諾曼第天空下降，載來兵員、車輛、重裝備和寶貴的戰防砲。

滑翔機的抵達本身就構成一項莫大的難題。滑翔機很大，每一架都比DC-3運輸機大[6]，四種滑翔機型之一的「哈密卡式」（Hamilcar），大得能裝載輕戰車。要使這六十九架滑翔機飛到，傘兵的頭一項任務，就是要緊緊守住降落場，免於敵軍攻擊。其次，他們要在障礙物星羅棋佈的草地上，開闢出一大片著陸區。也就是說得在漆黑的夜晚，清理掉大量裝了炸彈的反傘兵樁和鐵軌條[7]，可用的時間只有兩個半小時，同一處降落場地還要再利用，當天下午供第二批滑翔機群降落。

還有一件事要做，或許這是英軍第六空降師所有任務中最為重要的，那就是摧毀梅維爾（Merville）的大型海岸砲兵連。盟軍情報單位認為，砲兵連四門威力強大的火砲，可以干擾集結的艦隊，屠殺在寶劍灘頭登陸的部隊。第六空降師奉令，要在凌晨五點鐘以前摧毀這些火砲。

為了要達成這些任務，共有四千二百五十五人的第六空降師第三旅與第五旅，跳傘進入諾曼

5 編註：Red Devils，英軍傘兵的外號。
6 編註：C-47的民用機編號。
7 編註：垂直插入空地，用來對付滑翔機，被稱為「隆美爾蘆筍」（Rommelspargel）。

第。他們分散在一大片地區，成為導航錯誤、因防砲火力飛機改變航路、標示差勁的空降區，以及強風等因素下的犧牲品。其中有些人運氣好，但是有成千的官兵跳落下去的地方，遠離空降區有五到三十五哩遠。

在這兩個傘兵旅中，第五旅的情況還算好一點。大部分官兵都跳落在目標區蘭維爾附近。即令如此，這也要讓各連連長耗上兩個小時的大好時光，才集合不到一半的戰力。不過，由於此起彼落的號角聲，很多人受到指引業已在路上趕來了。

第十三傘兵營的二等兵巴敦聽到了號角聲。雖然他幾乎就在空降區的邊緣，但這時他毫無辦法有所回應。他墜落穿過一座小樹林厚厚的頂層樹葉，人掛在一株樹上，在傘索下前後的擺來擺去，離地有十五呎高。樹林裡非常靜寂，但他卻能聽到綿延不斷的機槍射擊聲、飛機的嗡嗡聲，還有遠處防砲連射擊聲。正當他抽出傘刀，準備割斷傘索讓自己下去時，便聽到附近德軍施邁瑟衝鋒槍突然開火的聲音。一分鐘以後，樹叢中有窸窸窣窣聲，有人慢慢向他挨過來。巴敦在跳傘下來時丟掉了司登衝鋒槍，身上也沒有手槍，毫無辦法地吊在那裡，不知道靠近他的是德軍還是英軍傘兵，「不論是誰，反正他走過來抬頭看著我，」巴敦回憶說：「我所能做的，便是一動也不動，而他八成認為我是個死人，我也希望他這樣想，之後他走開了。」

巴敦盡快從樹上下來，朝著集合的號角聲走，但他的考驗還不止於此。走到樹林邊，他發現一具年輕傘兵的屍體，他的降落傘沒張開。就在這個時候，當他正走在一條公路上時，一個人在他身邊衝過，發瘋似的叫道：「他們打死了我的朋友！他們打死了我的朋友！」巴敦終於趕上了一批向集合點前進的傘兵，這才發覺自己正在一個神情完全震驚的傘兵旁邊。他大踏步往前走，既不看左邊也不看右邊，完全不理會這件事——他右手中緊緊抓住的步槍，幾乎彎成了兩半。

這天晚上的很多地方，像巴敦二等兵般的許多官兵，幾乎立刻從震撼直接進入了戰爭的殘酷現實，每名傘兵都掙扎地從降落傘背帶中掙脫出來。第八營的泰特下士，便見到一架C－47運輸機遭防砲命中，就像一枚墜落的流星般從他頭上傾斜落下，伴隨一聲猛烈的爆炸，墜落在一哩外。泰特不知道機上的傘兵是不是已經跳了傘。

加軍第一營的李格斯二等兵，見到另外一架飛機熊熊火起，那架飛機「火勢極其猛烈，從機頭到機尾都起火」，零零碎碎的破片往下掉，似乎全速朝他落下來。他被眼前景象吸引住，動都不能動一下。飛機從他頭上掠過，墜毀在身後的一片田野裡。他和其他人想去搶救還在機裡的人，可是「機內的彈藥被引爆，我們沒法接近它」。

對落在空降區以外好幾英里、年方二十歲的第十二營鮑威爾二等兵來說，首先傳入耳裡的戰爭之聲是夜暗中的呻吟。他蹲在一個重傷的傘兵身邊，對方是愛爾蘭人，輕聲地乞求鮑威爾：「兄弟，補我一槍吧，拜託。」鮑威爾卻不能那麼做。他盡可能使對方舒適一點，便急忙離開，答應找人來幫忙。

有很多官兵在作戰開始的前幾分鐘，利用他們的本事成為活命的辦法。加軍第一營的希爾伯恩中尉回憶這一晚，他看見一名傘兵降落時穿過一間溫室屋頂，「把碎玻璃散得遍地都是，嘩啦啦的好大一聲，可是在碎玻璃還沒有掉完以前，他人已經出了溫室就跑」。這一跑又不偏不斜地掉進一口水井裡。他就兩隻手緊抓住傘索往上爬了出來，若無其事地再向集合點跑過去。

在每一處地方，官兵都在極其困難的情況下脫身。大多數人在白天所遭遇到的情形已經夠糟糕的了，何況在晚上，又在敵人的地域裡，他們的情緒混雜了害怕與幻想。以麥迪森二等兵來說，他一屁股坐在一處田地的邊緣，遭有刺鐵絲網的田籬困住而無法動彈，兩條腿纏在鐵刺線裡。身上裝備的重量共達一百二十五磅，內有四發各重十磅的迫擊砲彈，把他人向前壓，幾乎完全困在有刺鐵絲網裡了。麥迪森失足跌入鐵絲網時，聽見第五旅的集合號角並朝集結區前進。「我開始有點恐慌，」他回想說道，「夜色很黑，我很確定會有人靠過來給我一槍。」起初那一陣子，他除了等待和細聽以外，他無法做任何動作，然後因為沒有人注意而感到安心，便開始慢慢且苦痛的掙扎讓自己脫身，似乎過了好幾個小時，才終於使一條胳膊自由伸展，把腰帶後面的兩支破壞剪拿出來。幾分鐘以後人才脫身，連忙往號角的聲音處前進。

大約就在同一時刻，加軍第一營的威京恩少校正躡手躡腳經過一處似乎是小工廠的建築物，突然發現草坪裡有一群身影，他立刻臥倒。那群身影卻沒有移動，威京恩仔細看了很久，過了一分鐘才臭罵了一聲走過去。最後他解開了自己的猜疑，那些是花園中的石像。

同一單位的一名中士多少也有相同的經驗，只不過他見到的人影，根本就太真實了。在附近一條溝裡的邱吉奧二等兵，見到這名士官落在水深齊膝的水裡，甩脫了傘索時，有兩個人向他走過去，他在絕望下看著。「那名中士在等著，」邱吉奧回憶著說道：「想斷定一下來的是英軍還是德軍。」兩個人愈來愈近，聲音是德軍沒錯，中士的司登衝鋒槍一聲猛吼，「一次的連放，就把他們打翻了。」

在D日開始的前部分時間，最陰險的敵人不是人類而是大自然。隆美爾的反空降措施發揮了很好的功效；在迪夫河河谷中氾濫的水池與沼澤，都成了死亡陷阱。第三空降旅的很多官兵，落進了這一帶地區，就像袋子中雜亂地拋出來的五彩碎紙。這些傘兵悽慘的災難一個接著一個。運輸機的飛行員，身陷在厚厚的雲層裡，誤以為迪夫河河口就是奧恩河，而讓傘兵跳落在沼澤地的迷宮裡。整整一個七百人的傘兵營，要集中跳落大約在一平方哩的地區內，卻反而散落在五十平方哩的田野，而這大部分都是沼澤區。而這個營——受過高度訓練的第九營，所奉派的任務是D日這一夜最艱困、最緊要的工作——突襲梅維爾砲兵連。最後變成營內一些官兵要好幾天才歸建，有很多人從此不再歸來。

喪生在迪夫河河谷荒野中的傘兵數字，永遠不得而知。倖得逃生的人說，那一帶沼澤有如迷宮般的溝渠縱橫交錯，圳道大約有七呎深，四呎寬，圳底是黏答答的黏土。光以一名傘兵，身上扛著槍、彈藥與重裝備掉進裡面，就沒法脫身。身上的乾糧袋一打濕重量又增加一倍，傘兵為了求生只有把它們都扔掉。有很多官兵雖然掙扎著出了沼澤，也不知什麼原因卻淹死在河裡，離沒水的河岸不到幾碼遠。

第二二四傘兵野戰救護連漢堡史東二等兵，就在這種情況下九死一生。他落在水深齊腰的沼澤裡，不知道自己置身何方，原料到會落在瓦拉維爾以西的果園區，卻反而落在空降區的東側來了。在他和瓦拉維爾中間的，不僅僅是這片沼澤，而且還有一條迪夫河。覆蓋在這片地區上的是一層低霧，就像一方骯髒的白毯子。在漢堡史東四周，可以聽見都是蛙鳴聲，前方是決不會聽錯的流水急流聲。漢堡史東踉踉蹌蹌穿過這片氾濫的田野到了迪夫河河邊，正當他找路過河時瞄見對岸有兩個人，他們是加拿大第一傘兵營的。「我怎麼過河呀？」漢堡史東喊道。「很安全啊，」其中一個也回喊過來。那個加拿大人便涉水渡河，顯然是示範給他看。「我眼睜睜看著他，一下子就不見了，」漢堡史東回想當時，「他並沒有喊，也沒有叫一聲，我和他那一個夥伴還來不及救他，就淹死了。」

第九傘兵營的軍牧格威內特上尉，是完全迷了路。他也落在沼澤裡，孤零零一個人、四周一片寂靜令人發毛；他一定得走出這片沼澤，心中確定對梅維爾砲台的突擊會是一場激戰，而他要去和弟兄們在一起。他在飛機起飛以前告訴過他們：「害怕在敲大門，信心前去應門，門前毫無害怕的蹤影。」格威內特這時還不知道，他將花整整十七個小時，才找到路走出這帶沼澤。

就在這時，第九傘兵營營長奧特威中校火冒三丈。他跳落的地方距集合點有好幾哩遠。料想自己這一營人也會散落各地。正當他在夜間快步行進時，到處都有一小批一小批官兵出現，這證實了他最糟的揣測。他在推測這次的空降是有多糟，就連他的特勤滑翔機隊也分散了？

奧特威迫切需要滑翔機運到的火砲以及其他裝備，才能確保突襲計畫成功。梅維爾砲台非比尋常，四周是一層層的縱深防衛，要進入砲台的中心——在龐大的混凝土掩體中的四門重砲——第九傘兵營要通過雷區、跨越反戰車壕，穿過十五呎的厚密有刺鐵絲網，再穿越一片雷區，再經過滿是機槍火力覆蓋的壕溝迷陣。德軍認為這處致命的工事，在兩百名官兵的據守下，幾乎是無法攻佔的。

奧特威卻不這麼想，他要摧毀這處砲台的計畫極其周詳，難以置信地極為仔細。他可不願冒任何險。首先是使用一百架「蘭開斯特式」重轟炸機，對砲台投下重達四千磅的炸彈加以制壓，滑翔機隊運載吉普車、戰防砲、火焰噴射器、摧毀有刺鐵絲網的爆破筒、地雷偵測器、迫擊砲，甚至輕便的鋁梯。把這些特勤裝備與武器從滑翔機上取得以後，奧特威中校手下官兵便分成十一組，出發向砲台進行突襲。

這次突襲重要的是時間配合，偵察組首先搜索這一帶地區，標示組要排除地雷，把清除過的地帶標示出來；爆破組要以爆破筒炸開有刺鐵絲網，狙擊兵、迫砲班和機槍手各自佔領陣地以掩護主攻。

奧特威的計畫還有最後一項奇襲手段，就在他的部隊從地面向砲台一湧而上時，三架裝滿傘兵的滑翔機，會在砲台碉堡頂上觸地，從空中與地面對砲台做一次混合進攻。

這個計畫有些部分看起來像是自殺式，但卻值得冒這個險。英軍一旦在寶劍灘頭登陸，梅維爾砲台便能殺死上千名官兵。即使在以後幾個小時中每件事情都能按表實施，從奧特威這一營人集合、出發，到達砲台，他們也僅有一個小時不到的時間摧毀砲台。他已經獲得明白的指示，倘若第九傘兵營沒法及時達成任務，那就要由艦砲來實施攻擊，也就是說奧特威這營官兵，不論結果如何都要在凌晨五點三十分以前離開這處砲台。到了那個時候，如果奧特威沒有發出突襲成功的訊號，艦砲轟擊便會展開。

這就是進攻的策略，可是當奧特威滿心焦急地趕往集合點時，計畫的第一部分業已受挫。預定要在半夜十二點三十分進行的空中攻擊，已完全失敗，沒有一枚炸彈炸中砲台。而後續錯誤更是一再出現，載運重要軍品的滑翔機群，根本沒有飛抵。

——

諾曼第灘頭的正中央，俯瞰奧馬哈灘頭的德軍觀測碉堡裡，普拉斯凱特少校還在凝望，只見到海浪的白滔，沒有別的了。他的不安並沒有減輕，如果沒有什麼事的話，他反而更加確定，是會有事情要發生。正當他到達碉堡後，一個編隊又一編隊的飛機，已經轟雷般在右邊的遠處海岸上空飛過，他想一定有成百上千架。從他一聽見飛機聲的那一刻起，就預料團部會立刻打電話來證實他的猜測，反攻已經開始。可是電話卻始終默默無聲，自從頭一次電話響了以後，團部奧克爾那裡再也沒有打來。這時，普拉斯凱特聽到了別的聲音——一大批在他左面緩慢增強的飛機咆哮聲。這一回飛機聲從後面傳來，機群似乎從西面接近瑟堡半島。普拉斯凱特比以往更為驚慌失措，本能地再一次從望遠鏡裡朝外看，海灣還是空空蕩蕩，什麼都沒有見到。

4

在聖艾格里斯，轟炸聲挨得好近。同時也是鎮上一家藥房老闆的雷納德鎮長，感覺到地面極其震動。在他看來，飛機正在攻擊聖馬可夫（St.-Marcouf）和聖馬丁瓦瑞維爾（St.-Martin-de-Varreville）的砲台，這兩處地方都只有相隔幾哩遠。他很關心鎮上和鎮民，鎮民所能做的，便是進入花園裡的壕溝或地下室。由於宵禁，他們不能離開家門。雷納德趕快帶太太絲蒙和三個孩子到客廳外的走廊上。走廊厚實的木材，能提供良好的保護，當這一家人聚集在臨時的防空掩體時，時間大約是凌晨一點二十分。雷納德記得這個時間點（對他來說是凌晨十二點二十分），是因為靠街道的大門，響起了連續不斷、十分緊迫的敲門聲。

雷納德把家人留在住宅裡，自己走過黑暗的藥房。藥房面對著艾格里斯廣場，他人還沒有走到門邊，就見到是有什麼麻煩了。經過藥房的窗戶望出去，這處邊上有栗樹和一處諾曼大教堂的廣場，被照耀得通明透亮。廣場對面霍里恩先生的別墅發生猛烈火災。

雷納德把門打開，鎮上的消防隊長，戴著那頂閃閃發光、同肩寬的消防銅帽站在他面前。消防隊長邊看著火的房子，劈頭就說了這麼一句：「我想是飛機拋下來一枚散落的燃燒彈炸中了。」他說：「火燒得很快，您能不能要駐軍部隊長解除宵禁？我們的水桶消防隊需要盡可能多的人協助。」

鎮長跑到附近的德軍指揮部裡去，立刻向值勤士官說明情況，值勤士官在自己的權限內加以准許。同時他也呼喚衛兵，注意集合起來的這些義勇消防隊員。然後雷納德便到教區宿舍裡去，告訴羅拉得神父。神父派職員到教堂去鳴鐘。同時，神父、雷納德和其他人便去逐戶敲門，要鎮民出來幫忙。他們頭上的鐘聲響起，隆隆然聲震全鎮，老百姓開始出現了，有的穿著睡衣，有的只著裝一半，一下子就有一百多個男男女女排成長長的兩行、用手來傳遞水桶。在他們周圍，是大約三十來名手持步槍與施邁瑟衝鋒槍的德軍。

在混亂當中雷納德還記得，羅拉得神父把他帶到一邊說道：「我一定要和你談一談，一件非常重要的事。」他把雷納德領到教舍的廚房裡，那位上了年紀的女教師勒芙娜特太太，正在那裡等著他們。她十分驚恐，說得呑呑吐吐：「一個人落在我的豌豆田上。」這一下使得雷納德又多了麻煩，他幾乎無法招架了，但卻設法要她冷靜下來，說道：「別擔心，請您回家去待在屋子裡。」然後趕緊跑回火場去。

他不在的這段時間，增加了不少嘈雜和混亂，火勢這時又更大了。如雨般的火花已經散佈到外面的房屋，業已開始引燃。對雷納德來說，這真是場惡夢，他站在那裡像生了根般一動也不動，只見到一張張緊張的救火人員滿面通紅的臉孔，還有那些穿著整齊，手持步槍和機槍的德軍衛兵。廣場上，依然聽到響亮的鐘聲，使這場嚣雜中更增添了始終不斷的鏗鏘聲。就在這時，他們全都聽到了機群的隆隆聲。

機聲來自西邊——聲音持續穩定地增加到了咆哮的程度，機群接觸到半島上的防砲火網，一連又一連防砲對著機群開始射擊。在聖艾格里斯鎮廣場，每一個人都抬頭仰望、都呆住了，忘記了起火的房屋。這時，鎮上的防砲也開始射擊，怒吼的聲音就在他們頭頂。飛機掠過時幾乎翼尖挨著翼尖，穿過從地面上射擊上去的交叉火網。飛機上的燈光大開，機群飛得好低，使得廣場上的人本能地往地上躲。雷納德還記得，飛機「在地面投下黑影，機身裡看起來是亮著紅燈」。

一批批的機群飛了過去。這是有史以來最大規模的空降作戰的頭一批飛機，一共有八百八十二架飛機，載運官兵一萬三千人。這些飛機載的是美軍能征慣戰的第八十二以及第一〇一空降師，飛向六處空降區。這幾個空降區全部在聖艾格里斯鎮附近幾哩內。傘兵一批批從飛機跳出。這時，那些往鎮外空降區飄盪而下的傘兵，有幾十人都聽到了一種超乎戰爭囂雜以外且不搭調的聲音：夜色中一處教堂的響亮鐘聲。

對很多傘兵來說，這是他們所聽到的最後聲音。由於強風的吹刮，許多飄盪的傘兵向著聖艾格里斯鎮的地獄落下去——命運作弄，那邊已有持槍的德軍衛兵。一〇一空降師五〇六團的塔習洛中尉，飛機越過聖艾格里斯鎮時，人站在運輸機機艙門邊，他回想說道：「我們大約有四百呎高，我見到幾處火頭熊熊燒起，德國佬到處奔跑，地面上似乎整個一團亂，就像打開了地獄大門似的，防砲和輕武器都往上開火，那些倒楣的傢伙，就正好被逮住了。」

八十二空降師五〇五團的史梯爾二等兵，一跳出機門就發現，與其落在標示的空降區，不如向一處看起來似乎在起火的市中心過去更好。這時他見到下面的德軍和法國老百姓不要命地到處奔跑。在史梯爾看來，大多數人目光都集中自己身上。一下子，他遭什麼東西打了一下，感覺上就像是「遭鋒利的小刀劃了一下」。一發子彈打中他的腳。這時，史梯爾見到的景象，更使他分外吃驚。他搖擺傘索，卻沒法偏離市鎮，他直接對正廣場邊上的教堂尖塔落下去，降落傘無助地掛在尖塔下。

在史梯爾上方的是一等兵布蘭斯察德。他聽到教堂鐘在敲，看見大火的漩渦在四面八方朝他湧上。下一分鐘他悚然看到，一個傘兵飄浮下降，幾乎就在他旁邊，「一聲爆炸，就在我眼前整個人炸開」。看起來是他身上的炸藥引爆而犧牲了。

布蘭斯察德拚命搖擺操縱帶，想偏離下方廣場的民眾。可是太遲了，嘩啦啦落在一株樹上，在他四周的人正遭德軍機槍掃射而死，叱罵聲、呼喊聲、尖叫聲和呻吟聲，布蘭斯察德從沒有忘記過。當機關槍的掃射愈來愈近時，他發了瘋似的鋸斷自己的傘索，然後從樹上掉下來死命地跑，卻絲毫沒有察覺，他連自己的大拇指前端也鋸掉了。

德軍必定以為，聖艾格里斯鎮正遭遇傘兵突擊並被包圍了。而廣場上的鎮民無疑，也以為自己正身陷在一場大規模交戰當中。實際上落進鎮上的美軍沒有多少——或許有三十人，落進廣場與四周的不超過二十人。不過他們卻足以使駐紮的德軍，產生不下於被一百多名傘兵攻擊的恐慌，援兵趕緊向廣場衝來，似乎這裡就是攻擊的要點。德軍猝然趕到這處血淋淋、著火的現場。雷納德認為，部分德軍突然看到流血與大火，一下子就失控了。

離開鎮長在廣場所站的地方大約十五碼遠，一名美軍傘兵栽進了一株樹裡，正當他拚命要甩開傘索時，立刻就被德軍發覺了。據雷納德所看到的，「大約有五六名德軍朝著他，用衝鋒槍各打光了一個彈匣，那孩子就吊在那裡、眼睛還開著，就像在向下看著自己身上的彈孔。」

廣場上的老百姓，陷在包圍他們的這場屠殺當中，都忘掉了頭上這支強大的空降機隊，依然毫無止息地隆隆飛過。數以千計的傘兵，正在朝該鎮西北方的八十二空降師空降區跳傘。一〇一空降師的空降區，則在東方和略略偏西處，介於聖艾格里斯和猶他灘頭。不過，時不時有些傘兵——幾乎每一團都有——由於跳得太分散而飄進這個小鎮的浩劫裡。有一兩名傘兵身上背負著彈藥、手榴彈與塑膠炸藥，卻落進那幢起火的房屋裡，一陣短暫的哀叫，然後便是彈藥引爆的爆炸聲。

在所有這些恐怖與混亂中，有一個人頑強地也危險地保住了自己的性命。二等兵史梯爾的降落傘，覆落在教堂尖頂上，人就恰恰吊在廊簷下面，他聽到了槍聲和哀嚎聲，看到德軍和美軍就在廣場與街道中彼此射擊。因為過度驚嚇而動彈不得的他，又見到了機槍閃灼的紅色槍口焰，一排排的飛散子彈從他身邊和頭上飛過。史梯爾原想把傘索割斷，讓自己下去，也不知道怎麼回事，傘兵刀從手裡滑出去掉落到廣場。史梯爾這時決定，自己的唯一希望便是裝死。他人在屋頂上，就在幾碼外，德軍機槍手對看得著的每一樣東西都開槍，唯獨沒射擊史梯爾。他在傘索吊著下裝死，「死」得和真的一般，以致八十二師的楊格中尉，在戰事最激烈時經過依然記得「那個死人吊在尖塔上」。史梯爾總計在那裡吊了兩個小時，才遭德軍割斷傘索加以俘擄。他受到震驚加上那隻腳被打碎的痛楚，使得他完全記不起來當時就在距離他腦袋僅僅幾呎的教堂敲鐘聲。

聖艾格里斯鎮的遭遇戰，只是美軍大舉空降突擊的前奏，但在作戰策畫中，這次一開始的血淋淋小衝突[8]，完全出於意外。雖然這個鎮是八十二空降師的主目標之一，但真正攻佔聖艾格里斯鎮的血戰還沒有展開。在這以前，要完成的任務太多了。對一〇一和八十二空降師來說，他們也和英軍空降師一樣，在和時間賽跑。

美軍的任務便是據守登陸區的右翼，而英軍傘兵則是把守住左翼。可是對美軍傘兵來說，他們所負的任務更大，因為整個猶他灘頭作戰的成敗，完全要靠他們。

在猶他灘頭登陸成功與否的主要障礙，便是一片水域，也是眾所周知的杜沃河（Douve River）。隆美爾的反登陸措施中，杜沃河是其中組成的一部分。德軍工兵出色地利用杜沃河，以及它的支流馬德瑞特河（Merderet）的優勢。在大拇趾形狀的瑟堡半島大片土地上，這兩條河流形成的障礙在半島底部向南方以及東南方流去。穿過低地，與半島底部的卡倫坦運河相連，差不多與維爾河平行，再流入英吉利海峽。德軍在卡倫坦北方幾公里的地方，利用已有百年之久的巴奈特水閘（La Barquette），放水把瑟堡半島上許多土地都淹沒，形成了沼澤地，使半島差不多與諾曼第其他部分隔離。因此，只要據守住幾條穿過這帶荒域的公路、橋樑和堤道，德軍便可阻止住一支登陸大軍，並在最後加以殲滅。如果盟軍在瑟堡半島東部海岸登陸，德軍可以從北方和西方加以攻擊，形成一個口袋，把登陸部隊趕下海。

至少，這就是整體戰略。但德軍無意讓登陸能進展到那麼順利，因此作為更進一步的防禦措施，他們把東海岸灘頭後面的低地淹水，氾濫面積達十二平方哩。而猶他灘頭幾乎就在這些人工湖的正中央。登陸的第四步兵師（加上師內的戰車、火砲、車輛與補給）只能經由一種方式向內陸挺進：沿著氾濫區中通過的五條堤道，而德軍的火砲卻控制了這些必經之路。

據守瑟堡半島和這些天然防務的德軍共有三個師。在北面以及沿著東海岸的是七〇九海防師，西海岸為二四三海防師；新近抵達配置在中央以及散佈在基地周圍的是九十一空降師。此外，在卡倫坦以南也在打擊距離內的，是諾曼第德軍中最優良、最驃悍的部隊——由海德特男爵指揮的第六傘兵團。瑟堡附近還有德國空軍的防砲部隊、海軍的岸防砲連以及其他勤務的兵員。

---

8 原註：本人無法判定廣場上有多少官兵死傷，因為零星的戰鬥不斷，一直持續到正式攻擊把全鎮攻佔為止。但針對死傷人數最好的判斷，包括戰死、受傷與失蹤的一共有十二人。這些人大多數都是五〇五團第二營F連的官兵。該連的正式紀錄，有這樣小小的感傷註記：「卡狄希少尉以及下列士兵，在鎮上空降時幾乎立即陣亡：薛端爾、布朗肯希、布萊雅特、霍斯貝克和塔拉巴。」史梯爾二等兵親眼見到兩名傘兵落進起火的房屋裡，其中一名他認為就是二等兵懷特，也是跟他同個迫擊砲班的，跳傘時落在他後面。第五〇五傘兵團團長乃克曼中校也說：「團裡的一員軍牧，在聖艾格里斯鎮跳傘，被俘幾分鐘後遭到處決。」

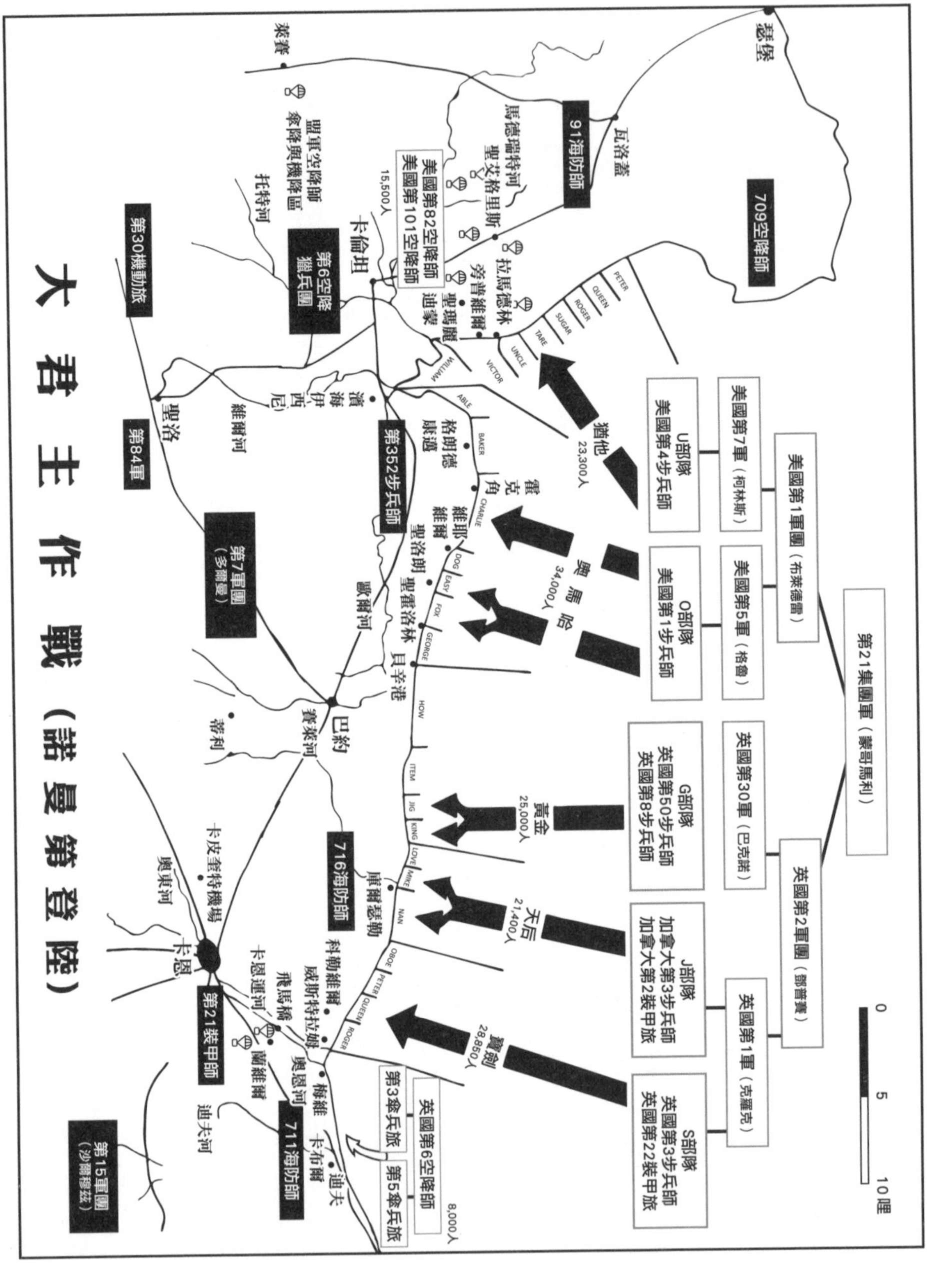
大君主作戰（諾曼第登陸）
第21集團軍（蒙哥馬利）
美國第1軍團（布萊德雷）
英國第2軍團（鄧普賽）
美國第7軍（柯林斯）
美國第5軍（格魯）
英國第30軍（巴克諾）
英國第1軍（克羅克）
U部隊
美國第4步兵師
O部隊
美國第1步兵師
G部隊
英國第50步兵師
英國第8步兵師
J部隊
加拿大第3步兵師
加拿大第2裝甲旅
S部隊
英國第3步兵師
英國第22裝甲旅
猶他
23,300人
奧馬哈
34,000人
黃金
25,000人
天后
21,400人
寶劍
28,850人
美國第82空降師
美國第101空降師
15,500人
英國第6空降師
第3傘兵旅
第5傘兵旅
8,000人
瑟堡
瓦洛蓋
709空降師
91海防師
馬德瑞特河
聖艾格里斯
拉馬德林
旁普維爾
聖瑪麗迪蒙
卡倫坦
第6空降獵兵團
盟軍空降師
傘降與機降區
托特河
萊賽
第30機動旅
聖洛
第84軍
維爾河
濱海伊西尼
格朗德康灣
霍克角
維耶維爾
聖洛朗
聖奧洛林
貝辛港
第352步兵師
歐爾河
第7軍團（多爾曼）
巴約
賽萊河
蒂利
716海防師
庫爾瑟勒
卡皮奎特機場
奧東河
卡恩
第21裝甲師
卡恩運河
飛馬橋
科勒維爾
威斯特拉姆
奧恩河
梅維
蘭維爾
卡布爾
迪夫
迪夫河
711海防師
第15軍團（沙爾穆茲）
PETER
QUEEN
ROGER
SUGAR
TARE
UNCLE
VICTOR
WILLIAM
ABLE
BAKER
CHARLIE
DOG
EASY
FOX
GEORGE
HOW
ITEM
JIG
KING
LOVE
MIKE
NAN
OBOE
0
5
10哩

盟軍發動的任何攻擊，德軍幾乎都能立刻出動約達四萬人的兵力應戰。在這一帶防禦周密的地區，泰勒少將麾下的一〇一空降師、李奇威少將的八十二空降師，受領了莫大的任務——要殺出一片「空頭堡」並加以據守——一連串孤立的防守據點，從猶他灘頭綿延到西邊很遠，越過瑟堡半島底部的位置。他們要為第四步兵師打開一條血路並加以據守，一直到換防為止。在瑟堡半島以及四周，美軍傘兵比敵軍少很多，兵力比超過了三比一。

在地圖上，這處空頭堡就像一隻又短又寬的左腳腳印。小趾沿著海岸，大拇趾在卡倫坦北方的巴奈特水閘，腳後跟跨越過了馬德瑞特河與杜沃河的沼澤區。它大約有十二哩長，腳趾處廣七哩，而腳後跟處有四哩寬。這對於一萬三千名官兵的防守來說是很大一片地區，但卻得在不到五個小時內把它攻佔下來。

泰勒的官兵，要攻佔聖馬丁瓦瑞維爾的六門火砲陣地，那處陣地幾乎在猶他灘頭的正後方；還要急忙佔領該區到海岸邊小村落旁普維爾（Pouppeville）之間五條堤道中的四條。同時還要奪取沿杜沃河到卡倫坦運河一帶的渡口與橋樑，尤其是巴奈特的幾處水閘，奪不下來後便加以炸毀。「嘯鷹」一〇一空降師分配到了這些目標。李奇威負責把守住腳後跟和腳掌的左側。八十二空降師要守住杜沃河上各處的渡口與馬德瑞特河，佔領聖艾格里斯鎮，守住該鎮北方的陣地，以防衝進橋頭堡這一側過來的逆襲。

這兩個空降師的官兵，還有另外一項重要任務。在滑翔機降落區的敵人必須加以肅清。巨型滑翔機的輜重機隊，會飛來增援美軍，就像他們對英軍做的一樣，在拂曉前飛來一次，入夜再飛一次。第一批機群有一百多架滑翔機，計畫抵達時間為凌晨四點鐘。

打從一開始，美軍就竭力克服七零八落的不利因素。他們也像英軍一般，兩個空降師兵力太過分散，只有八十二空降師五〇五團落點很精確。所有裝備中有六成丟失了，包括大多數的無線電機、迫擊砲與彈藥。最糟糕的是，很多官兵都迷路。他們的落點距離任何認得出的地標，都有好幾哩遠，他們既混亂又落單。飛機的航路由西向東飛，越過瑟堡半島只要十二分鐘。太晚跳傘，人就會掉進英吉利海峽；太早跳傘，則會落進西海岸與氾濫地區的中間地帶。有幾批傘兵落點極糟，直接降落在接近半島的西側，而不是在東邊的空降區。數以百計的官兵，由於沉重的裝備，掉進了馬德瑞特河與杜沃河的陰險沼澤裡，淹死了很多人，有些人在不到二呎深的水裡淹死。還有些官兵跳出太晚，在黑暗中以為那是諾曼第跳下去，卻折損在海峽裡。

一〇一空降師有整整一機傘兵——十五到十八名傘兵——便遭到了這種死法。在那之後的第二架飛機中的梅南諾上等兵，落在海邊的沙灘上，眼前是一面德文的大告示牌，「小心地雷！」他是那一機第二個跳傘的人。黑暗之中，他可以聽到海浪輕微的拍打聲。他就在沙堆中間躺了下來，四周都是隆美爾的反登陸障礙物，距離猶他灘頭僅僅只有幾呎。正當他躺在那裡要想喘些氣時，梅南諾聽見遠處有喊叫聲。他並沒有去找，直到後來才知道，喊叫聲來自海上。同機最後的十一名傘兵，就在那時候淹死了。

梅南諾迅速離開了海灘，也顧不得沙灘裡可能埋有地雷。他爬過一道有刺鐵絲網，向一處樹籬跑過去，那裡已有一個人了，但卻沒有停下來。他跑過公路開始爬過石牆；就在這時候，身後傳來痛苦的哭叫聲，他猛然轉身一看，一具火焰噴射器正對著他剛經過的樹籬噴火。熊熊火焰中，映出了剛才那名傘兵的身影。他大吃一驚，就縮蹲在牆邊。石牆另一邊傳來德軍叱叫以及機槍掃射的聲音，他剛剛身陷在德軍防禦重地，四面八方全是德軍。他準備為自己的性命戰鬥。但有件事情可得先做，由於他配屬在通信單位，他從口袋裡抽出一本寬兩吋見方的通信紀錄簿，上面載有密碼和這三天的口令，他小心地把紀錄簿撕掉，一頁一頁地全嚥到肚子裡去。

在另一邊的空頭堡，官兵正在黑漆漆的沼澤地裡折騰。馬德瑞特河與杜沃河被各種色彩的降落傘所點綴，捆在裝備上的小燈，都從河水裡、沼澤上發出奇怪的燈光。官兵從天空中跳落，嘩啦啦落到水面下時，彼此幾乎撞在一起。有些傘兵從此不見身影。其他人大喘著氣，掙扎著要呼吸到水面上的空氣，並無助地切開很可能又把他們拖下水的傘衣和裝備。

如同五十哩外的英軍第六空降師的格威內特軍牧般，美軍一〇一空降師的軍牧桑遜上尉，也落在氾濫區裡。水都淹過了頭頂，降落傘和裝備困住了他。由於一陣強風，降落傘始終還是張開著，他慌忙把吊在身上的裝備割斷——包括他彌撒要用的配備。這時降落傘就像一面巨大的風帆，把他拖行了大約一百碼。終於到了淺水地才得以休息，他筋疲力竭，足足躺了二十分鐘。之後，也顧不上開始打來的機槍與迫擊砲，桑遜神父又回到自己剛落水的地方，執意要潛水下去找彌撒用具，潛到第五次時總算找到了。

到後來，桑遜神父回想這段經歷，才意識到他在河水中掙扎時，急忙唸的悔罪詞，實際上是飯前禱告。

在運河與氾濫區間，數不盡的小田野與草地，美軍傘兵在暗夜中走到了一起。他們不像英軍靠號角引導，而是用響板，一條命就全靠這種只值幾分錢，用鐵皮做成的東西，樣子就像小孩子玩的「指頭響」，響板響一下，回答就得響兩下——只有八十二空降師如此——這就是應答口令。響兩下就得回答響一聲。靠著這種信號，官兵走出躲藏的地方、從樹叢、水溝、房屋的四邊走出來，去找另一個人。師長泰勒少將，在一處樹籬的轉角處，遇到了一個沒戴鋼盔但不認得的步槍兵，兩個人都熱烈擁抱起來。有些傘兵一下子就找到了自己的單位；還有些人在晚上看見陌生的臉孔，看到其他傘兵肩絆上面縫著一面小美國國旗，那真是熟悉而又令人欣慰。

事情雖然混亂但官兵適應得很快，八十二空降師久歷戎行的傘兵，曾經在西西里島與薩來諾空降作戰，知道會有什麼情況。一〇一空降師則是頭一次戰鬥跳傘，卻狠下決心，不要被顯赫的友軍給比下去。他們盡可能少浪費時間，也沒有時間可供浪費。走運氣的人知道他們在什麼地方，立刻就集合起來向目標前進，迷路的人則加入其他連、營和團組成的一小批、一小批的隊伍。八十二空降師的傘兵混雜在一〇一空降師裡，接受軍官的統率，反過來也是如此。兩個師的官兵並肩作戰，通常去攻擊的目標，他們連聽都沒聽過。

有成百上千的官兵，發現自己落進小小的田野裡，四面八方被高大的樹籬團團圍住。田野是默默無聲的小世界，孤立又可怕，在這裡面，每一塊陰影、每一聲窸窣，每一下枝椏斷裂聲都是敵人。「荷蘭佬」舒茲二等兵就在這麼一處陰影重重的世界裡，沒法找到路出去，便決定試一試響板，他剛響上一聲，回應他的卻不是自己料想到的事情；機槍射擊，他便臥倒，以M1步槍瞄準機槍陣地的方向扣下扳機，卻啥事也沒有發生，他忘了裝子彈了。機槍又開火，「荷蘭佬」便一個箭步跑到最近的樹籬找掩蔽。

他對田野又作了一次小心的偵察，這時聽見一根樹枝的斷裂聲。荷蘭佬一下子感到驚慌，但立刻放下心來，從樹籬中穿過來的是連長塔勒得中尉。「荷蘭佬，是你嗎？」塔勒得輕輕喊了一聲，舒茲立刻跑了過去。他們一起離開了田野，加入塔勒得已經聚集的一批官兵。這些都是一〇一師的人，但也有分別來自八十二師三個團的人。打從跳傘以後，荷蘭佬頭一次覺得自在，自己再也不是孤單的了。

塔勒得沿著一道樹籬向前走，他那一小批人在他後面成扇形散開。沒多久，他們先是聽見，後來又看見一批人向他們走過來。塔勒得擰了一下響板，以為自己聽到了答應的響板聲。「當我們兩批人彼此接近時，」塔勒得說道，「從他們鋼盔的外形，可以十分確定他們是德軍。」卻在這時發生了戰爭中最稀奇也最少見的情形，兩批人都像是被震驚所凝結，雙方默然無聲地走過彼此，一槍都沒有放。兩隊人之間的距離愈來愈遠，黑夜淹沒了這些身影，就像他們根本不存在似的。

這一晚在諾曼第各處，都有傘兵與德軍不期而遇。在這種遭遇中，人的性命全繫於他們能否保持機敏性，通常就在幾分之一秒內要扣下扳機。距聖艾格里斯鎮三哩處，八十二空降師的瓦勒斯中尉，差點絆倒一名站在機槍陣地前的德軍衛兵身上。就在這糟糕的一剎那間，兩個人都瞪住對方。然後德軍先有反應，近距離對瓦勒斯開了一槍，子彈打中了美軍中尉的步槍槍機，正好擋在他的腹部前面，滑過他的手，成了跳彈彈開去。兩個人轉身就跑開了。

一〇一空降師的李吉爾少校，談到他如何解決麻煩的。在聖艾格里斯鎮與猶他灘頭之間的田野裡，他收攏了一小批官兵，率領他們到集合點去。突然有人用德語向他喝問口令，他不懂德語但法語很流利。其他官兵都在他後面有一段距離，也沒有被德軍看到。李吉爾在黑暗的田野中，裝成是一個年輕的農夫，用法語解釋，他是去會女友，現在正回家去。他為在宵禁的時候出來向德軍道歉。少校邊講，邊急忙把貼在手榴彈上的膠布撕下來——為了怕意外鬆開拉環而貼在上面的——人還說著話便抽出拉環，把手榴彈扔過去，一落地就炸了。他發現這一下炸死了三名德軍。「等我回去找我那批英勇的一小夥人時，」李吉爾回想說道，「這才發覺他們已經逃到四面八方去了。」

當時多的是這種荒唐好笑的事。普特納上尉是八十二空降師某營醫官，發現自己完全孤立無援。他把醫療用具全都收拾好，開始找路出去。他在一處樹籬邊瞥見一個身影小心翼翼挨過來。普特納便在路上停下，探身向前，大聲輕喊八十二師的口令：「閃光。」一經過通了電似的一剎那沉寂，他在等對方回答：「雷霆」。普特納記得，自己是大為吃驚地聽見那個人大喊一聲：「耶穌基督！」一轉頭「像個瘋子一樣逃走了」。醫官氣得連害怕都忘記了。在半哩外，他的朋友，八十二師的軍牧伍德上尉，也是單獨一個人，正忙著敲手上的響板。沒有人回應。他後面一個人說話的聲音，把他嚇得跳了起來：「看在老天爺的份上，牧師，別他媽的搞那麼大聲了。」伍德隨著那名傘兵走出了那片田地。

到那天下午，這兩個人都來到聖艾格里斯鎮，在勒芙娜特太太的校舍裡，打一場屬於他們的戰爭——這一仗並不分你我，他們要照料交戰雙方的傷兵和死者。

雖然還得再過一個小時才能把所有傘兵空投完畢，但是，凌晨兩點時，一小批一小批下定決心的官兵，都接近了自己的目標。在猶他灘頭後方的富卡爾維爾（Foucarville），有一批傘兵實際上已向目標攻擊，那是一處德軍堅守的掩蔽壕據點，有機槍與戰防砲陣地。這處陣地極為重要，因為它控制了猶他灘頭地區後方一條主要公路上的所有行動。而這條公路，敵人戰車可加以利用而逼近灘頭。

攻佔富卡爾維爾需動用整整一個連的兵力，然而連長費茲吉那上尉只集合了十一名官兵。費茲吉那決定不再等其他人，開始對陣地進行突擊。這首開一〇一空降師在D日空降作戰的頭一次戰鬥紀錄。費茲吉那和他連內的官兵，一直打進了敵人的指揮所。這是一場短暫卻血淋淋的戰鬥。德軍一名衛兵，一槍打中了費茲吉那的肺部，他倒下去時也打死了對方。到了最後美軍寡不敵眾，不得不退到外圍，等候破曉與援軍。他們卻不知道，早在四十分鐘以前，已經有九名傘兵抵達了富卡爾維爾，但都降在這處據點。這時他們在德軍監視下，坐在一處掩蔽壕裡，渾然忘卻了戰事，聽著一名德軍練習吹口琴。

對每一個人來說，這真是瘋狂的時刻——尤其是將領。他們沒有了參謀，失去了通訊，沒有官兵可供指揮。泰勒少將與好幾個軍官在一起，但卻只有兩三名士兵。他告訴他們說：「從來沒有過這麼少的人聽這麼多的人指揮。」

李奇威少將也是一個人孤零零落在一片田野裡，一手握住手槍，指望自己有好運氣。據他後來回想說：「至少嘛，沒看見什麼朋友、但也沒看見敵人。」他的副師長蓋文准將，這時完全負責八十二師的他，卻落在好幾哩外的馬德瑞特河沼澤裡。

蓋文和一些官兵，都在想著把沼澤地裡的裝備器材搶救出來，器材包裡有無線電、火箭筒、迫擊砲與彈藥。蓋文很需要這些裝備，他知道天亮後他這個師所據守的空頭堡「後跟」部分，會遭到猛烈的攻擊。當他與官兵們一起站在水深齊膝的冷水裡，心頭卻湧上了許多其他擔心的事。他可沒把握自己置身在何處，也不知道該如何處置一小批迷路找上他這一組人的傷兵。現在他們都躺在沼澤邊上。

差不多一個小時以前，蓋文看見河水的遠岸有紅綠燈光，便派了侍從官奧爾森中尉去探看那是怎麼回事。他希望那是八十二空降師中他這兩個營的集合燈光。奧爾森沒有回來，蓋文心裡愈來愈急。師內其中一員軍官，德文中尉這時正從河水中央上浮，全身赤裸潛水找器材包。「每當他一露出水面，站在那裡就像是一尊白白的石像，」蓋文回憶說道，「我就忍不住這麼想，如果他遭德軍瞄到，那他就成槍靶了。」

忽然間一個人影，掙扎著從沼澤裡出來。一身全是爛泥、濕漉漉地，原來就是奧爾森。他回報說那裡有一條鐵路，在一條高堤上直接經過蓋文和手下官兵的所在，蜿蜒通過沼澤。這可是這天晚上第一項好消息。蓋文知道這帶地區，僅僅只有一條經過馬德瑞特河谷、從瑟堡到卡倫坦的鐵路。蓋文覺得好一些了，因為他頭一次知道自己置身何地。

在聖艾格里斯鎮外的一處蘋果園裡，這兒正是猶他灘頭橋頭堡的側翼，要據守住從北方進入城鎮的幾條通道的這些官兵，正十分艱辛，卻力求不顯露出來。八十二空降師范登弗中校，在跳傘時扭斷了腳踝，但他下定決心，不論發生什麼情況，他都要待在這裡打到底。

范登弗總是霉運纏身，他一向對自己的職責很認真看待，但有時太過於認真了些。他不像很多陸軍軍官，從來都沒有一個為人所共知的外號，他也不像別的軍官所樂於做的一樣，他不允許自己和營內官兵有一種親近自在的關係。諾曼第改變了一切——甚至更多。據李奇威將軍後來回想說：「他是我所認識的作戰指揮官中，最勇敢最凶悍的其中一人。」范登弗帶著斷了的踝骨，與團內官兵並肩作戰了四十天，他得到了他最需要的——部下的讚許。

當范登弗營內的醫官普特納上尉，還對他在樹籬邊遇到的那個陌生傘兵冒火時，卻在果園中遇到了營長和他的幾名傘兵。普特納依然記憶猶新地記得他頭一眼見到范登弗的樣子：「他坐在地上用件雨衣遮住，靠手電筒燈光在判讀地圖。他認出是我，便把我叫到他身邊，悄悄要我盡可能不露痕跡地看一看他的腳踝。很顯然他的踝骨斷了，卻堅持穿上傘兵靴，我們只好把靴帶給捆緊。」然後，在普特納一旁戒護下，范登弗拾起自己的步槍用來當拐杖，向前走了一步。他看了看四周的官兵，「好了，」他說道，「咱們走吧！」就此跨出田野。

也像在東面的英軍傘兵那樣，美軍——在幽默、傷痛、恐怖與痛楚中——開始了他們來到諾曼第要做的任務。

這就是一切的開始。D日的頭一批入侵部隊，差不多有一萬八千人的美軍、英軍，與加軍，分佈在諾曼第戰場的兩翼。在他們中間有五處登陸灘頭，遠在天邊卻不斷地接近海岸的是一支五千艘艦艇所組成的龐大入侵艦隊。艦艇中的頭一艘是美軍的貝菲爾號（USS Bayfield, APA-33）。它載了U部隊司令穆摩爾少將，現在離猶他灘頭只有十二浬，並準備下錨。

慢慢地，這龐大的入侵計畫開始展開——而德軍依然被矇在鼓裡。這是有諸多的原因。天候；他們缺乏偵察（幾個星期前，僅僅派了少數幾架飛機到裝載區，卻全遭擊落了）；他們頑固地相信，登陸一定會在加萊地區；德軍本身指揮系統的混亂與重疊；以及他們沒有認真地考慮拍發給反抗軍且已解碼的電文，這些都是一部分的原因。即令是各雷達站這天晚上也失去了效用。盟軍飛機沿著海岸飛行，拋落一捆捆的「窗口」——錫箔條，在雷達顯示幕上出現一片片的雪花，使得那些還沒有遭受轟炸的德軍雷達站大感困惑，僅僅只有一個雷達站作了報告。報告中說：「海峽交通正常。」

自從第一批傘兵降落的報告之後，已經過去了兩個多小時。直到這時，駐紮在諾曼第的德軍各級指揮官，開始意識到好像有什麼重大事情要發生。第一批零散的報告開始報了進來，德軍就像一個打了麻藥的病人般，慢慢開始甦醒。

5

馬克斯將軍站在一張長桌前，仔細端詳鋪在面前的作戰地圖。四周都是軍部參謀，自從他生日派對以後參謀們就一直同他在一起，向這位第八十四軍軍長簡報有關在雷恩舉行的兵棋推演。在情報處長海恩少校看來，馬克斯準備把這次兵棋推演當成是實戰，而不是紙上談兵的諾曼第登陸。

他們正在討論時電話響了。馬克斯抓起話筒，談話就停了下來，海恩回想說：「軍長在聽電話時，似乎一身都僵硬了。」馬克斯做手勢，要參謀長拿起同線電話。打電話來的人，是據守卡恩海岸防務的七一六師師長里契特少將。「傘兵已在奧恩河以東降落，」里契特向馬克斯報告，「空降區似乎在布雷維爾、蘭維爾一帶……直到巴文特森林的北緣……」

這就是有關盟軍攻擊頭一項抵達德軍主要司令部的正式報告。「這使我們大吃一驚，」海恩說道：「就像遭了雷擊。」時間正在凌晨兩點十一分（英國雙重夏令時）。

馬克斯立刻打電話給第七軍團參謀長佩梅塞少將。佩梅塞在兩點十五分，下令第七軍團進入「一級戰備」[9]，也就是最高的戰備狀態。這是截獲魏崙詩句第二段電文以後的四個小時了。到目前，第七軍團的防區業已開始了入侵備戰，軍團終於下達了戰備令。

佩梅塞並不想冒險，便喚醒第七軍團司令多爾曼中將，「報告司令，」佩梅塞說道：「我認為這回是反攻了，請司令立刻來。」

佩梅塞放下電話，忽然想起了一件事情。在當天下午傳來的一捆情報文件中，一件來自卡薩布蘭加的一名情報員，特別指出六月六日會在諾曼第登陸。

正當佩梅塞在等多爾曼司令抵達時，第八十四軍再度報告：「傘兵在（瑟堡半島）萊特堡與聖馬可夫附近降落……本軍部分部隊業已接戰。」[10] 佩梅塞立刻打電話給隆美爾的參謀長——B集團軍的史派德爾少將，時間是凌晨兩點三十五分。

大約在同一時間，第十五軍團司令札爾穆特將軍，從比利時邊境附近的軍團司令部打電話來，想得到一些第一手的資料。雖然他那一個軍團的主力部隊，離空降攻擊很遠，但卻有一個師，便是賴契特少將的第七一一師，據守在奧恩河以東的陣地，也就是第七軍團與第十五軍團中間的責任區。七一一師已經拍來了好幾通電文。一份電文中報告說，傘兵確實已降落在卡堡（Cabourg）師部的附近；第二份電文中又報告，指揮所四面八方都在進行戰鬥。

札爾穆特決定自己來打聽消息，便搖電話給賴契特，緊緊追著問：「你那裡究竟出了什麼鬼事？」

「報告司令，」電話線那頭，傳來賴契特窘困的聲音：「如果司令准許，請自己聽一聽好了。」一陣短短的沉寂，然後札爾穆特聽見清清楚楚的機槍射擊聲。

「謝謝你。」札爾穆特把電話掛上，立刻向B集團軍報告，說從七一一師師部，「都聽得見

---

9 編註：德文原文是 Alarmstruffe II。

10 原註：德軍對登陸反應的時間，以及司令部間傳送電文的時間都有相當大的爭議。我開始調查時，德軍前參謀本部的參謀總長哈爾德上將（這時隸屬駐德美軍總部史政組）便告訴我：「別相信我們這一邊的說法，除非是記載在各級司令部的正式作戰日誌上的東西。」我遵照了他的忠告在做。一切有關德軍行動的時間（改正為英國雙重夏令時）、報告與電話，都出自這些來源。

作戰的噪音。」

佩梅塞與札爾穆特的電話，幾乎同時到達，使得隆美爾的集團軍司令部，有了盟軍攻擊的第一回的消息。這就是長期預料中的登陸嗎？B集團軍司令部中，沒有一個人在這個時候準備回答。事實上，隆美爾的海軍侍從官盧格中將還清楚記得，有更多關於空降部隊的報告進來，「有些說，那只是喬裝成傘兵的人偶。」

不論是誰作了這樣的觀察，只是有部分正確。盟軍為了增加德軍的混亂，在諾曼第登陸地區的南面，投下了成百上千個栩栩如生穿著傘兵服裝的橡皮人。每一個假傘兵身上都有爆竹線，一落地便點爆，讓人有輕兵器開火的印象。少數這種假傘兵，欺騙了馬克斯長達三個多小時，他以為傘兵降落的地方，是在他軍部西南方二十五哩遠的里塞（Lessay）。

對於在巴黎西總，倫德斯特元帥的參謀，以及在拉羅什吉翁，隆美爾將軍的屬下，這都是使人感到茫然無所適從的時刻。各地的報告雪片飛來堆得老高，卻時常不夠精確，有時不夠全面且通常是相互矛盾的。

在巴黎的德國空軍司令部宣佈說：「五六十架雙發動機的飛機正飛來瑟堡半島。」而傘兵降落點「接近卡恩」。西線海軍總部的克朗克海軍上將證實了英軍傘兵的著陸，緊張兮兮地指出，敵軍空降迫近他們的一處海岸砲台，然後又補充說：「落地傘兵，一部分為人偶。」這兩份報告都沒有提到在瑟堡半島上的美軍傘兵。然而這時在聖馬可夫的其中一處海軍砲台——正好在猶他灘頭的側邊——通知瑟堡司令部，已經俘獲了十幾名美軍。在發出頭一批訊息後的幾分鐘內，德國空軍又打電話傳來通報，他們說，傘兵落在巴約附近，但實際上根本沒有傘兵落在那裡。

這兩處司令部裡，參謀們拚了命在判斷地圖上冒出來的斑斑紅點。B集團軍司令部的軍官，打電話給西總的對口人員，談及這些情況並作成結論。然而，他們的結論令人難以置信，尤其是當時的狀況下。舉例來說，西總輪值的情報處長杜吞巴哈少校，打電話到B集團軍司令部要一個說法，得到的答覆是：「參謀長正以平常心看待這一情況，」而且「很有可能，報告傳來的傘兵，只不過是從轟炸機上跳傘的機組人員。」

第七軍團卻不這麼想。到凌晨三點，佩梅塞深信，「主攻」正指向諾曼第。他的地圖顯示出，傘兵都在第七軍團防區的兩端——瑟堡半島，以及奧恩河以東。而這時駐瑟堡的海軍站，也發出警告，他們使用音響探測器材與雷達，探測到塞納灣中有艦艇活動的情資。

這時，佩梅塞心中毫無懸念——反攻已開始了。他打電話給史派德爾，「空降著陸，」佩梅塞說道，「是敵人構成大規模作戰的第一階段。」然後他又補充道：「已聽見海上艦艇主機的聲音了。」可是他說服不了隆美爾的參謀長。史派德爾的答覆記錄在第七軍團的電話紀錄上，內容卻是「這件事依然只是局部性」。他向佩梅塞所作的狀況判斷，記載在作戰日誌上：「B集團軍參謀長深信，暫時還不考慮這是一次大規模行動。」

佩梅塞與史派德爾還在談話時，執行這次一萬八千人的空降突擊作戰部隊的最後一批傘兵，正飄盪落向瑟堡半島。六十九架滑翔機載運了兵員、火砲與重裝備，越過了法國海岸，飛向蘭維爾附近的英軍空降區。在諾曼第五個登陸灘頭外十二浬處，O部隊的指揮艦「安康號」（USS Ancon, AGC-4），指揮官海軍少將哈爾命令下錨。排隊在這艘指揮艦後面的，都是載了官兵的運輸艦群，要在奧馬哈灘頭的第一波中登陸。

可是在拉羅什吉翁，依然無法看出盟軍攻擊迫在眉睫的一點跡象。在巴黎的西總，倫德斯特手下精明能幹的作戰參謀齊麥曼中將，知道史派德爾與佩梅塞的談話後，便發出一則電文支持史派德爾：「西總作戰處認為，此非大規模空降作戰。海峽海岸司令部（克朗克將軍的司令部），有關敵人拋投假傘兵的報告足以證明。」

不能責怪這些軍官會如此糊塗。他們距離實際戰鬥有好幾十哩遠，所依靠的完全只有傳進來的報告。而這些報告又是這麼不一致、誤導，即令最有經驗的軍官，也不可能判定這次空降突擊的規模大小——或者從空降突擊這件事上，明瞭盟軍進攻的全盤態勢。如果這是登陸作戰，它是指向諾曼第嗎？似乎只有第七軍團這麼認為。或許這些傘兵攻擊，根本就是一種牽制作戰，目的是想把注意力從真正的地點——札爾穆特將軍麾下的第十五軍團所在的加萊地區——吸引過來，幾近每一個人都以為盟軍會這麼做。第十五軍團參謀長霍夫曼少將十分有把握，主攻會在他的防區。他打電話給佩梅塞，賭上一餐晚飯來證明他是對的。「這一回打賭老兄可要輸了。」佩梅塞說道，然而在這段時間，不論B集團軍也好、西總也好，都沒有充分的證據作成任何的結論。他們下令登陸地區的海岸部隊戒備，也下令採取各項措施抵抗傘兵的攻擊。然後，每一個人都在等消息，他們也沒有什麼好做的了。

這時，電文如潮水般湧進了諾曼第地區的所有指揮所。部分師級單位的首要問題，就是要找到師長——這些將領都已赴雷恩參加兵棋推演去了。雖然大部分師長很快就找到了，但還是有兩員，施利本中將與法利少將找不到人。他們兩人都是瑟堡半島防禦部隊的師長。施利本在雷恩一家旅館裡睡覺，而法利還在駛赴雷恩途中的汽車上。

西線海軍司令克朗克上將，正在波爾多進行校閱行程。他的參謀長打電話到旅館房間把他叫醒，向他報告：「卡恩附近正有傘兵落地，西總堅持，這只是牽制行動，並不是真格的登陸。不過我們正下令艦艇整備，我們認為這一回是真的了。」克朗克立刻下令手下少數的海軍兵力進入戰備，自己立刻動身到巴黎的司令部去。

在勒哈佛收到命令的少數人之一，便是德國海軍中業已成為傳奇人士的霍孚曼恩少校，他以魚雷快艇艇長的身份闖出名號。打從戰爭一起，他手下那支快速、戰力雄厚的魚雷快艇隊便縱橫在英吉利海峽，發現了船艦就攻擊。在第厄普突擊戰中，他也參加了作戰。一九四二年，還大膽地擔任德國三艘主戰艦格奈森瑙號（Scharnhorst）、香霍斯特號（Gneisenau）、尤金親王號（Prinz Eugen），從法國布勒斯特港，戲劇性地衝出重圍，駛往挪威的護航任務[11]。

司令部的電文到達時，霍孚曼恩已在T－28號魚雷快艇內。該快艇是魚雷快艇第五支隊的旗艇，他正要領隊出海進行佈雷作業。他得到命令，立刻把全支隊的艇長集合，他們全是年輕的小伙子。雖然霍孚曼恩告訴他們：「這一定是登陸了，」卻沒有使他們吃驚，他們早就料到了。他手下的六艘快艇只有三艘備便，但霍孚曼恩可不能等他們都裝好魚雷。幾分鐘後三艘魚雷快艇便離開了勒哈佛港。他站在T－28號艇的駕駛台上，一如往常把白色的海軍帽往上推。三十四歲的霍孚曼恩在黑夜中盯著前方。在他身後，兩艘快艇蹦跳著成一路縱隊行駛，緊緊追隨著旗艇的每一項操艇動作。他們以二十三節多的速度在黑暗中疾駛——探索性地朝向這前所未有的龐大艦隊衝過去。

至少他們採取了行動。這天晚上在諾曼第，可能最受挫折的便是德軍裝甲兵第二十一師。這支剽悍的部隊，一度隸屬隆美爾鼎鼎大名的「非洲軍團」。師內一萬六千二百四十二名官兵，能

11 編註：著名的海峽衝刺，三艘德軍艦艇直接穿過英吉利海峽，只以艦艇小部分受損的代價回到挪威，讓皇家海軍顏面無光。

征善戰，在卡恩東南方只有二十哩遠的地區，緊緊把守著每一處小村落和樹林。這支部隊幾乎就在戰場邊緣，是處於可以對英軍的空降突擊實施立即打擊的攻擊距離內，而且是這帶區域唯一久歷戎行的部隊。

自從戰備命令下達以後，官兵都站在自己的戰車與車輛邊，引擎保持運轉、等待命令出發。二十一師戰車團團長布朗尼可斯基上校，對耽擱大為不解。他在半夜兩點以後就被二十一師師長費契丁格中將叫醒了。「奧本，」費契丁格說得上氣不接下氣，「你不會相信，他們登陸了。」他把狀況向布朗尼可斯基略略解說了一下，告訴他只要師部接到命令，二十一師就會「立刻掃蕩卡恩到海岸之間的這一帶地區。」可是後續的命令卻沒有下達，布朗尼可斯基越來越氣，也越不耐煩，唯有繼續等下去。

幾哩外普瑞勒上校接到了最讓人困惑的報告。普瑞勒上校和他的僚機飛行員吳達塞克上士半夜一點鐘才上床。在利里附近的戰鬥機第二十六聯隊的機場，現在闃然無人，他們喝了好幾瓶絕佳的干邑，才算把對德國空軍總部的怒火淹沒。普瑞勒在醉夢中聽見遠處的地方有電話鈴聲，他慢慢起身，左手伸到床頭櫃上去拿電話。

戰鬥機第二軍司令部打來的電話，「普瑞勒，」作戰官說道，「似乎已經在登陸了，我建議您下令貴聯隊進入戰備。」

普瑞勒睡意惺忪，脾氣卻立刻又冒上來了。就在前天下午，他聯隊裡的一百二十四架飛機，都已從利里地區調走，現在他所怕的事果然發生了。普瑞勒當時的言語，據他回憶所及不適宜見諸文字。他告訴打電話來的作戰官，說明軍司令部和整個空軍總部有什麼過錯後，這位空中英雄咆哮道：「我還要聯隊戰備個什麼鬼？我就在戰備，吳達塞克也在戰備！但是你們這些蠢貨要曉得，我他媽的僅僅只有兩架飛機！」一說完就把電話掛了。

幾分鐘以後電話又響了，「現在又怎麼了？」普瑞勒吼道。還是那位作戰官，「親愛的普瑞勒，」他說道，「萬分抱歉，根本是誤會，也不知道怎麼搞的，我們收到的是錯誤報告，一切都太平無事——根本沒有登陸。」普瑞勒氣得更是說不出話來，更糟的是他沒法繼續睡下去。

盡管高級司令部紛紛擾擾、遲疑與了無決斷，但與敵人實際接觸的德軍士兵，反應卻十分迅捷。成千上萬的部隊已在移動，而且不像B集團軍或者西總的將領，官兵都毫無懸念，登陸正衝著他們來了。就在第一批英軍與美軍傘兵落地開始，他們就在各地孤立的、面對面的遭遇戰中戰鬥。其他得到戰備命令的上千名部隊，在他們堅實的海防工事中等待，不管攻擊是以何種形式到來，他們早已做好擊退敵軍登陸的準備。他們憂心忡忡，但卻十分堅定。

第七軍團司令部裡，這位並不困惑的軍團參謀長，把軍團司令部參謀都集合起來。在一間燈光明亮的地圖室裡，佩梅塞將軍站在全體軍官面前，他的聲音一如往常般沉著、平靜，他說的所有話透露出內心的擔憂，「各位，」他告訴他們，「我確信在拂曉時分，敵人會在我們防區登陸，我們的未來繫於今天這一仗我們怎麼打。我要求各位竭盡所能，付出一切氣力與努力。」

五百哩外的德國，最可能同意佩梅塞想法的這個人——這員將領以他過人的將才，能在最混亂的狀況中，看得清清楚楚，而打贏了多次勝仗——卻正在睡覺。在B集團軍司令部裡，大家都不認為情況嚴重到要打電話給隆美爾元帥。

6

第一批增援兵力業已與空降部隊接頭，在英軍第六空降師所在地區，已有六十九架滑翔機落地，其中四十九架正確地落在蘭維爾的降落場內。其他的小型滑翔機部隊早些時已經降落——特別重要的是霍華德少校守橋的兵力，還有一隊滑翔機載了第六師的重裝備——不過這一次是主力的滑翔機隊。工兵的工作幹得很好，他們沒有時間把這片長長的滑翔機降落場裡的障礙物完全清除完畢，但把障礙物炸掉，好供部隊降落。滑翔機隊飛到以後，降落區的景色十分奇特。在月光下，這裡就像是一處超現實派大畫家達利畫作似的墳場，折損的滑翔機、撞碎的機翼、壓凹的機艙、歪得不成模樣的機尾，躺得到處都是。看上去不可能還有任何人能從這種造成四分五裂的撞毀裡活下來。然而傷亡官兵人數卻很少，遭防空砲火擊傷的人還比觸地受傷的人多。

滑翔機隊載來了第六空降師師長格爾少將、師部參謀，以及更多的部隊、重裝備，尤其最重要的是戰防砲。官兵從滑翔機中一湧而出時，預料會遭遇敵軍騷擾性的砲火，卻發現這裡竟是田園似的靜寂。一架「霍薩式」（Horsa）滑翔機的駕駛員胡特勒士官長，原以為會有猛烈火力的見面禮，曾經警告過副駕駛員：「我們一觸地，你就盡快跑出去，尋找掩護。」可是胡特勒所能見到的唯一戰爭跡象，便是遠處五顏六色的曳光彈閃閃發光，還聽到蘭維爾附近的機槍射擊聲。降落場上，四周都是忙碌的活動，傘兵在從破碎的滑翔機身裡把武器裝備搶救出來、把戰防砲拴在吉普車後面。現在對於滑翔機降落順利完成，大家甚至還有點歡慶的心情。胡特勒和他同機的傘兵，就在自己損毀的滑翔機艙裡喝上一杯茶，再出發到蘭維爾。

諾曼第戰場的另一邊，瑟堡半島上空，第一批美軍滑翔機隊剛剛飛到。一〇一空降師副師長普拉特准將，坐在長機的副駕駛員座位上。在英國坐在床上時因有人甩了頂帽子的他嚇了一大跳；據旁人說普拉特頭一次坐滑翔機，「就像小學生那麼高興。」在他座機後面延伸出去的飛行機列，一共有五十二架滑翔機，四架一編隊，各由一架C-47運輸機拖曳。這隊滑翔機載運吉普車、戰防砲，一整個空降醫務單位，甚至還有一部小型推土機。在普拉特這架滑翔機機頭上，漆著大大的數字「一」。駕駛艙兩側的帆布上，畫著一〇一空降師的軍徽「嘯鷹」，和一面美國國旗。編隊中的醫護士納塔爾，俯看下面砲彈的爆炸和起火燃燒的車輛，他只見到「地面湧起一道火牆迎向我們」。滑翔機依然拖在運輸機的後面，卻東倒西歪地，飛過「密集得可以在上面降落」的防空砲火。

跟傘兵運輸機不同，滑翔機群從海峽飛來，從東往西切入半島。他們剛飛過海岸線，就看見距離聖艾格里斯四哩的希斯維爾降落區的燈光。此時運輸機長達三百碼的尼龍拖纜鬆開，一架架滑翔機颯颯向下降落。納塔爾的滑翔機飛過了頭落在降落區外，碰到一片豎立著「隆美爾蘆筍」[12]的田地——地面埋設著一行行厚實的反空降障礙。納塔爾坐在滑翔機上的吉普車從小小的機窗朝外看，又怕又整個定格似的看著滑翔機的兩翼被折斷，飛掠過隆美爾蘆筍。這時一聲撕裂，滑翔機斷成兩節，斷裂的地方正好在納塔爾所坐吉普車的後面，他回想起來：「這一下讓我們更容易出去了。」

不遠的地方，躺著「一號」滑翔機的殘骸。它從草坡滑下去，機體沒法在時速一百哩的衝力

12 編註：田野中豎立的長條木樁，部分木樁頂部配置炸藥，藉以阻擋盟軍滑降。

下煞停，滑翔機一頭撞進了樹籬。納塔爾發現駕駛從駕駛艙裡甩了出來，躺在樹籬裡兩條腿都斷了。普拉特將軍當場陣亡，他被壓扁的座艙、駕駛艙框架壓碎。他是D日當天，雙方將領陣亡的第一人。

普拉特是一〇一空降師降落過程中為數不多的死傷官兵之一。全師的滑翔機，幾乎全部落在希斯維爾降落場或很靠近的地方。雖然大多數滑翔機整架受損，但機上所載裝備大部分都完整運到，這是了不起的成就。滑翔機駕駛中，沒有幾個是做超過三、四次以上的觸地訓練，而且這幾次訓練都是在白天進行[13]。

一〇一空降師走運，八十二空降師則不然。該師為數達五十架的滑翔機隊中，駕駛員的缺乏經驗幾乎導致災難的發生。機隊中找得到位於聖艾格里斯西北方正確降落區的駕駛，還不到一半。機隊其他的滑翔機，有的衝進了樹籬與房屋，有的衝進了河流，或者落在馬德瑞特河的沼澤中。迫切需要的裝備與車輛，散佈在每一處地方。官兵的死傷很大，在觸地的頭幾分鐘，光是滑翔機駕駛員就死了十八人。有一架載著部隊的滑翔機，就在五〇五傘兵團副團長派柏上尉的頭上飛過，他駭然看見「它撞掉了一戶人家的煙囪，掉進了屋後的院子裡，在地面上橫衝過去，撞碎在一堵厚實的石牆上，機身殘骸內甚至連一點呻吟都沒有。」

對任務繁重的八十二空降師來說，滑翔機隊的大範圍散佈真是災難。要花好幾個小時才能把安全運到的少數火砲與補給收集。在這段時間，傘兵得靠身上的武器作戰。不過話又說回來，這也是傘兵的標準作業程序：他們以自己有的東西作戰，直到換防為止。

現在，八十二空降師的官兵，據守住空頭堡的後方陣地——跨越杜沃河與馬德瑞特河上的幾座橋樑——已遭遇德軍初步的試探攻擊了。這些傘兵沒有車輛，沒有戰防砲，只有為數不多的火箭筒、機槍或迫擊砲；更糟的是，他們沒有通信。他們不知道四周發生什麼狀況，佔據的是什麼陣地，佔領的是什麼目標。一〇一空降師的官兵也是一樣，只不過戰爭的運氣，把師內的大部分裝備都賜給了他們。兩師官兵依然星散、孤立，不過一批批少數的傘兵正在作戰，邁向他們的主目標——而德軍的這些據點也開始陷落。

在聖艾格里斯，大為震驚的鎮民闔上百葉窗在窗後注視。八十二空降師五〇五團的傘兵，小心翼翼地溜過空曠的街道。這時教堂的鐘聲已經沉寂，教堂尖頂上還軟趴趴地掛著傘兵史梯爾的傘衣。不時從霍里恩先生別墅裡冒出的餘燼，襯映出廣場樹木的輪廓；偶爾狙擊手的子彈在夜色中憤怒地嘯叫，但這是僅有的聲音。到處都是一種不安的靜寂。

領軍進攻聖艾格里斯的克拉斯中校，原料到會有一場苦戰，但除了少數狙擊兵以外，看上去衛戍的德軍已經撤走。他手下的官兵很快就利用現況上的優勢。他們佔據房屋、設置路障與機槍陣地，切斷電話線與電纜。其他各班則繼續進行全鎮緩慢的掃蕩，他們像影子一般從一處樹籬移動到另一處樹籬，從一戶門口到另一戶門口，所有各班都向市中心——聖艾格里斯廣場交會。

塔克一等兵繞過教堂後面到達了廣場，便在一棵樹後架設起機槍。然後再往月光照亮的廣場一望，他看到一具降落傘，躺在他身邊的卻是一具德軍屍體。在遠遠的對面，是堆成一塊、四肢

13 原註：滑翔機駕駛員很缺乏。「有一陣子，」蓋文將軍回憶說道，「我們總認為沒有足夠的駕駛員。D日上場時，所有坐在副駕駛座位上都是傘兵。看起來真難以相信，這些傘兵都沒受過滑翔機飛行或者觸地的訓練，有些人一見機長負傷就接手駕駛。這一架滿載的滑翔機就掌握在他們手裡，他們就在六月六日那天衝進滿天的防空砲火中。幸好我們當時使用的那型滑翔機，飛行與落地都不太難。可是不得已，得要在作戰中接受這種磨練，真會讓人聯想到那都是宗教的力量在背後。」

張開的另一堆屍體。塔克在半明半暗中坐著，心裡琢磨這是怎麼回事，他開始覺得他不是獨自一人，有人在身後！他抓起笨重的機槍，旋風似向後一轉，與他眼睛同高的，是一對緩緩地前後擺動的軍靴。塔克連忙往後一退，這是一名死去的傘兵，陣亡後掛在樹上俯視著他。

這時其他傘兵也進入了廣場，他們也突然見到了掛在樹上的幾具屍體。桑德斯中尉回憶：「傘兵都站在那裡凝視，充滿了嚇人的憤怒。」克拉斯中校到了廣場，站著看這些死去的傘兵，只說了三個字：「啊，我的天。」

這時克拉斯從口袋裡抽出一面美國國旗，這面旗又舊又破——五〇五傘兵團曾在義大利的那不勒斯升起同一面旗。克拉斯向部下官兵答應過，「在D日拂曉以前，這面國旗會飛揚在聖艾格里斯鎮上。」他走到鎮公所前，就在大門邊的旗杆上把國旗升了起來。升旗並沒有舉行儀式，在死去傘兵的這處廣場上戰鬥結束了，星條旗飄揚在美軍所解放的第一個法國城鎮市上空。

在勒芒，德軍第七軍團司令部，接到了第八十四軍軍長馬克斯將軍的電文，寫著：「與聖艾格里斯通信已斷絕……」時間是凌晨四點三十分。

——

聖馬可夫島（Îles-St.-Marcou）[14]只是距離猶他灘頭三哩遠的兩排荒涼的岩石。在盟軍廣泛而又詳細的登陸計畫中，這兩個島嶼並沒有被留意到，一直到D日前三星期才察覺。這時盟軍最高統帥部決定，這兩個島嶼可能是重砲陣地。當時任何人都不願意冒險忽略它們。因此在美軍第四騎兵團的第四與第二十四營中，匆匆召集一百三十二名官兵加以訓練，在H時以前突擊。這些人在凌晨四點三十分左右，登上了小島，他們發現島上沒有火砲、沒有部隊——只有突如其來的死亡。杜恩中校手下的人在海岸上移動時，困在地雷區的可怖迷宮裡。彈跳地雷（S-Mine）——踩到時地雷會跳起來，以子彈似的滾珠貫穿來犯者——雷區密度就像雜草長得那麼密。不多久，夜空中便充滿了爆炸的閃光和受傷官兵的哀嚎聲。有三名少尉沒多久就受傷，兩名士兵被炸死，受傷的魯賓中尉絕對忘不了，「眼前一個人躺在地上，被滾珠所戳穿」。到這一天終了，他們的損失是十九個人的死傷。在陣亡與奄奄一息的官兵中，杜恩中校發出成功的訊號：「任務達成！」他們是盟軍部隊頭一批由海登上歐洲淪陷區的人。可是在作戰計畫中，他們的行動僅僅只是D日一個無足輕重的任務而已，是一次痛苦而毫無用處的勝利。

——

在英軍任務區——距離寶劍灘頭以東只有三哩，差不多就在海岸邊上，奧特威中校與手下官兵遭遇了猛烈的機槍射擊。他們都在防衛著梅維爾砲台的有刺鐵絲網與地雷區的邊緣上臥倒。奧特威的情勢很危急，在整整幾個月的訓練中，他根本沒有料到他精心策畫，向這處海岸砲台——自陸地與空中同時進襲的計畫，每一個階段都沒有依照計畫進行。不過，他也沒有準備讓這個計畫整個瓦解。然而不知道什麼原因，事情就這樣發生了。

轟炸攻擊已經失敗，特遣的滑翔機隊，連同載運的火砲、火焰噴射器、迫擊砲、地雷探測器與爬梯都損失掉了。他這個營七百名官兵中，只找到一百五十名官兵來攻佔兩百名德軍據守的砲

---

14 編注：位於聖馬可夫對外海岸。

台。這些士兵僅僅只有步槍、司登衝鋒槍、手榴彈、少數幾枝爆破筒和一挺重機槍。盡管有這些困阻，奧特威的官兵盡量解決每一個問題，做出了很好的臨時應變。

他們用破壞剪在外圍的有刺鐵絲網剪出了許多缺口，把那少數幾枝爆破筒安置好，準備把其餘的有刺鐵絲網炸掉。有一組人已在雷區清理出一條通路，那是一件使人寒毛倒豎的工作，他們手腳並用地匍匐著，越過月色下的這幾條小徑向砲台潛進，試探有沒有絆索，以刺刀插進前方的泥土，看有沒有地雷。這時奧特威的一百五十名官兵，都蹲在壕溝內、彈坑中和樹籬邊，只待攻擊令下。英軍第六空降師師長格爾將軍，曾指示過奧特威：「你的態度應該是這樣：在直接攻擊中不能有失敗的打算……」奧特威環顧左右官兵，便知道營內的傷亡會很多。可是這些火砲一定得加以壓制——它們能屠殺越過寶劍灘頭的部隊。他心裡認為這種情況完全不公平，可是卻別無他策，不得不進攻。他知道，即使自己已經細心周密策畫，但如果計畫的最後這一部分命中注定要失敗，他也要這麼幹。要觸地落在砲台上的三架滑翔機，會在攻擊時一同飛到，但除非接到特別訊號——來自迫擊砲發射的信號彈。奧特威既沒有這種砲彈也沒有迫擊砲。只有一支維利信號槍的信號彈，可是這種信號彈唯有在突襲成功時才能使用，他求助的最後機會也沒有了。

滑翔機按時飛到了，兩架拖機以落地燈發出信號，然後放開滑翔機，僅僅只有兩架，每一架各載大約二十人，第三架在英吉利海峽上空鬆開了拖纜，已經安全回到英國去了。這時機上傘兵在飛過砲台時，聽到了輕輕的颯颯機聲，奧特威一點辦法也沒有，眼睜睜望著這兩架遮住了月色的機影，來回環繞飛來又飛去，漸漸降低高度。駕駛員在拚命找尋奧特威沒法打出去的信號彈。當這兩架滑翔機繞圈飛得越來越低時，德軍開火了。原本把地面傘兵釘死的機砲，這時轉向滑翔機射擊。一串串二十公厘的砲彈打進了滑翔機毫無裝甲保護的機身兩側，然而這兩架滑翔機還是在繞圈飛、遵照計畫，頑固地找尋地面的信號，而奧特威十分煩惱，幾乎流下淚來，卻一點辦法也沒有。

然後這兩架滑翔機死了心，一架轉彎離開，落在四哩外的地方；另外一架在等待時飛得太低，焦急的官兵，像莫爾與霍金斯一等兵，都以為它要墜機落在砲台陣地內了。到了最後一剎那它竟拉起機頭，撞進遠處的一片樹林裡。有些人本能地從隱身處站了起來，去救那些殘存人員，可是立刻就遭到阻止，「別動！別離開你的位置！」他們的軍官輕聲吩咐。現在沒有什麼好等待的了，奧特威下令攻擊。莫爾一等兵聽見他叱叫：「大家一起上，我們要拿下這處血腥的砲台！」

他們衝了上去。

在幾聲爆破筒使人眼睛都睜不開的怒吼爆炸下，有刺鐵絲網被炸開了幾處大缺口。杜林中尉大聲叱叫：「上！上！」又一次在夜色中吹起了打獵的號角聲，奧特威營內的傘兵一面喊殺、一面開槍衝進了爆煙中，穿過了鐵絲網。在他們前面，越過無人地帶的地雷區，便是德軍把守的戰壕和機槍堡，還有轟然出現的砲台。突然，紅色信號彈在前進的傘兵頭上爆開，立刻遭到機槍、施邁瑟衝鋒槍與步槍的火力射擊。傘兵在這陣致命的彈幕中伏身下來，匍匐前進再跑一陣，撲在地面再站起來，再跑一段撲進彈坑裡，爬了出來再向前衝。地雷爆炸了，莫爾一等兵聽見一聲慘叫，然後有人大叫：「站住！站住！到處都有地雷！」莫爾看見一個身受重傷的中士坐在地上，用手揮舞要別人走開，叫道：「別靠近我！別靠近我！」

地雷的爆炸聲和傘兵的吼叫聲高出了槍砲聲。走在前面的傑弗生中尉，繼續吹他的獵號。忽然，卡朋二等兵聽見一枚地雷爆炸，只見傑弗生倒了下去。他便往中尉那裡跑，可是傑弗生卻對著他叱叫：「上！上！」這時，他人躺在地上，把獵號舉到唇邊，又吹起號聲來。這時傘兵已衝進了戰壕，和敵人進行肉搏戰，到處是吼叫聲、哀嚎聲和手榴彈的閃光。卡朋二等兵跑進一條戰壕，赫然發現面對兩名德軍，其中一個連忙把一個紅十字箱舉在頭上作投降的標誌，嘴裡說道：「俄國人，俄國人。」原來他們是俄國的志願兵。這下子，卡朋不知道該怎麼辦，然後發現其他德軍也在投降，由其他弟兄領著他們下了戰壕，便把這兩名俘虜交給他們，自己繼續向砲台前進。

在砲台那裡，奧特威中校、杜林中尉和大約四十來名傘兵，已經打得十分激烈。傘兵肅清了戰壕和機槍堡，繼而在這處以土方覆蓋的鋼筋混凝土工事四周跑，朝著各處射口打光了司登衝鋒槍，投進手榴彈。這一仗既殘酷又野蠻。莫爾、霍金斯，還有一名布倫機槍手，衝過猛烈的迫擊砲火網與機關槍彈流，到達砲台的其中一側，發現一扇門開了便衝進去。一名死去的德軍砲手躺在通道上、似乎沒有別的人。莫爾便要他們兩個守在門邊，自己一個人沿通道走，看到了一間大房間，只見一門野戰重砲放列在底座上，旁邊是一大堆排列好的砲彈。莫爾趕緊回到他兩個朋友邊，興奮地大略談到自己的計畫，「用手榴彈丟在砲彈中引爆，把這一區整個都炸掉」。不過他們卻沒有這個機會。三個人正站著講話時，一聲爆炸，布倫機槍手立刻就死了，霍金斯肚子上挨了一個彈片，莫爾覺得「背部被一千枝紅熱的針撕開來」似的，他控制不了自己的雙腿，兩條腿不聽使喚地抽動——他見過死去屍體的抽動樣子，他以為自己死定了，卻不願就此結束，便開始呼救起來，但叫喚的卻是媽媽。

在陣地裡別的地方，德軍正在投降，卡朋二等兵恰好趕上了杜林中尉這一批人，看到「德軍彼此推著出了門，立刻哀求投降」。杜林這夥人在兩門大砲的砲管中，同時擊射兩枚砲彈、炸開砲管，並把另外兩門砲暫時癱瘓；就在這時，杜林見到了奧特威，站在營長面前，用右手摀住左胸說道：「報告營長，遵令攻佔砲台，摧毀火砲。」這一仗打完了，前前後後只有十五分鐘。奧特威便以維利信號槍打出一發黃色信號彈——作戰勝利的訊號，這信號彈被皇家空軍一架彈著觀測機見到了，便以無線電通知海岸外的英軍林仙號輕巡洋艦（HMS Arethusa）。該艦正好在要開始砲擊這處砲台之前一刻收到信號。同時，奧特威營內的通信官，也以通信鴿放出確定攻佔砲台的訊息，他在作戰全程都帶著這些鴿子。他在信鴿腳上一個膠囊內，塞了一張寫了「榔頭」兩個字的紙條。沒多久，奧特威發現杜林中尉已經斷氣，當他向營長報告時，人已經奄奄一息了。

奧特威領著他受創嚴重的傘兵營，走出了梅維爾這處血淋淋的砲台。他沒有被告知要據守這處陣地。他這一營在D日還有別的任務。兩百名德軍中，他們僅僅俘獲了二十二人，有不下於一百七十八名的德軍被打死或是奄奄一息。奧特威自己的人也幾乎折損了一半——戰死與負傷的共達七十人。諷刺的是，這四門火砲口徑只有情報所知的一半大小。四十八小時之內，德軍會回到砲台，其中有兩門火砲會向灘頭射擊，但在今後最重要的幾小時內，梅維爾砲台將是闃然無人、砲聲沉寂。

大多數重傷的人都不得不留在後面。奧特威營裡的人，既沒有足夠的醫療補給品，也沒有運輸工具運送他們。莫爾是用一塊木板抬出來的，霍金斯的傷太重不能搬動，兩個人後來都活了下來——即使莫爾身上有五十七片砲彈的碎片。他記得的最後一件事，是當他們從砲台運走時，霍金斯叫道：「兄弟，看在老天份上，別離開我！」然後聲音越來越遠，莫爾也幸運地昏睡過去了。

快天亮了——正是這一萬八千名傘兵一起奮戰撐到這個時刻。在不到五個小時，他們已經極大滿足了指揮官和艾森豪將軍的期望。這支空降大軍已經擾亂了敵人，瓦解了他們的通信。此時的傘兵，更據守在諾曼第登陸地區兩端的側翼，很大程度上阻止了敵軍增援的行動。

在英軍責任區，霍華德少校的滑降傘兵，緊緊據守住重要的卡恩運河與奧恩河上的橋樑。天亮時，跨越迪夫河上的五處橋樑都會被炸毀。奧特威中校和他那個兵力損失慘重的傘兵營，已經摧毀了梅維爾砲台。傘兵這時已經佔領了俯瞰卡恩的高地。因此，英軍指定的重要任務都已達成，只要各處的交通要道能守住，就能延緩、或是完全堵住德軍可能的逆襲。

在諾曼第五個登陸灘頭的另一頭，盡管地形困難，更為繁多且任務形態眾多，美軍卻也幹得一樣的好。克拉斯中校這個營，扼守住聖艾格里斯這個交通樞紐。聖艾格里斯北面，范登弗中校的營，切斷了縱貫瑟堡半島的交通幹道，準備擊退從瑟堡來的各種攻擊。蓋文准將與手下的部隊正在戰略性要地——馬德瑞特與杜沃河的各處渡口附近掘壕固守，扼守在猶他灘頭的後方。泰勒將軍的一〇一空降師，依然散佈得很散。到天亮時，他這個師的六千六百人，僅僅集合了一千一百人的兵力。盡管困阻重重，傘兵還是到了聖馬丁瓦瑞維爾（St.-Martin-de-Varreville）砲台，這才發現裡面的火砲已經移走了。其他的傘兵也見到了至關緊要的巴奈特水閘，這是氾洪淹沒瑟堡半島頸部的關鍵設施。雖然通向猶他灘頭的堤道沒有一條到手，但一批批的官兵正向它們衝去，業已在灘頭後面的氾濫地區，扼守住灘頭的西區邊緣。

盟軍空降大軍的官兵，已經自空中侵入歐陸，緊緊把守住最初的立足點，接應來自海上的登陸。這時，他們正在等候海上大軍的到來，與他們一起長驅直入希特勒的歐洲。美軍的特遣部隊，已部署在猶他與奧馬哈兩個灘頭十二哩外，美軍的H時為凌晨六點三十分，距現在整整還有一小時又四十五分鐘。

7

凌晨四點四十五分，昂納上尉的X－23號袖珍潛艇，在諾曼第海岸一浬外洶湧海中上浮。二十浬外，她的姊妹艇X－20號也露出了海面。這兩艘五十七呎長的潛艇現在到了定位，每一艘標示了英軍與加軍登陸地區的一端。這段地區有三個登陸灘頭：寶劍、天后與黃金。這時兩艘潛艇上的官兵，得豎立起一根有閃光燈號的桅杆，裝設好所有目視與無線電訊號裝置，等待第一批在他們信號導引下駛向目標去的英國艦艇。

X－23潛艇上，昂納艇長推開艙蓋僵硬地爬了出來，來到艇面狹窄的走道上。海浪湧過小小的甲板，他不得不緊緊抓住，以免被沖到艇外去。在他後面上來的是疲累的艇員。他們攀住欄杆，海水沖洗過他們的腿部，艇員飢渴地嚥下冷冰冰的夜間空氣。自從六月四日拂曉以後，他們便一直在寶劍灘頭的外海，每一天都潛在水下二十一個小時；整個算起來，自從六月二日他們離開普茨茅斯港以後，已經在海水下潛了六十四小時。

即令到現在，他們的苦難離結束還很遠。英軍的灘頭，H時是分別從上午七點到七點三十分之間，所以這兩艘袖珍潛艇，還要守在這個位置兩個多小時，直到登陸艇的第一批攻擊舟波進入灘頭航道為止。可是到了那時，X－23和X－20號就會暴露在水面——成了德軍灘頭砲台固定而小的目標。而且，天很快就要亮了。

8

每一處地方，人人都在等候天亮，但沒有人像德軍那麼焦急。到現在為止，如雪片般湧進隆美爾與倫德斯特總部的混亂電文，開始蔓延著一種全新的不祥之兆。在整個登陸海岸一帶，克朗克上將負責的各處海軍站，收聽到了船艦的聲音——並不是以前的一艘兩艘，而是幾十艘計的船艦聲。在一個多小時內，這種報告一直在增加。最後在凌晨五點鐘之前不久，第七軍團參謀長佩梅塞少將，打電話給隆美爾的參謀長史派德爾少將，開門見山告訴他：「大批船艦在維爾河口與奧恩河口之間集結，他們推斷，敵軍在諾曼第的登陸與大規模攻擊已迫在眉睫了。」

巴黎郊外，西總的倫德斯特元帥，也有類似結論。在他看來，即將來臨的諾曼第攻擊，依然會是「牽制攻擊」，而不是真正主攻。即令如此，倫德斯特迅速行動，已下令給實力雄厚的兩個裝甲師——第十二黨衛軍裝甲師以及裝甲教導師，它們都在巴黎附近集結，擔任預備隊——迅即向海岸進兵。技術上來說，這兩個師都隸屬希特勒的最高統帥部，未得元首特准，不得動用。可是倫德斯特冒了這個險，他不認為希特勒會反對或者撤銷這個命令。他深信目前所有跡象，顯示諾曼第是盟軍「牽制攻擊」的所在地。他向最高統帥部作了正式請求動用預備隊。他在電傳電報中解釋說：「西總充分認定此次攻擊是敵大規模作戰，只能立即採取行動才能成功因應。此項行動包括在今日動用現有的戰略預備隊……即第十二黨衛裝甲師及裝甲教導師。如果這兩師能迅速集結及早出發，就能在今日內進入海岸遂行決戰……在此情況下，西總請最高統帥部准予動用預備隊……」這只是封敷衍的電報，根本只為了紀錄而用。

在巴伐利亞南部的貝希特斯加登的希特勒總部，有一種不真實的氣氛，這份電文送到希特勒作戰廳長約德爾上將的辦公室。約德爾正在夢鄉，參謀認為情況還沒有發展到打擾廳長睡眠的程度，可以等等再處理這封電文。

不到三哩外便是元首山居的官邸，元首和他的情婦伊娃布朗也正在夢中。希特勒一如平常在凌晨四點鐘才就寢，他的私人醫師莫瑞爾，給了他一些安眠藥（這時候的他沒有藥物就沒法入睡）。大約五點鐘時，希特勒的海軍侍從武官帕德卡莫上將，被約德爾總部的電話叫醒了。打電話來的人——帕德卡莫現在已記不得是誰——說到法國已經「有些登陸行動」，事實上，他被告知，尚無精確的資料，「第一批的電文極為含糊」。帕德卡莫是否想過要向元首報告？兩個人交談了一下，決定還是不吵醒希特勒。帕德卡莫還記得，「反正能報告的沒有多少，而我們兩個都害怕，在這時如果叫醒他，也許就會上演他那種無止境的緊張場面，而這經常導致最失常的決斷。」帕德卡莫決定，早上有的是時間向希特勒報告消息，便把燈一關，又回去睡覺了。

在法國，西總和B團軍司令部裡的將領，都坐下來等待。他們已經下令讓手下部隊戒備，召集了當預備隊的裝甲師；現在，下一步行動就全看盟軍了。沒有人能判斷這次眼前的登陸攻擊範圍與兵力有多大；沒有人知道——或甚至猜測得到——盟軍艦隊的兵力大小。雖然一切都指向諾曼第，卻沒有人能真正肯定這裡就是主攻所在。德軍將領都已經做完自己所能做的，其餘就要靠一般的國防軍士兵守住海岸了。他們突然變得重要起來，第三帝國的士兵，從海岸工事中向大海張望，心裡納悶著這一回是戒備演習呢，還是終於來真的。

普拉斯凱特少校在俯瞰奧馬哈灘頭的碉堡裡，打從凌晨一點鐘起，他就沒有得到上級半點指示。他又冷又倦，十分惱火，覺得自己孤立無援，他不懂為什麼團部也好，師部也好，一直沒有消息報來。當然啦，他的電話整夜一直沒有響過，就是個好兆頭，那也就意味著並沒有什麼嚴重的事情發生。但是那些傘兵，那些龐大的機群，又是怎麼一回事？普拉斯凱特沒法去掉心中的苦惱與不安，他又一次把砲兵的望遠鏡轉到左邊，從瑟堡半島黑漆漆的一團開始，再緩緩對著水平線掠過，所看到的還是同樣低垂的濛濛霧層，同樣一片片的閃亮月色，同樣永不止息白浪滔滔的大海。沒有半點改變，每件事情都看似平靜。

在普拉斯凱特身後，他的狗哈瑞斯正四肢伸開在睡覺。附近，魏肯寧上尉和特恩中尉正在低聲談話，普拉斯凱特也和他們聊了起來。「外面依然什麼都沒有，」他告訴他們，「我準備放棄了。」但是，第一抹微光開始照亮天空時，他走回到窺視孔，決定再作一次例行的掃瞄搜索。他懨懨地把望遠鏡又轉到左面，緩緩地隨著水平線轉動，轉到了海灣正中央，望遠鏡停止了轉動，普拉斯凱特緊張地定睛張望。

穿過水平線散亂、稀薄的迷霧，像變魔術一樣塞滿了船艦——各型各類、大小不一的船艦，不經意地來來回回，就好像它們在那裡已有好幾個小時似的，看起來有好幾千艘。這是一支幽靈艦隊，也不知道怎麼回事，不知道從什麼地方就冒出來了。普拉斯凱特難以置信地瞪著，人都僵了、他一語不發，這是他以前從來沒有過的舉動。就在這時，這位優秀軍人普拉斯凱特所理解的世界開始崩潰。他說從這最初的片刻，他既沉著、也很肯定地知道：「這就是德國的結束。」

他轉頭對著魏肯寧和特恩，以十分奇怪的抽離感說：「反攻了，你們看！」這時他抓起電話，接通三五二步兵師師部的布拉克少校。

「布拉克，」普拉斯凱特說道：「反攻了，海上一定有一萬條船。」即使他這麼說，但也知道自己的話聽起來是不真實的。

「普拉斯凱特，你自己數數吧，」布拉克立刻回他一句：「英國人和美國人加在一起也沒有那麼多船，沒有人有那麼多的船！」

布拉克不相信的態度，倒使得普拉斯凱特精神不恍惚了，「如果你不相信我，」他突然叫道，「那你就來這裡自己看看好了，這好不現實！不可置信啊！」

電話中略略沉默了一下，然後布拉克說道：「這些船的方向往哪裡去？」

普拉斯凱特一隻手拿著電話，望著碉堡窺視孔的外面，回答道：「正衝著我來！」

第三部　D日登陸

1

從來沒有過像這一天的黎明。龐大的盟軍艦隊，在陰暗的灰色光線下，威風凜凜、壯觀而可怕地，在諾曼第五個登陸灘頭的外海擺開。大海中滿滿都是艦艇，從瑟堡半島的猶他灘頭，到奧恩河口附近的寶劍灘頭，整個水平線上，戰旗迎風招展。襯映著天空，被辨認出來的艦艇輪廓分別是巨大的戰艦、虎視眈眈的巡洋艦、獵犬似的驅逐艦。在它們後面的是矮矮壯壯的指揮艦，冒出一片天線森林；指揮艦後面，艦身低矮呆鈍在海水中的，便是滿載部隊的運輸艦與登陸艦的船團。圍繞著領頭幾艘運輸艦繞圈泛水的，是密密麻麻的登陸艇，艇上滿載官兵，它們在等待訊號駛向各個灘頭，是第一波登陸部隊。

這一大片散佈開來的艦艇，在吵雜與各種活動中翻滾前進，巡邏艇在泛水繞圈的登陸艇隊中，來回疾駛而過。主機震動、汽笛哀嚎。絞盤呼呼作響，轉動吊杆把兩棲登陸車輛吊掛出舷側；登陸艇放下在艦身外，吊柱上的鐵鏈鏗鏘有聲；登陸艇滿載了面色發青官兵，時而風浪碰到運輸艦兩側高聳的艦身。海岸防衛隊的官兵手提擴音機大聲呼叫：「列隊！列隊！」引導著上下飄盪的登陸艇編成隊形。運輸艦上官兵都擠在欄杆邊，等待輪到自己時從滑溜溜的艦梯或者繩網下船，登上起起伏伏被海浪泡沫沖刷的登陸艇。各艦的廣播系統，穩定傳出訊息和鼓舞的話語：

「為你的部隊登陸，為救你的船而戰；如果你還有力量，為救自己的命而戰。」

「步四師，衝上去，痛宰他們！」

「別忘了，大紅一師要一馬當先。」

「美國突擊兵，各就各位。」

「記住敦克爾克！勿忘科芬特里[1]！上帝保佑各位。」

「我們要死在摯愛的法國沙灘上！我們絕不後退。」

「就是這一仗了，哥兒們，拿起槍來，戴上鋼盔，你們只有一張單程票，現在到了路線終點了。二十九步兵師，咱們上！」

有兩項訊息是大多數人都記得的：「所有人離開登陸艇！」還有，「我們在天上的父，我們奉祢的聖名為……」

很多人沿著擁擠的欄杆離開自己的位置，去跟別的登陸艇的哥兒們道別。陸軍士兵和海軍水兵，由於長時間待在艇上，都成了堅定不移的朋友，彼此互祝好運。數以百計的人，都利用時間交換通訊地址，「以防萬一」。第二十九步兵師二等技術士史帝文，在擁擠的甲板上，擠出一條通道來找雙胞胎兄弟。「我終於找到他了，」他說道，「他微微笑著伸出手來，我說：『不行，我們得按照計畫，在法國的一條十字路口才握手。』我們道了再見，而我再也沒見到他了。」在英艦奧波德親王號（HMS Prince Leopold）上，第五暨第二突擊兵營的軍牧勒希中尉，在等待的官兵中走動，柯爾曼一等兵聽見他說道：「從現在開始，我要為大家禱告。而各位接下來的一舉一動，也是對主信心的體認。」

在所有艦艇上，軍官都以一句最適合眼前情況的生動或經典名句，結束他的精神講話——有

---

1 編註：Coventry，英國城市。二戰初期因德國空軍大規模轟炸，遭受嚴重破壞。尤其一九四〇年十一月十四日的「科芬特里大轟炸」，摧毀了市中心大部分建築和歷史悠久的大教堂。

時會達到預料外的效果。歐尼爾中校手下的特勤戰鬥工兵，要在第一波舟波中登上奧馬哈和猶他兩個灘頭，摧毀雷區障礙物。他作了一番登陸前訓話，想到了一句理想的結語。吼著說：「不論是淹海水還是下地獄，都得把那些他媽的障礙物除掉！」在附近某個地方一個聲音回應道：「我相信這個婊子養的也嚇著了吧。」第二十九步兵師的波洛夫斯上尉，告訴卡桑上尉說，他打算在到灘頭的這一路上，背誦敘事詩《頓麥克勞的遊獵》（*The Shooting of Dan McGrew*）。率領一個工兵旅到猶他灘頭的摩爾中校，沒有發表演說。他原來要背誦最適當的一段文字，是摘自另外一次有關法國登陸作戰的故事，是出自莎士比亞《亨利五世》（*Henry V*）的一幕血戰，可是他所能記得起來的，僅僅只有開頭的一行：「親愛的各位朋友，再一度上了海灘……」便決心取消這個點子。英軍第三步兵師的金恩少校，要在第一波時登陸寶劍灘頭，打算同樣背誦這部名劇，便不厭其煩地把自己所要的幾行抄寫下來，結尾的一節為：「那些度過了今天，安全回家的人，會踮起腳尖來瞻仰這被命名的一天。」

進軍節奏在加速。美軍灘頭外海，越來越多滿載部隊的登陸艇，加入了圍繞著母艦無窮無盡繞圈泛水的登陸艇隊。艇上的官兵一身打濕，既暈船又可憐，還要越過奧馬哈和猶他灘頭，殺出一條血路到諾曼第去。在運輸艦海域，正在全速進行裝載，這是複雜而又危險的作業，士兵身上披掛著太多的裝備，幾乎沒法移動。每一個人都有一件救生衣，除開武器、用品袋、掘壕工具、防毒面具、急救包、水壺、刺刀與口糧外，還額外攜帶大量的手榴彈、炸藥和彈藥——經常多達兩百五十發子彈。除此之外，很多人還照自己特定任務的需求，多帶了特勤裝備。他們蹣蹣跚跚走過甲板，準備上登陸艇時，有些人估計，他們身上至少重達三百磅。所有這些裝備都是必需的，可是在第四步兵師強森少校看起來，手下官兵「慢得成了龜步」。二十九步兵師的威廉斯中尉認為，手下士兵負荷過重，「他們這樣很難作戰。」莫茲可一等兵站在運輸艦側俯瞰登陸艇，隨著湧浪高低起伏、使人發暈，往往不小心就會撞上艦體。他心中琢磨，如果他連同裝備能剛好趁著海浪起伏順勢下到登陸艇，「那這一仗就有一半打贏了。」

很多官兵從繩網攀爬下去時，力求使自己和裝備保持平衡，但往往在一槍未發以前不慎發生傷亡。迫砲組的傑森上等兵，身上背負兩捲通信電纜，還有好幾部野戰電話機，想使自己配合腳底下時而升高時而落下的登陸艇起伏時間。就在他以為時間剛好時跳下去，結果判斷錯誤直接跌下近十二呎的艇底，被他身上的卡賓槍撞昏過去。還有更多的重傷個案。龐貝中士聽見底下有人厲聲痛叫，他往下一看，只見一個人痛苦地掛在繩網上，登陸艇把他的一隻腳摔過去撞在運輸艦上。龐貝本人也頭下腳上，從攀網上掉進艇裡，門牙都撞碎了。

從甲板坐進登陸艇，再由吊架吊放到海面的部隊也不見得好一些。二十九步兵師的少校營長達拉斯，和營部參謀坐在艇內吊下去時，吊掛高度在欄杆與海水之間一半高的位置時，吊架卡死了。他們就卡在那裡約莫二十分鐘——他們頭上四呎處，正好是艦上廁所的污水排水管。「廁所經常有人在用，」他回憶說道，「就在這整整二十分鐘，我們接受了艦上的所有排洩物。」

海浪很高，許多登陸艇像莫大的溜溜球，就在吊艇架的絞鍊上隨著海浪上上下下。有一艘滿載突擊兵的登陸艇，從英軍查爾斯親王號（HMS Prince Charles）的舷側放下去，吊放到一半時湧起一陣巨浪，幾乎把他們拋回到甲板。湧浪一退，該艇又隨著絞鍊往下落，把整艇暈船的隊員像布娃娃拋了起來。

他們進入小艇時，久歷戎行的老鳥便告訴菜鳥，將會遇上什麼情況。在英艦帝國鐵砧號上，美軍第一步兵師的庫茲上等兵，把班兵集合在他四周，「我要你們全班這些菜鳥，隨時把腦袋低於舷緣以下。」他警告他們：「只要被發現，我們就會吸引敵火攻擊。如果你們辦到了這一點，萬事大吉；如果你們不照做，那倒是一處死亡的絕好地方。現在我們上吧。」正當他和這一班人上了舷側吊艇架的小艇時，只聽見下面鬼吼鬼叫，一艘小艇被海浪抬了起來，把艇裡的人都拋入海裡，只見他們都在運輸艦這一側游著。庫茲這艘小艇在吊下時毫無狀況。小艇駛離時，浮在海水裡的一個阿兵哥大叫道：「再見啦，你們這批菜鳥！」庫茲望望艇裡的人，每一個人的神色都像是打了蠟似的毫無表情。

時間是凌晨五點三十分，第一波部隊已在駛向灘頭的路上了，這一次由自由世界所辛苦盡心竭力發動的龐大海上攻擊，打先鋒的僅僅只有三千多人。他們是第一、二十九和第四步兵師的加強團[2]與配屬部隊——陸軍與海軍的水下爆破隊、戰車營，以及突擊兵。每一個加強團都賦予一處特定的登陸區。舉例來說，侯布納少將的第一步兵師第十六團，便要攻佔奧馬哈灘頭的一半；古哈特少將的第二十九步兵師一一六團則負責另一半[3]。這兩個登陸區再區分若干段，每段各賦予一個代號。步一師登陸的灘頭為紅五（Easy Red）、綠六（Fox Green）與紅六（Fox Red）；二十九師則為綠三（Charlie）、綠四（Dog Green）、白四（Dog White）、紅四（Dog Red）與綠五（Easy Green）。

奧馬哈與猶他兩個灘頭的登陸時刻表幾乎是以分鐘為單位。在奧馬哈灘頭二十九步兵師的這半邊，登陸H時前五分鐘（六點二十五分）三十二輛兩棲戰車泛水航渡到白四和綠四灘頭。他們在海水邊緣進入位置，開砲掩護第一階段的突擊登陸。到了H時（六點三十分），八艘LCT戰車登陸艇運來更多的戰車，由海上直接開到綠五和紅四灘頭。一分鐘以後（六點三十一分）灘頭所有各區都會擁上登陸部隊。兩分鐘後（六點三十三分）工兵水底爆破隊抵達。他們分配到的艱鉅工作，便是在雷區與障礙物中，清理出十六條寬五十碼的通路，而完成這項棘手的工作時間只有二十七分鐘。打從七點鐘起，每隔六分鐘，便有一個舟波登陸，這五個舟波便是登陸部隊的主力。

這就是兩個灘頭的基本登陸計畫。兵力推進的時間都很仔細計算清楚。許多重裝備，如預劃在一個半小時內讓砲兵登陸奧馬哈灘頭，那麼起重機、半履帶裝甲車與戰車搶救車，就要安排在十點三十分以前登陸。這是一項牽涉範圍廣而又精心設計的時刻表，怎麼看都有可能會被耽擱的——策畫人員也考慮到了所有的可能性。

第一舟波的登陸部隊，現在還看不到曉霧濛濛的諾曼第，目前距海岸還有九浬遠。有些戰艦已與德國海軍岸防砲互轟，但這對登陸艇上的官兵來說，這些作戰還很遙遠，而且與本身無關——還沒有人對他們直接射擊。暈船依舊是他們的最大敵人，沒有幾個人能倖免。每艘突擊登陸艇都裝載了大約三十名官兵以及他們所有的沉重裝備，在海中行駛得很慢，以致海浪從艇旁捲上來，又湧出去，每一陣浪都使得艇身縱搖、擺動。第一特勤工兵旅旅長卡費上校還記得，艇內一些士兵「乾脆躺下來，任由海水在他們身上來回沖刷，根本不理會自己的死活」。他們當中還沒被弄得暈頭轉向的，則對四周森然豎立的龐大艦隊，覺得既敬畏又了不起。巴特上等兵那一艘登陸艇的戰鬥工兵中，就有一人提到，巴不得身邊帶了台照相機。

2 編註：即 Regiment Combat Team，簡稱 RCT。
3 原註：雖然第一與第二十九步兵師的加強團同時進攻，但實際登陸的初始階段，技術上仍在步一師的指揮下。

三十浬外，德軍魚雷快艇第五支隊的霍孚曼恩少校，在一馬當先的魚雷艇上，只見到前面的大海，遮住了一層奇怪又不似真實的迷霧。正當他在張望時，一架飛機從白茫茫的天空飛了出來，這證實了他的猜疑——這一定是飛機施放的煙幕。霍孚曼恩後面跟著兩艘魚雷快艇，高速鑽進濛霧中去調查，卻遇見了生平未有的震驚，濛霧的那一邊，他竟與一列難以相信的艨艟巨艦撞個正著——幾乎是一整個的英國艦隊。他一看處處都是戰艦、巡洋艦和驅逐艦聳立在他頭上，他說：「我覺得自己就像坐在一艘划艇中。」幾乎立刻就有砲彈落在這三艘蛇行躲避的快艇四周。自信過了頭的霍孚曼恩，一秒鐘也不耽擱。雖然雙方兵力差距甚大，他還是下令攻擊。幾秒鐘以後，在D日這天僅有的德國海軍攻擊中，十八枚魚雷切過海水，射向盟軍艦隊。

挪威斯文納號驅逐艦指揮台上，皇家海軍的勞艾德上尉，看到了魚雷疾駛而來，在厭戰號戰艦、拉米利斯號和拉傑斯灣號（HMS Largs）駕駛台上的軍官也都見到了。拉傑斯灣號立刻全速後退。兩枚魚雷在厭戰號和拉米利斯號中間掠過，拉傑斯灣號卻沒法躲過。該艦艦長大叫：「左滿舵！全速向右，向左全速後退！」徒勞無功地擺動驅逐艦，想讓兩枚魚雷能與艦身平行通過。勞艾德上尉用望遠鏡觀察，只見兩枚魚雷將直接擊中駕駛台下方，他想到的只是：「我會彈飛多高？」拉傑斯灣號慢得嚇死人地轉向左面，那一刻勞艾德以為他們也許躲得過，可是船艦機動卻失敗了，一枚魚雷衝進鍋爐艙，幾乎把拉傑斯灣號從海中舉了起來，艦體抖了一下斷成兩截。附近的英軍鄧巴號掃雷艦（HMS Dunbar），司爐中士杜伊吃驚地看見驅逐艦滑落水底，「艦首與艦尾還連在一起，形成完美的V字。」這一次魚雷攻擊使得三十個人傷亡。勞艾德上尉沒有受傷。

為了讓一名斷腿的水兵不會沉下去，勞艾德上尉游了幾近二十分鐘，直到兩個人都被迅速號驅逐艦（HMS Swift）救起。

對霍孚曼恩來說，安然返回到煙幕的另一面後最重要的事情，就是立刻發出警報。他向勒哈佛通報時神色平靜，卻沒有發現在剛剛那短暫的海戰中，艇上的無線電已經被打壞而無法通信了。

在美軍灘頭外海的旗艦奧古斯塔號，布萊德雷中將把棉花塞進耳朵裡，然後舉起望遠鏡，熟練地看著向海灘疾駛的登陸艇。他手下的美軍第一軍團所屬部隊正不斷地駛進這片區域。布萊德雷極為關注。就在幾個小時以前，他還認為當面德軍只有一個兵力不強、防線過長的七一六海防師[4]，駐守在大致從奧馬哈灘頭一直向東，延伸到英軍任務區。可是當他剛離開英國前不久，盟軍情報單位傳來的資料說，另有一個德軍師已開進這帶防區。這個消息來得太遲，以致於布萊德雷沒法通知已經過任務提示與「封艙」的部隊了。現在，他麾下的第一與第二十九步兵師，正向奧馬哈灘頭進軍，完全不知道一支強悍而能征慣戰的三五二師，把守住了這帶防區[5]。

---

4 編註：海防師，或稱靜態師，不適於攻勢作戰，師內編制運輸載具有限，幾無機動力，但有些靜態師配置較多的火砲補強。

5 原註：盟軍情報單位的判斷是，三五二師最近才進入這些陣地，僅是「防禦演習」。實際上，德軍這個師的部隊進駐海岸防區俯瞰奧馬哈灘頭，已經有兩個多月了——甚至更久。例如普拉斯凱特和他的砲兵，早在三月份便在那裡了。但是盟軍情報單位一直到六月四日，依然把三五二師的所在位置，擺在二十哩外的聖洛附近。

布萊德雷祈求，海軍的砲轟使麾下部隊將要開始的攻擊輕易一些。在幾浬開外，法國海軍少將賈喬德（Robert Jaujard）在「蒙卡爾姆號」輕巡洋艦（Montcalm）上，向手下官兵訓話：「我們不得不砲轟本國的家園，這是一件十分糟糕和令人毛骨悚然的事情。但是我要求各位今天就這樣做。」他的聲音既沉重又有感觸。離奧馬哈灘頭四浬外的海上，美軍卡米克號驅逐艦（USS Carmick, DD-493）的比爾中校，按下艦內通話系統的按鈕說道：「大家注意，這一回或許會是各位弟兄從來沒參加過的最大盛會——所以我們大家都出來，到甲板上跳舞吧。」

凌晨五點五十分，英軍灘頭外海的戰艦，已經砲轟了二十多分鐘。現在輪到美軍登陸區的砲轟開始了，整個登陸灘頭湧起狂風暴雨般的火力。戰艦對準它們選定的目標，穩定不斷地轟擊。狂濤急流般的轟雷砲聲，迴盪在整個諾曼第海岸；巨砲的熾熱閃光，使得灰黯黯的天空更明亮些了。整個灘頭一帶，上空開始冒起了滾滾黑煙。

寶劍、天后與黃金灘頭外海，戰艦厭戰號與拉米利斯號的十五吋主砲，射出了數以噸計的鋼鐵，轟向勒哈佛以及奧恩河口一帶的德軍堅固砲台。機動性高的巡洋艦與驅逐艦群，則對岸上的機槍堡、碉堡與防守陣地，傾洩出洪流般的砲彈。英軍百發百中的阿賈克斯號輕巡洋艦，挾著拉普拉塔河口海戰的威名，這一次也以難以置信的精準度，四門六吋艦砲，在六哩外擊毀了一處砲台。奧馬哈灘頭外海，美軍德克薩斯號與阿肯色號戰艦，共有十門十四吋、十二門十二吋以及十二門五吋艦砲，對著霍克角的海岸砲台陣地，射擊了六百發砲彈，全力支援正在前往一百呎陡岩的突擊兵。猶他灘頭外海，內華達號戰艦，塔斯卡盧薩號、昆西號及黑王子號巡洋艦，正當它們對著海岸砲台一次又一次齊放時，艦身似乎都在往後仰。這些大型艦艇都在海岸外五、六浬處砲轟，小型的驅逐艦則可迫近灘頭到一、兩浬，排成一路縱隊，對著海岸工事帶的所有目標，發射猛烈的壓制砲火。

海軍岸轟那種令人畏懼的齊放，使看到與聽到的人都留下深刻印象。皇家海軍的萊朗中尉記得，在「戰艦雄偉的外表」下，覺得十分驕傲，心中也在琢磨，「這會不會是他最後一次見到這種景象？」在美軍內華達號戰艦上，文書上兵藍格勒，幾乎對艦隊的雄厚火力嚇著了。他想不透，「有哪個軍隊能受得了這種砲轟」，並認為「艦隊會持續砲擊二到三小時後才會離開」。而在疾駛登陸艇中的官兵，他們一身浸濕，又難過又暈船，已經在用鋼盔戽水。當這一片咆哮的鋼鐵天罩覆蓋在他們頭頂上時，都向上仰望，歡呼起來。

這時，另一種聲音震動了艦隊上空，起先還徐徐緩緩的，就像一隻碩大無朋的蜜蜂在嗡嗡叫，之後漸漸提升，成了震耳欲聾的聲響。轟炸機與戰鬥機飛來了。它們直接飛越龐大艦隊的上空，翼尖挨著翼尖、編隊緊跟著編隊——九千架飛機！噴火式、P－38閃電式與P－51野馬式戰鬥機，就在官兵頭上呼嘯而過。不管艦隊如雨而下的砲彈，機隊對著登陸的灘頭掃射，掠地攻擊躍起後迴轉又再次攻擊。在它們頭頂上，每一層高度都麻麻密密的美軍第九航空軍的B－26中型轟炸機群；再高於它們，在濃密的雲層中見不到的，是重轟炸機——皇家空軍與第八航空軍的蘭開斯特式（Lancaster）、B－17空中堡壘與B－24解放者式，多到可以把天空給塞滿。人們抬頭仰望，張大眼睛望著，眼睛濕潤潤，臉部神情對於突如其來的情緒大得無法承受。他們想說，眼前登陸會進行得很順遂，有了空中掩護——敵人就會被牽制，火砲轟擊的彈坑會在海灘上形成散兵坑。可是指定轟炸奧馬哈灘頭的三百二十九架轟炸機，由於雲層太厚無法目視目標，又不願意冒誤炸自己部隊的危險，只好把一萬三千枚炸彈，都投在遠離目標區——奧馬哈灘頭上致命的火砲——內陸三哩的地方[6]。

最後的那聲爆炸好近。德軍普拉斯凱特少校以為，碉堡就要被震得四分五裂了。另一發砲彈擊中懸岩岩面上，正是這處碉堡隱藏的地基所在。那一下衝擊讓普拉斯凱特昏頭轉向，並把他重重地摔在地上。灰塵、泥土和混凝土碎片，像下雨般落在他身上。他在白茫茫的塵雲中看不清楚，但卻聽到手下官兵在喊叫。砲彈一發又一發地轟近懸崖，震動使得普拉斯凱特茫然，根本說不出話來。

電話響了。三五二師師部打來的，一個聲音問道：「情況如何？」

「我們正遭受砲轟，」普拉斯凱特設法說出話來，「砲火猛烈。」

在他陣地後方遠處，這時他聽到了炸彈的爆炸聲，又一批轟擊的砲彈落在懸崖頂上，崩坍的泥石從碉堡的射口中傾瀉進來。電話又響了，這一回普拉斯凱特卻找不到電話何在，只能讓它響，這才注意到自己從頭到腳，一身都是細細的白色灰塵，軍服也撕破了。

有一陣子砲轟停了下來，普拉斯凱特在濃濃的灰塵中，看到特恩和魏肯寧躺在混凝土地板上。他大聲喊魏肯寧：「趁著還有一絲機會，最好到你的陣地去。」魏肯寧鬱鬱地望著他——他的觀測所就在旁邊的碉堡，有一段距離。普拉斯凱特利用這段平靜時間，打電話聯絡手下各砲台，使他大為吃驚的是，他手下的二十門火砲——全都是嶄新的克虜伯火砲，各種口徑都有——一門都沒遭命中。他不明白為什麼這些離海岸只有半哩遠砲台，竟躲過了砲擊，官兵甚至沒有任何傷亡。普拉斯凱特開始琢磨，是不是海岸邊的觀測所，被盟軍誤認成火砲陣地，他自己觀測所附近的損毀，似乎說明了這一點。

砲轟又開始時，電話也響了起來。就是剛才打電話的那個聲音，上級要求知道「敵軍砲擊的正確位置」。

「老天，」普拉斯凱特叫道，「他們把每一處地方都打到了，你要我怎麼辦？出去碉堡用尺丈量彈坑嗎？」他把電話砰然一摔，看看四周，碉堡中的人似乎沒有一個人受傷。特恩正站在砲兵觀測鏡前，魏肯寧已離開到自己的觀測所碉堡去了。普拉斯凱特這時才注意到哈瑞斯不見了，不過他沒有時間為這條狗操心，他又抓起電話，走到第二個觀測鏡前觀測。海中的登陸艇比他上一次看到時更多，而且現在他們逼近來了，很快就會進入射程。

他打電話到團部，向團長奧克爾上校報告：「我陣地的火砲全部完整無恙。」

「很好，」奧克爾說道，「現在你最好馬上回營部去。」

普拉斯凱特打電話給營部作戰官。「我就回來了，」他告訴他們，「記住，除非敵人接近水際線，否則不准開砲射擊。」

載著美軍第一步兵師的登陸艇向奧馬哈灘頭駛去，現在離陸地不遠了。普拉斯凱特營內的四個砲兵連，正在懸岩上俯瞰紅五、綠六、紅六三處灘頭，砲手正等待著這波登陸艇再接近一點。

這是倫敦的廣播。

---

6 原註：這處砲陣地，有八座混凝土碉堡，配有七五公厘以上的火砲。另有三十五座機槍堡，有各種口徑的火砲及自動武器。戰力分別是四個砲兵連，十八門戰防砲，六座迫擊砲位，三十五處火箭發射器陣地；每一處陣地各有四管三十八公厘火箭發射器，不下於八十五處機槍陣地。

我向各位傳達美軍最高統帥的緊急指示，各位很多人的生命，全看各位對這項指示服從的速度與徹底程度而定，尤其是在海岸線三十五公里以內居住的人。

哈德雷站在他母親於維耶維爾屋子的窗邊，這裡正是奧馬哈灘頭的西端，他正看著登陸艦隊的作業。火砲依然在射擊，哈德雷可以經由鞋底，感受到它們的震動。全家人——哈德雷的媽媽、兄弟、侄兒與女傭人——都聚在客廳裡。他們現在全都同意，毫無懸念，登陸就要發生在維耶維爾了。哈德雷對自己在海濱的別墅，抱著聽天由命的態度，現在可以確定它會被摧毀了。英國廣播公司所播的通告，反覆播送了一個多小時，還在繼續播：

「立刻離開你們的村落，你們走時通知還不知道有這項警告的任何鄰居……離開通衢要道……要步行，不要帶什麼不容易帶的東西……盡可能快躲到開敞的田野裡去……不要很多人聚在一起，以免誤會是集結的軍隊……」

哈德雷心中想要知道，那個騎馬的德國兵，會不會像每天一趟般，把早晨的咖啡送到砲手那裡去。他看看手錶，如果這個德國兵要來現在就差不多要到了。這時哈德雷果然看到了他，騎著還是那匹後臀肥壯的馬兒，帶著同樣是在馬背上起起伏伏的咖啡罐。他穩重地騎過來，在拐處轉彎——一下子看到了海上的艦隊。有一兩秒鐘，他站在那裡一動也不動，然後從馬上跳了下來，絆了一跤摔倒了；然後又站起身來跑去找掩蔽，那匹馬還是緩緩地在路上走向村裡去。

時間是清晨六點十五分。

2

這時，起起伏伏、長長幾排的登陸艇，距離奧馬哈與猶他灘頭不到一哩遠了。對第一波登陸的官兵來說，H時距離只有十五分鐘了。

登陸艇後拖曳著長長的白色浪痕，噪音震耳欲聾，不斷地鼓浪向岸邊駛近。在傾斜跳動的登陸艇內，大家要大聲嚷叫才能蓋過柴油主機的咆哮聲而聽得見說話。在他們頭頂上，艦隊的砲彈宛如一把巨大的鋼傘，依然轟雷般震動。盟國空軍的地毯式轟炸，從海岸捲過來連續擴大的轟隆爆炸聲。奇怪的是，大西洋長城的火砲依舊寂然無聲。部隊都見到了前面蜿蜒的海岸線了，卻奇怪沒有敵人的砲火，他們心裡想，也許，這會是一次輕而易舉的登陸吧。

登陸艇前那扇方方正正的跳板，每一個大浪過來就猛撞過去，冷冰冰泛著泡沫的綠色海水就潑在每個人身上。艇裡沒有英雄——只有一身發冷，情況可憐、心裡焦急的人，緊緊地擠在一起，沉重的裝備壓低了大家，連嘔吐都沒有地方，只能吐在別人身上。隨第一舟波登陸猶他灘頭的《新聞週刊》（*Newsweek*）記者克勞佛（Kenneth Crawford），見到第四步兵師一個年輕的士兵，把自己嘔吐的東西遮起來，緩緩地搖了搖頭，沮喪又厭惡地說：「希金斯[7]這傢伙，發明了這種他媽的登陸艇，沒有什麼好驕傲的。」

有的人沒有時間去想自己的慘狀——他們在舀水救自己的命。幾乎打從登陸艇離開母艦起，

7 譯註：Higgins，登陸艇製造公司名稱，同時也是業主的名字。

很多艇內便開始積水。起先，大家對海水濺濕了下半身並不在意，這只是一種非得忍受的慘況。突擊兵營寇契納少尉，眼睜睜看見艇內的水緩緩上升，心中琢磨這要不要緊。人家告訴他突擊登陸艇（LCA）是不會沉的。就在這時，寇契納的突擊兵，從無線電中聽到了呼救：「這是LCA860！……LCA860！……本艇沉下去了！……本艇沉下去了！」最後一聲大喊：「我的老天，我們要沉了！」寇契納和他所屬也開此舀起水來。

就在寇契納艇的後面，也是突擊兵營的麥克勞斯基中士也有了麻煩。他和手下的突擊兵舀了一個多小時的水，這條艇載了攻擊霍克角的彈藥，還有所有突擊隊員的背包。艇內的積水太多，麥克勞斯基認定它一定會沉下去。唯一的希望就是替大量進水的登陸艇減輕重量。麥克勞斯基下令，把所有不需要的裝備、口糧、額外衣服、背包等統統扔到艇外去。麥克勞斯基自己動手，把它們全往海中扔，在一個背包裡有一千兩百美元，是維拉二等兵擲骰子贏來的；還有一個背包，裡面有腓烈德瑞克上士的一副假牙。

奧馬哈與猶他灘頭都有登陸艇沉沒——奧馬哈十艘、猶他七艘。有些人由後面駛來的救難艇救起，有些人則漂浮了好幾個小時才被救起。有些沒有人聽見他們的喊叫，被沉重的裝備與彈藥拖到水底，就在見到海灘的地方淹死了，一槍都沒有放過。

一剎那間，戰爭成了事關個人的事情了。駛向猶他灘頭的部隊，眼見一艘舟波管制艇，突然爆炸在海中直豎起來。幾秒鐘以後許多人頭冒出水面，死裡逃生的他們攀住艇骸待援求生時，立刻又發生了第二次爆炸。一艘登陸駁船駛向猶他灘頭，水兵想放出三十二輛水陸兩棲戰車中的四輛，把跳板放倒時恰好就在一枚沉在水裡的水雷上。駁船的前端被炸得飛天，附近一艘LCT戰車登陸艇的強生中士嚇呆了。只見一輛戰車「向天上衝起有一百呎高，緩緩翻了個觔斗，衝進海裡就消失了」。強生後來才知道，死去的人中，就有他的好友戰車兵尼爾。

駛向猶他灘頭的官兵，有好幾十個人見到了死屍，聽見了溺水者的喊叫聲。海岸防衛隊的瑞利中尉，對當時的情景還記憶猶新，這位二十四歲的軍官，是一艘ＬＣＩ步兵登陸艇艇長，只聽見「受傷的與受驚嚇的士兵那種痛苦的高喊救命聲，懇求我們把他們從水裡拖出來」。可是瑞利所得到的命令卻是，「不顧死傷，準時把部隊送上岸」。瑞利竭力使自己對哭喊不聞不問，只能讓登陸艇在行將淹死的官兵旁邊經過，他實在沒有辦法啊。舟波一波波駛過，第四步兵師第八團團長巴特中校所搭載的一艘登陸艇，也穿越浮屍航行，巴特聽見一個面無血色的士兵說：「這些走運的雜種——他們再也不會暈船了。」

水中浮屍的景象，在運輸艦上長時間航行的緊張，以及眼前平坦的沙灘、猶他灘頭上的沙丘越來越近的情況，使得登陸官兵從昏昏欲睡中猛然驚醒。剛滿二十歲的卡遜上等兵，突然「向上天咒罵起希特勒和墨索里尼，把我們送進了這一團亂七八糟中」。他的夥伴被他的熊熊怒火給怔住了——他以前從來沒有開過狠腔啊。許多登陸艇上，士兵緊張兮兮地把武器檢查再檢查，人人都對自己的彈藥十分珍惜，使得卡費上校的登陸艇內，沒有半個人願意給他一匣子彈。卡費在上午九點之前都不該登陸，但他為了和自己久經戰陣的第一工兵旅官兵在一起，偷偷上了第八步兵團的一艘登陸艇。他沒有裝備，雖然艇內的士兵人人都攜帶了過量的子彈，「卻為了寶貴的生命緊緊不放」。到最後，卡費從八名士兵那裡，每人給他一發湊成一匣，才給步槍裝上了子彈。

奧馬哈灘頭的外海，發生了意外。計畫中要支援登陸部隊的兩棲戰車[8]部隊，幾近有一半沉掉了。計畫原訂在離海岸二到三哩處，放出六十四輛水陸兩棲戰車，從那裡泛水航渡到岸上。

其中三十二輛指定在第一步兵師的責任區上岸──也就是紅五、綠六及紅六三個灘頭。裝運戰車的駁船[9]載運它們到定位後放下跳板，放出這二十九輛戰車，駛進洶湧的大浪裡。水陸兩棲戰車模樣很古怪，兩側由帆布氣囊在水中支撐車身並提供浮力，開始破浪向海岸前進。這時，七四一戰車營的官兵遭遇了慘劇。由於海浪的衝擊，支撐的帆布氣囊裂開、引擎進水──接著就一輛跟著一輛，一共有二十七輛戰車浸水、沉沒。戰車乘員打開座艙蓋爬了出來，吹脹救生腰帶跳進海裡。有些人成功放出救生筏，有些則隨著鐵棺材沉到海底。

兩輛受損且幾乎被海水沖翻的戰車，依然向著海岸駛去。另外三輛戰車的乘員運氣很好，由於載運他們的登陸駁船跳板卡住放不下來，後來是直接運送上岸。其餘指定到第二十九步兵師那半邊灘頭的三十二輛戰車都安然無恙。負責載運它們的登陸駁船指揮官，見到戰車沉海的慘況，便作出了睿智的決定，直接把駁船駛上岸。第一步兵師因為損失了這些戰車，在以後的幾小時中，付出了幾百名官兵死傷的代價。

海灘外兩哩起，登陸部隊開始見到海水中的活人與死人，死人輕輕地漂浮著，隨著潮水湧向海岸，就像決心要一起加入他們的袍澤似的。活人則在洶湧的海浪中起起伏伏，拚老命喊救命，登陸艇卻不能幫忙。載運麥克勞斯基中士的彈藥艇，再一次安全行駛，見到在海中呼救的官兵，「用力喊救命，懇求我們停下來──我們卻不行，任何人任何事都不能停」。麥克勞斯基的登陸艇疾駛通過時，他緊咬牙關，眼睛望向遠方，然後不到幾秒鐘，他向艇側外面嘔吐起來。肯寧漢上尉和手下官兵，也見到倖存的人在掙扎。海軍官兵本能地迴轉登陸艇向水中的人群駛去，立刻被一聲打斷。艇上揚聲器發出了殘忍的話：「你們不是救難艇！向海岸駛去！」工兵營的杜比上士在附近的一條登陸艇上，說著他的「懺悔禱告文」（Act of Contrition）。

正當這些稀稀落落、起起伏伏的登陸艇靠近奧馬哈灘頭時，轟擊的死亡進行曲似乎越來越多、也越來越強。登陸艦停在海岸外一千碼處，也加入了砲轟，這時數以千計閃閃發光的火箭，在登陸官兵的頭上嘶嘶飛過。對登陸部隊來說，任何東西在撲向德軍防區這麼強烈的火力下還能生存，似乎是無法想像的事情。海灘上一片煙霧騰騰，野草起火的團團煙火，懶洋洋地從懸岩上飄落下來。德軍的火砲依然靜寂無聲。登陸艇群駛向海岸。來來回回拍打岸邊的湧浪一直去到海灘上。登陸部隊現在可以見到鋼架與混凝土製的海防障礙物所形成的叢林了，它們遍處都有，圍著有刺鐵絲網、頂著地雷，它們的殘酷與醜惡也早在意料中。障礙物後面的海灘卻闃然無人，也沒有一點動靜。登陸艇愈駛愈近了……五百碼……四百五十碼……依然沒有敵人的砲火。登陸艇衝過四到五呎高的大浪向前湧進，這時猛然的砲轟延伸向內陸後方的目標。第一波的登陸艇距離海岸不到四百碼時，德軍的火砲——沒有幾個人相信，在盟軍海空猛烈的轟擊下還能殘存的火砲——開火了。

在這金鼓喧天的環境中，有個聲音開始逼近了，遠比一切聲音更為致命——機槍子彈打向登陸艇，在突出的艇首鋼板上發出了的哐啷聲。火砲怒吼、迫擊砲彈像下雨般落了下來。在奧馬哈整整四哩長的海灘上，德軍的槍砲痛擊著每一艘登陸艇。

---

8 編註：全稱雙重驅動式（Duplex Drive）戰車，簡稱ＤＤ戰車。是以Ｍ４雪曼戰車改裝，加上雙推進器作為主要動力的兩棲作戰火力。車體四周加裝有防水功能的充氣帆布圍裙，使得外觀像嬰兒車的ＤＤ戰車可以在一定深度的海面航渡、登陸。抵岸後，充氣圍裙便會放下，恢復成一般的戰車。

9 編註：犀牛浮箱駁船。

這正是H時。

他們來到了奧馬哈灘頭，沒有人羨慕這些艱苦且一點也不令人嚮往的官兵。他們沒有戰旗飛揚，也沒有號角或鼓號齊鳴，可是他們有自己的光榮傳統。他們的步兵團，曾經在福吉谷（Valley Forge）、石溪（Stoney Creek）、安提坦（Antietam）、蓋茨堡（Gettysburg）宿營，曾經在法國阿爾岡（Argonne）血戰，他們曾經越過北非、西西里島和薩來諾的灘頭，現在他們又多一處灘頭要越過了，官兵後來會稱這一處灘頭為「血腥的奧馬哈」。

在這處月牙灣形狀的灘頭，最猛烈的火力來自當面的懸岩，以及兩端的絕壁高地——西起二十九步兵師的綠四，到東面的步一師綠六區。德軍把他們最嚴密的防禦措施都集中在這裡，扼守住兩條從維耶維爾海灘通往科勒維爾的要道出口。官兵登陸之後，沿著灘頭的每一處地方都遭遇到猛烈的火力。不過登陸綠四與綠六區的人，卻連一點機會都沒有。德軍在懸岩上的射手，幾乎是以直接俯瞰的角度，看到艙內灌滿海水的突擊登陸艇，正以沉重又傾斜的姿勢向灘頭的這些地段駛來。它們既笨拙又遲緩，幾近固定在海上，是活生生挨打的靶子。把舵的艇長，起先拚命控制操縱性很差的登陸艇，在佈雷障礙所形成的區內裡駛過，現在又要對來自懸岩上的砲火逃命。

有些登陸艇，在障礙物的迷宮中和懸崖的砲火下偏離目標、沿著灘頭毫無頭緒地飄盪，想找一處火力比較薄弱的地方登陸。其他頑強地在指定責任區上岸的登陸艇，則遭到火砲彈洗，艇上官兵只能從艇側摔進深水的海裡，旋即又遭到機槍的火力釘上。有些登陸艇駛進灘頭，卻被炸得七零八落。二十九步兵師的基靈少尉，他的登陸艇內滿載三十名士兵，在預劃的綠四地段、距維耶維爾三百碼處，在一陣炫目的瞬間，全艇炸得四分五裂，基靈和士兵都被炸出了艇外，拋落海裡。嚇得要命、載浮載沉的十九歲少尉，在座艇沉沒的幾碼外浮出了水面。其他倖存的士兵也冒了出來，但是他們的武器、鋼盔和裝備全都丟失了。艇長也消失不見了，附近有一個基靈手下的士兵，正與背後沉重的無線電纏鬥，並厲聲高叫道：「看在老天分上，我要淹死了！」誰都沒有來得及救他，這名通信兵便沉下去了。對基靈和他這一艇剩下的士兵來說，這只是苦難的開始。他們在海裡泡了三個小時才上岸。這時基靈才知道，他是全連唯一還存活的軍官，其他人非死亡即重傷。

沿著整個奧馬哈灘頭，登陸艇的跳板一放下來，似乎就是機槍再度射擊、火力集中的訊號，而在綠四與綠五地段，美軍遭遇了最具殺傷性的火力。二十九步兵師的登陸艇進入綠四地段，擱淺在岸外的沙洲上。跳板一放、官兵一腳踏出去，就落進三到六呎深的海裡。他們心中只有一個目標——走過海水、越過沙灘兩百碼縱深的障礙物，爬上漸漸升高的海濱卵石，然後在不確定是不是掩蔽處的海堤邊尋找掩護。由於身上裝備的重量，沒法在深水中奔跑，也沒有任何的掩蔽，人們就完完全全卡在機關槍與輕武器的交叉火網裡了。

暈船的官兵，已經因長時間待在運輸艦和登陸艇上而深感筋疲力盡，現在還要跟水深過頭的海水搏鬥。希爾瓦二等兵眼見自己前面的人，一踩出跳板就遭機槍掃翻。輪到他出艇時，便向水深齊胸的海中跳下去，裝備重量把他往下拖，打在他四周水面的子彈使得他整個人愣住了。幾秒鐘以內，機槍子彈打中了他的背包、衣服和水壺。希爾瓦覺得自己就像是「誤入飛靶靶場的鴿子」。他發現了對他射擊的德軍機槍手，卻沒有辦法回擊。步槍被塞滿了沙子。他涉水而行，決心要走到前面的沙灘。終於使自己從水中脫身上岸，便連忙衝到充當掩蔽物的海堤那去，完全沒有察覺自己已經有兩處掛彩——一處在背上，一處在右腿。

官兵紛紛倒在整個海水邊線。有些當場陣亡，有些則哀聲呼叫醫護兵，捲上來的海浪漸漸淹沒了他們。陣亡的官兵當中，就有波洛夫斯上尉。他的朋友卡桑上尉，看見他的屍體隨著海浪沖來沖去。卡桑不知道在搶灘途中，波洛夫斯有沒有向他的部下背誦心中預想的《頓麥克勞的遊獵》。史密士上尉在旁邊經過，禁不住想起波洛夫斯而說道：「不再受經常發作的偏頭痛之苦了。」他的頭部遭一槍命中。

在綠四地段最初幾分鐘的屠殺中，整整一個步兵連失去了戰力。從登陸艇到海灘邊這一段血淋淋的行進中，活下來的官兵不到三分之一。連上軍官死的死，重傷的重傷，還有人失蹤。連上士兵丟了武器，又大受震驚，一直都蹲縮在懸岩底下。在同一區內的另外一個步兵連，死傷更為慘重。第二突擊營第三連，奉令要摧毀維耶維爾略西邊佩西角（Pointe de la Percée）的敵軍據點。他們分乘兩艘登陸艇，在第一舟波中搶登綠四地段，卻幾乎全毀。領先的登陸艇被砲彈擊中，立刻沉沒，十二名官兵當場戰亡。第二艘登陸艇搶灘，跳板剛剛放倒，機槍火力便猛掃下艇的突擊兵，死傷共達十五人，剩下的突擊兵朝懸崖下搶灘。諾伊斯一等兵，背著沉甸甸的火箭筒，在被迫臥倒之前，踉蹌地衝刺了一百碼。不久後，他站起身來再度往前跑，當他跑到海濱的卵石帶時，右腿被機槍打中一槍。諾伊斯躺在地上，看到了從懸岩上向他射擊的兩名德軍機槍手。他以兩肘支撐自己站起來，再用湯姆生衝鋒槍開火，把兩名德軍都打掉。就在這時他的連長葛朗森上尉也來到了懸岩底部。他這個由連上七十名官兵組成的突擊組，現在只剩下三十五人。到夜色降臨時，這三十五人將只剩下十二人。

登陸奧馬哈灘頭部隊的不幸接踵而來。士兵這時才發現他們登上了錯誤的登陸區，有一些距離原定的登陸區足足有二哩遠。負責載運二十九步兵師舟艇的官兵發現，他們和第一步兵師混在一起。舉例來說，預訂要在綠五地段登陸，準備在莫林斯打開一條通道的部隊，發現自己到了灘頭的東端，正處在綠六地段的地獄裡。幾乎所有的登陸艇，都偏移到搶灘點以東。這是因為管制艇偏離了定位。一股強烈的潮流沿著灘頭向東湧動，野草起火的煙霧與濛霧，遮住了地標——所有這些因素都造成了位置錯誤。長時間訓練好要奪取某指定目標的各連，根本沒在目標附近登陸。小批小批的士兵孤立在無法辨識的地點，並被德軍火力牽制住，而且經常沒有軍官指揮、沒有通信聯絡。

由陸軍與海軍組成的特勤工兵特遣隊，他們的任務便是在灘頭障礙物中，炸開幾條通路。他們不但分散得很遠，而且登陸時刻也遠落後於預訂時間，這些大受挫折的工兵，只能在自己登陸所在的地段清理障礙物。不過他們的任務是注定失敗的。在下一個舟波部隊緊跟著登陸前，他們只清除了五條半通路，而不是計畫中的十六條。工兵拚了命急忙工作，卻時時刻刻受到阻擾——步兵就在他們之間涉水上岸。在他們就要爆破的障礙物後面，卻有阿兵哥利用作為掩蔽；還有登陸艇由於湧浪的衝擊，幾乎駛到了他們的頭上。第二九九戰鬥工兵營的戴維斯中士，就見到一艘登陸艇對著他壓下來。這艘登陸艇內滿載第一步兵師的官兵，一直衝過了障礙物，發生了驚天動地的爆炸。那艘小艇立刻四分五裂，戴維斯看見艇內的每一個人都被拋飛。屍體和殘肢紛紛落在熊熊火起的小艇殘骸四周。「我遠看許多像是人的黑點，拚力想游過散佈在海面上的汽油，我們正在想該怎麼辦時，一具無頭的屍體軀幹，飛向空中足足有五十呎高，接著令人難受的一聲撲通，就落在我們附近。」在戴維斯看來，沒有人能在這爆炸中還活著。然而，卻有兩個人活下來了。他們被人從海水中拖了出來，雖然燒傷很嚴重，但人還活著。

戴維斯所見到的這一場慘事，情況並不見得比他本身那個單位——海陸軍特勤工兵特遣隊

（Army-Navy Special Engineer Task Force）英勇官兵所負擔的任務更慘。載著該單位炸藥的登陸艇遭到砲擊，它們大部分都躺在海水邊上熊熊火起。搬運塑膠炸藥與起爆器的小型橡皮艇，被敵人的砲火引爆了炸藥，工兵們便被炸得四分五裂。德軍見到工兵在障礙物中作業，似乎特別注意他們。當各組把炸藥綁好時，德軍狙擊手便小心瞄準障礙物上的地雷射擊；有時他們看起來會等待，一直等到工兵把一整行鋼材障礙物與三角水泥樁都準備好要爆破時，德軍在工兵還沒有離開以前，以迫擊砲火引爆障礙物。到這一天終了時，戰鬥工兵的傷亡率高達將近五成，戴維斯中士本人就是其中一人。夜色降臨時，他因一隻腿負了傷，被送上一條返英的醫療艦後送。

這時已是七點鐘了。第二舟波部隊上了奧馬哈灘頭這處屠宰場。在敵人猛烈的制壓砲火下，士兵上岸後散開前進。登陸艇群加入了不斷擴大、熊熊火起的艦艇殘骸墳場。每一個舟波都向湧來的海浪做出了血淋淋的貢獻。沿著新月形海灘，死亡的美軍屍體，彼此在海浪中輕輕地相互推擠。

這一帶海岸堆得老高的是登陸時的廢棄零碎軍品：重裝備和補給品、一盒盒的子彈、打壞了的無線電、野戰電話、防毒面具、掘壕工具、水壺、鋼盔和救生衣，撒了滿地。一大捲一大捲的電線、纜繩、口糧箱、地雷偵測器和大批的武器，從斷裂的步槍到破了洞的火箭筒，狼藉散佈在沙灘上。登陸艇扭曲的殘骸，歪斜地突出在海面，起火的戰車向天空冒出滾滾黑色濃煙，推土機側翻在障礙物旁邊。在紅五地段，所有這些來來去去漂浮著的戰爭廢棄品當中，還有人見到有一把吉他。

沙灘上一堆堆都是有如小島般的傷兵。經過的部隊注意到，有些傷患坐得筆直，就像從現在起他們就可免於任何傷害似的。他們都很安靜，似乎對四周的景象與聲音都忘卻了，配屬給第六特勤工兵旅的艾根保醫護士，還記得「越是傷重的那些人，態度越是過度的客氣」。他在灘頭的頭幾分鐘，發現傷兵太多，讓他不知道「從什麼地方、從什麼人開始救治」。在紅四地段，他見到一個年輕的士兵坐在沙裡，「他的一條腿從膝蓋到骨盆的肉都裂開，傷口的俐落，就像是外科醫官用手術刀劃開那樣」。傷口很深，艾根保可以見到大腿裡的動脈在跳動。這名傷兵受到了高度震撼。他鎮靜地告訴艾根保：「我吞了消炎片，又把所有的消炎粉撒進傷口裡，我會沒事的，是嗎？」十九歲的艾根保完全不知道該怎麼說，他替這名大兵打了一針嗎啡並告訴他：「當然，你會沒事的。」然後，把他腿上俐落劃開的兩半肌肉縫合。艾根保做了件他唯一所能想到的方法——用幾枚別針，小心把傷口閉合。

第三舟波的部隊湧進了混亂、困惑與死亡的灘頭後——就停頓了。幾分鐘以後，第四舟波到達——也停頓了，他們肩並肩地躺在沙子上、石頭和頁岩後。他們蹲縮在障礙物後面，藏身在屍體中間。他們被原以為已經遭到壓制的德軍火力困住，對在錯誤的灘頭登陸感到慌亂，原以為空軍轟炸過後會出現作為掩護的彈坑卻付諸闕如；他們對四周慘重傷亡與狼藉大為震撼，他們就這樣停留在灘頭上了。他們似乎被奇怪的癱瘓症狀給控制住了。受到這一切的影響，多數人都認為這一天是敗定了。七四一戰車營的麥克林托中士，遇見一名士兵坐在海水邊，似乎對紛紛落遍這一帶的機槍子彈毫無察覺。「他就坐在那裡，向海水裡扔石子，低聲啜泣，就像他傷心欲裂似的。」

這種震撼不會持續下去。盡管如此，各處都有人意識到，待在海灘上準死無疑，便站起身來前進。

十哩外的猶他灘頭，第四步兵師官兵正蜂擁登陸，迅速向內陸推進。第三舟波的登陸艇也快到了，德軍依然沒有任何抵抗。只有寥寥幾發砲彈落在海灘上，隨著砲彈還有零零落落的機關槍與步槍射擊，但卻一點都不是緊張的第四步兵師官兵所預料的激戰。對很多官兵來說，這次登陸差不多就像是例行公事。第二舟波的瓊斯一等兵，覺得這只是「另一次登陸演習」罷了。其他人認為這次登陸很掃興。在英國斯拉普頓沙灘（Slapton Sands）幾個月的長期訓練，都要比這艱難得多。曼恩一等兵覺得有一點點「失望」，因為「這次登陸根本不是那麼一回事」。甚至海灘上的障礙物，也不像人們說的那麼可怕。海灘上僅僅只有一些混凝土的三角塊，三腳刺蝟鋼架和鐵柵門[10]，不見有幾個障礙物裝上了爆裂物，有些爆裂物都一目了然，很容易讓工兵處理。工兵已在工作了，他們已經在德軍防線炸開一條四十碼寬的缺口，也炸破了海堤。一個鐘頭以內，就會把整個海灘肅清乾淨。

沿著這處一哩長的海灘是一連串的兩棲戰車，車邊垂著洩氣的帆布氣囊——它們是這次登陸至為成功的主要原因之一。它們隨著第一舟波隆隆然從海水中駛出。部隊越過海灘時，它們予以猛烈的砲火支援。這些戰車以及登陸前的轟炸，似乎炸垮了在灘頭後面據守的德軍以及他們的士氣。但登陸行動還是有發生悲劇與死亡。莫茲可一等兵剛剛一上岸，就見到了他生平所見的第一個死人。一輛戰車直接捱了一發命中彈，莫茲可見到「一名乘員一半在車艙蓋口內，一半趴在外面」。第一特勤工兵旅的泰勒少尉，見到在十二呎外，「一個人被砲彈炸得四分五裂」而呆住了。伍爾夫一等兵經過一名死去的美國大兵，「人坐在海灘上，背靠著一根柱子，就像是睡著了一樣」。看起來是那麼自然、安詳，使得伍爾夫「有種衝動要走過去把他搖醒」。

第四步兵師副師長羅斯福准將（Theodore Roosevelt）[11]，腳一高一低地走在沙灘上，偶爾還揉揉關節炎的肩膀。這位五十七歲的將軍，是隨著第一舟波登陸的唯一將領——他堅持上級要指派他領軍。頭一次報請不准，他立刻又再作請求。他以書面申請呈給師長巴敦少將。羅斯福是基於這個立場而提出要求：「官兵知道本人在場的話，將可穩定軍心。」巴敦只有勉准所請，但這個決定卻讓他感到煩擾，「當我在英國與泰德說再見時，」他回憶道，「就不曾期待還可以再見到他。」可是心意堅定的羅斯福活得好端端的，第八步兵團的布朗中士看見他「一隻手持手杖，一隻手拿地圖，到處走來走去，就像他在物色房地產似的」。不時，迫擊砲彈落在海灘上炸開，把砂石像驟雨般拋上天空。這似乎使羅斯福將軍感到困擾，會不耐煩地把灰塵從身上拍掉。

第三舟波搶灘，官兵涉水登岸，忽然德軍的八八砲咻咻而過，砲彈在上岸的部隊當中爆炸，附近一群官兵立即趴下。幾秒鐘以後，有人從砲彈爆炸的煙霧中出現。他一臉漆黑，鋼盔和裝備都沒有了。走上海灘時，他整個人是一臉震驚、雙眼直瞪。羅斯福邊大叫醫護兵，邊跑到這大兵面前，一隻手摟住他，「孩子，」他輕聲輕氣說道，「我們會用船送你回去的。」

當下只有羅斯福和師裡的少數軍官，知道在猶他灘頭的登陸地點搞錯了。這是個幸運的錯誤。沿著他們原訂計畫登陸的所在地區，那些可以把部隊痛擊的重砲砲台，依然安然無恙。登陸地點出錯有許多原因：海軍砲轟引起的煙霧，遮蔽了地標而產生混淆；登陸艦艇為一股強烈的海流往海岸下方送；管制艇引導第一舟波進入登陸時，比原訂的灘頭向南偏移了一哩以上。在海

10 編註：許多諾曼第灘岸障礙物多半源自捷克與法國。原本二戰初期的邊境防禦用障礙物，被德軍拆遷到諾曼第部署。它們諸如捷克刺蝟、比利時閘門的名稱，便可看出其源頭。

11 編註：老羅斯福總統的兒子。

灘背後有五條重要的堤道，卻沒有對著三號與四號堤道的位置登陸——一〇一空降師正向這裡推進——整個登陸位置反而位移了足足二千碼，而橫跨到二號堤道上了。諷刺的是，就在這時，柯爾中校和他那支由一〇一與八十二空降師七十五名傘兵所組成的雜牌軍，剛剛抵達三號堤道的西端。他們是抵達堤道的頭一批傘兵。柯爾便和這些人隱身在沼澤中，設立防禦後停下來等候；他預料步四師的部隊會隨時跟他們會合。

海灘上，在靠近二號堤道的出口，羅斯福要作一項重要的決定。打從現在起，每隔幾分鐘，就有一舟波又一舟波的兵員與車輛要運送上岸——一共有三萬人與三千五百輛車，羅斯福必須下決心，是不是把後續各舟波送到這處只有一條堤道、相對平靜的新地區。還是要所有其他登陸部隊，帶著他們的裝備改向，登上有兩條堤道的原定灘頭？如果這單一堤道，無法打通並加以據守，那可就是一場惡夢似的大混亂，兵員和車輛都困在海灘上。副師長和幾位營長商量後下定決心。第四步兵師不回去原定的位置攻打預劃的目標，而是利用眼前的這條堤道向內陸推進，並攻打一路上所有的德軍陣地。如今，計畫的成功，全賴敵人搞清楚怎麼回事以前，盡可能快速的推進。德軍的抵抗很輕微。第四步兵師官兵很快離開海灘進軍。羅斯福轉身對第一特勤工兵旅的卡費上校說：「我要隨部隊往前去，你把話傳給海軍，把後續部隊帶進來，我們要從這裡開始作戰。」

猶他灘頭岸外，美軍科尼號驅逐艦各砲砲管都打紅了。它們射擊的速度很快，水兵都站在砲塔上，用水柱向砲管上淋水。自從艦長霍孚曼少校指揮該艦進入射擊位置下錨，艦上五吋艦砲便以每分鐘八發的速度向內陸轟擊。德軍其中一座砲台，被科尼號轟擊的一百一十發砲彈轟裂，再也不會惹麻煩了。德軍也還擊——而且還很凶猛。科尼號是敵人觀測員所能見到的唯一驅逐艦。

盟軍有派遣施放煙幕以保護「內陸密集支援」岸轟支隊的機群，只是負責掩護科尼號的飛機已遭擊落。其中一處正好在俯瞰猶他灘頭絕壁上的砲台——砲口的砲焰透露了它的位置在聖馬可夫附近——似乎集中所有的猛烈火力，轟擊這艘暴露的驅逐艦。霍孚曼艦長決定向後退，以免為時太晚。「我們快速轉向，」通信上兵格里森說道，「把我們的艦艉對著他們，就像個老姑娘向著一個陸戰隊員一樣。」

可是科尼號在淺水中，很靠近許多刀鋒似的暗礁，除非駛離本海域，否則艦長無法作短程快速衝刺。有一陣子，他被迫和德軍砲台玩起緊張的「貓捉老鼠」遊戲。預料到德軍砲台會齊射，霍孚曼使出一連串的搖擺操艦動作。一下子猛向前衝，又一個後退，先向左轉，然後又來個右轉，一下子疾停，又再往前進。在所有這些動作中，艦上火砲還是和砲台對著轟。附近的美軍費區號驅逐艦（USS Fitch, DD-462），見到了他的處境，也開始對聖馬可夫的德軍砲台射擊。德軍精準的射擊沒有停止過，科尼號幾乎要陷入德軍砲彈的夾叉射擊中了，霍孚曼慢慢地將全艦駛了出來。最後，他滿意全艦已經脫離了暗礁，便下令「右滿舵！全速前進！」科尼號一躍向前，霍孚曼回頭一看，德軍齊射的砲彈隨後轟然射到，湧起了好大的水柱，他這才鬆了一口氣，他辦到了。就在這一剎那，他的運氣用盡了，科尼號以二十八節的速度切開海面時，迎頭撞上一枚繫留雷。

一聲劈裂的巨大爆炸，幾乎把驅逐艦舷側拋出了海面。震撼力之大連霍孚曼也愣住了，他以為「船艦遭地震給拋了起來」。在無線電室裡的通信兵格里森，通過舷窗往外看，突然覺得自己「掉進了混凝土攪拌機裡」，猛然兩腳落空，人被向上拋、碰到了艙頂，然後又狠摔下來，把膝蓋撞碎了。

水雷差不多把科尼號炸成兩段，主甲板上的一條裂縫足足有一呎寬。艦艏與艦艉瘋了似的向上翹。全艦還能連在一起的，便是甲板的上層結構。鍋爐室和主機艙都進了水，二號鍋爐室裡沒有幾個人存活，鍋爐爆炸時裡面的人幾乎立刻就燙死了。船舵卡死，也沒有了動力。然而不曉得什麼原因，科尼號在死亡的苦痛中，仍以她的蒸氣與火力，繼續在海水中瘋狂地衝刺。霍孚曼立刻就察覺到，他還有幾門砲在射擊——艦上的砲手沒有了電力，還繼續用人力裝填發射。

一度是科尼號的這一堆扭曲鋼鐵，在海水中衝刺了一千碼後終於停了下來。就在這時德軍砲台瞄準了它。「棄船！」霍孚曼下令，接下來的幾分鐘，至少有九發砲彈打進艦身殘骸，其中一發引爆了四十公厘機砲彈藥；另一發引燃了艦尾的發煙器，官兵掙扎著搭上救生艇與救生筏時，幾乎被煙霧窒息。

海水已經淹上主甲板二呎高，霍孚曼最後環顧一下，便縱身跳水，向一具救生筏游去。在他後面的科尼號沉到了海底，而桅杆與一部分上層結構，依然留在海浪上頭——這是美國海軍在D日當天僅有的損失。霍孚曼全艦兩百九十四名官兵中，有十三人死亡或失蹤，三十三人負傷。在當時為止，它的死傷超過了猶他灘頭的傷亡總數。

霍孚曼以為自己是最後一個離開科尼號，但卻不是。到現在還沒有人知道誰是最後一人離艦。但救生艇與救生筏駛離時，其他艦艇上的人看見一名水兵爬上科尼號的艦艉。他降下遭炸倒的國旗，然後游泳爬過殘骸到達主桅杆。驅逐艦巴特勒號（USS Butler, DD-636）上的舵手史克林姆夏（Coxswain Dick Scrimshaw），注視這名水兵時滿懷驚訝與敬佩。當時砲彈依然在他附近落下，他卻沉著地把國旗綁好，升上主桅杆然後這才游離。史克林姆夏只見國旗一開始軟軟地掛在科尼號殘骸的主桅上，之後在微風中展開，拂拂飄揚了。

火箭導索向上射到一百呎高，介於猶他與奧馬哈兩個灘頭中間的霍克角。美軍的第三批海上攻擊開始了。魯德中校手上三個突擊兵連開始進行突擊，正當要開始壓制這處龐大的海岸砲台時，頭頂上德軍的輕武器火力正對著他們射下來。據情報說它威脅到左右兩邊的美軍灘頭。九艘LCA突擊登陸艇，載運第二突擊兵營的二百二十五名官兵，擠在上頭有懸岩的一小片短窄海灘。懸崖對德軍射擊的機槍火力以及滾下來的手榴彈雖有保護作用，但並不太多。岸外的英軍塔力朋特號（HMS Talybont）與美軍薩特利號驅逐艦（USS Satterlee, DD-626），對著懸崖頂上發射一發發砲彈。

魯德的突擊兵，預定在H時就要在絕壁底下登陸。可是引導艇偏離了航路，把這支小小艇隊逕直帶到了東邊三浬的佩西角。魯德看到了這項錯誤，等到他把突擊登陸艇改正航道，寶貴的時間卻已經失去了。這項耽擱，使他失去了突擊兵第二營的其餘部隊，以及施奈德中校的第五突擊兵營的五百人支援兵力。魯德原來的計畫是他那一營的人開始攀登絕壁時，便打出信號彈，遠在岸外幾浬處登陸艇中等待的其他突擊兵單位便追隨上岸。如果七點鐘以前還沒有信號，那施奈德便斷定強攻霍克角失敗，隨即率領舟波駛向四浬外的奧馬哈灘頭。他們到了那裡將尾隨第二十九步兵師登陸，向西掃蕩朝霍克角疾進，從後方攻佔這處火砲陣地。

現在是上午七點鐘，依然沒有信號，所以施奈德便已駛往奧馬哈，只留下魯德和他的二百二十五名突擊兵單獨執行任務。

那是既狂野又忙亂的景象。火箭一枚枚怒吼，朝上面射出帶了四叉抓鈎的爬索與繩梯。

四十公厘機砲的砲彈猛轟岩頂，震得大塊大塊的泥石落下來朝突擊兵身上砸。官兵快速越過處處彈坑又狹窄的沙灘，拖著雲梯、爬索和抓鈎發射器奔跑。懸岩頂上，到處都冒出德軍，要嘛抛下手榴彈，或用施邁瑟衝鋒槍掃射。突擊兵都設法尋求掩蔽、到處閃避，一面卸下突擊艇的裝載、一面對著懸崖仰射——這一切都同時進行。霍克角外，兩艘DUKW「水鴨子」兩棲登陸車，帶了幾具伸縮雲梯——為了這次任務特別向倫敦消防局借來的——竭力想使車身靠近一點。突擊兵就在梯頂，以BAR布朗寧自動步槍和湯姆生衝鋒槍對著崖頂猛射。

攻擊行動異常猛烈，有些突擊兵不等繩索，武器往身上一掛，直接用手上的刺刀挖出手抓的地方，像蒼蠅一般，攀上九層樓高的懸岩。這時，有些四叉抓鈎抓住了崖邊，很多人便沿著爬索蜂擁而上。德軍把爬索割斷時，便發出了叫喚聲，許多人猛然摔落到懸岩下面去。羅伯特一等兵的爬索被德軍割斷兩次，到第三次時他終於到達了懸崖邊下的一處彈坑。比迪中士想用爬索一手接一手攀登上去，盡管他是個自由攀登的高手，無奈繩索又濕又泥，他也沒法爬得上去。然後他又試爬繩梯，爬到三十呎高時又被割斷，他又滑了下來、又再爬上去。史特恩中士爬另一具繩索梯，意外觸動了身上的救生衣鼓氣，幾乎把他從懸岩邊上擠下去。他與身上的救生衣「困鬥」著，不過繩梯上前後都有人，最終史特恩還是繼續爬上去。

這時，突擊兵們紛紛爬上從懸岩頂垂下來的爬索。比迪中士第三次爬上去時，突然遭到四面紛飛的土塊打擊，德軍正俯身在懸岩上，用機槍掃射攀登上來的突擊兵。德軍也拚死作戰，不顧突擊兵從消防雲梯上對他們的射擊，以及驅逐艦岸轟的砲火。比迪見到身後一個身體僵硬的人從懸崖掉下去。史特恩見到了，二十歲的邦巴狄一等兵也見到了。他們眼睜睜、驚駭地看著弟兄從爬索上向下滑落，碰到了邊岩和露頭的岩石，在比迪看來，「屍體落往海灘上的時間有一輩子那麼久」。他也在爬索上呆住了，沒法動手再攀一級，他只記得自個兒說道：「這真是太難爬了。」德軍的機槍又對著他打來，機槍火力掃向懸崖，危險地靠近了他。比迪「很快回過神來」，拚了命就攀上了最後的幾碼。

到了崖頂，官兵個個都撲進彈坑裡。麥克勞斯基中士已經把他那艘半沉的彈藥艇，成功地駛上了海灘。就他來看，霍克角懸崖上的台地，呈現的是怪異得不可思議的景象。地面上坑坑洞洞，都是H時前空軍轟炸與海軍砲轟的彈坑，「看來就像月球上的坑洞」。而突擊兵攀上懸崖、躲進可作為保護的彈坑時，卻是一片出奇的寂靜。一瞬間沒有了射擊，見不到一個德軍。大家眼見從岸邊一直延伸到內陸，到處都是裂著大嘴似的彈坑——集暴力與恐懼於一處的無人地帶。

魯德中校已經設立了他的第一個指揮所，就在懸岩邊的凹口內。營通訊官艾克納中尉發出一則電文：「讚美天主」，意思就是「全營已登頂」。不過並不十分真確，在懸崖底下還有營部醫官——是名執業的小兒科醫師，在照料死去的隊員與奄奄一息的官兵——以及大概還有二十五人未攻頂。一分鐘又一分鐘過去，這批驍勇的突擊兵部隊，漸漸兵力減少。到了這天終了，原有的兩百二十五名官兵中，依然還能拿得動武器的只有九十人。更糟的是，這是一次英勇卻徒勞無功的努力——他們所要壓制的火砲根本不在這裡。法國反抗軍的地區首領馬里安，一直想要傳送到倫敦的情報很正確。霍克角頂部受盡轟擊的碉堡空空如也——根本沒有架設火砲[12]。

---

12 原註：兩小時以後，一組突擊兵斥堠，發現在內陸一哩處有一座偽裝陣地，當中就有一個擁有五門火砲的砲兵連。每一門火砲周邊都堆有備用砲彈，但卻找不到這些火砲有操作過的跡象。突擊兵斷定這些火砲便是要放到霍克角的武器。

比迪中士和手下四人的白朗寧自動步槍組，爬過懸岩頂上後在彈坑中筋疲力盡的坐著。坑坑洞洞的地面，飄著一些薄煙，空氣中硝煙味還很重。比迪幾乎像做夢一般，瞪著四周。這時他看見在彈坑邊緣，有兩隻麻雀在吃蚯蚓，「快看！」比迪對幾個人說：「牠們在吃早飯了。」

——

此時，在這個偉大而又糟糕的早晨，海上突擊登陸的最後階段要開始了。英軍第二軍團司令鄧普賽中將的麾下部隊，沿著諾曼第東半部的海岸登陸。他們登陸時冷酷而又愉快，壯觀而又隆重，盡是英國在偉大時刻上慣有的傳統、冷靜。他們對這一天的到來等候了四年，他們突襲的不只是各處海灘，而是痛苦的記憶——對慕尼黑的記憶，對敦克爾克的記憶，一次又一次痛恨、羞辱的敗退，數不盡的摧毀性空襲，以及英國孤軍奮戰的最黑暗時刻。和他們在一起的是加拿大軍，他們在第厄普血淋淋的損失，也有好多的血債待還。和他們一起的還有法軍，在這個重返家園的早晨，他們凶猛且迫不及待。

空氣中有一種難以理解的喜氣。舟波載了部隊向海灘疾駛時，寶劍灘頭岸外有一艘救難艇，揚聲器裡播放著輕快的手風琴曲目《啤酒桶波卡》（*Beer Barrel Polka*）。黃金灘頭岸外，一艘火箭發射駁船，傳來《我們不知道何處去》（*We Don't Know Where We're Going*）的歌聲。加軍就要在天后灘頭登陸時，聽見一支號角吹奏的急促音符越過海面。有些人甚至唱歌，陸戰隊員洛威爾還記得，「哥兒們都站著，唱著陸軍和海軍平常會唱的歌」。第一特勤突擊旅的洛瓦特爵士部下，儀容瀟灑、整齊劃一地戴著綠扁帽（突擊隊員拒絕戴鋼盔），在風笛幽然的笛音下，唱著歌上戰場。當他們的登陸艇駛過維恩海軍上將的旗艦錫拉號輕巡洋艦時，突擊隊員向他作出「比讚」的敬禮。十八歲的諾斯伍一等水兵看著他們，認為「這是我從未見過、最精實的小伙子」。

即令遭遇敵軍的障礙物，同時敵人的火力又對著他們射擊，但很多人卻對這些都不當一回事。在一艘LCT戰車登陸艇上，韋伯通信士看見一位皇家陸戰隊上尉，仔細研究德軍滿布灘頭、裝上了爆裂物的障礙物，然後一臉不在意的對艇長說：「我說呀，船老大，你可得把我的小伙子送上岸，那裡有個好對手啊。」另一艘登陸艇上，第五十步兵師的一位少校，若有所思地望著障礙物頂上清清楚楚的泰勒圓形地雷，對艇長說道：「看在老天的份上，別去碰那些致命的椰子，否則我們可就全都免費去地獄了。」還有一艘登陸艇，載運皇家陸戰隊第四十八突擊隊，在天后灘頭外，遭遇了猛烈的機槍火力。有些人衝到後甲板尋找掩蔽，行政官弗倫杜上尉可不躲，他把軍官手杖挾在胳下，鎮定沉著地以閱兵步伐在前甲板走來走去。「我以為，」他後來解釋說，「就是該這麼做啊。」（他走來走去時，一發子彈打穿了他的地圖包。）另一艘登陸艇向寶劍灘頭衝去時，金恩少校正如同他的承諾，正在背誦《亨利五世》。在柴油主機咆哮聲、槍砲射擊的嘶嘶聲與濺激的海水聲中，他對著擴音器，說：「現在，在英格蘭睡覺的紳士們，會認為今天沒來此地乃是倒楣的事。」

有些人簡直迫不及待這場戰鬥的開始。兩名愛爾蘭籍士官，一位是德拉西上士，就是幾個小時前，對愛爾蘭的瓦勒拉總理說了祝頌詞的那一位，「使我們置身於戰爭以外」的士官。而他的好友麥夸德上士，則站在LST戰車登陸艦的跳板上，以上好的皇家海軍蘭姆酒振作精神，很慎重地注視著他的部隊。「德拉西，」麥夸德不懷好意地看著圍繞著他們的英格蘭人，說道：「你不認為這當中有些小伙子，現在看起來似乎有點孬嗎？」海灘接近時，德拉西向部隊大叫：「聽好了，就是現在！我們上！快跑！」戰車登陸艦搶灘停下來，當士兵跑出艦外時，麥夸德對著滿是砲彈硝煙的海岸線大叫：「出來呀，你們這些王八蛋，現在出來和我們打呀！」話剛說完，人卻沉到海裡不見了，一會兒以後，他像泡沫般冒出水面來，「啊，見他的鬼！」他大嚷道，「我還沒站上灘頭就想把我淹死嗎？」

在寶劍灘頭外，英軍步三師的二等兵巴克斯特，讓他的布倫機槍運輸車加速，他從前方裝甲板上方探出頭來，就把車衝向海裡去。穩坐在高升起來座椅的，是他的死對頭貝爾上士，兩人已經吵架有好幾個月了。貝爾叫道：「巴克斯特，把座位加高點，你就能看得見車往哪裡開了。」巴克斯特馬上回叫：「不見得，我還是看得見！」他們駛上海灘，正興頭上的上士，又重演當初引發兩人爭執的情節，用拳頭一而再再向三捶巴克斯特的鋼盔，吼道：「再來……再來……」

當突擊隊員在寶劍灘頭登陸時，洛瓦特爵士的風笛手米林跳出登陸艇時，掉進了水深齊肩的海裡。他見到前面的海灘濃煙滾滾，聽到了迫擊砲彈爆炸的轟然巨響。當他掙扎著向海岸前進時，洛瓦特對他大聲叫道：「兄弟，替我們來一曲《高地少年》（*Highland Laddie*）吧！」米林在水深齊腰的海水中，把風笛的吹嘴放在唇邊，一面在湧浪中前進，風笛狂熱地吹奏了起來。走到了海水邊緣，米林忘卻了砲火，立定站住，然後沿著海岸來回回齊步走，吹奏風笛迎接突擊隊員登陸。官兵川流不息在他身邊經過。正當米林吹奏著《通往小島之路》（*The Road to the Isles*）的時候，風笛的尖鳴聲，混合了子彈的尖叫聲、砲彈的劈空銳嘯聲。一個突擊隊員大叫道：「老兄，就是這樣！」另一個卻說道：「快臥倒吧，你這個發瘋的傢伙。」

沿著寶劍、天后和黃金三個灘頭，幾乎長達二十浬，從接近奧恩河口的威斯特拉姆，到西面的勒哈梅爾——英軍蜂擁登陸。幾處海灘都被登陸艇中湧出來的部隊給堵住了。幾乎在各個登陸區，大海與水底障礙物所造成的麻煩遠比敵軍為多。

頭一批登岸的是蛙人——一百二十名水底爆破專家，他們的任務便是在障礙物間，清出幾條三十碼寬的通道。在第一舟波駛到他們這裡以前，僅僅只有二十分鐘的作業時間。而障礙物又極其龐大驚人——有許多地方的設置密度，超過了諾曼第登陸區的其他地段。皇家陸戰隊的瓊斯上士，游進了鐵柵門、刺蝟架與混凝土錐的迷宮裡，他所要爆破的三十呎通道內，竟有十二種大型障礙物，有些竟達十四呎長。另外一名蛙人，皇家海軍的泰勒中尉，看到四周圍繞一排排驚人的海底防務，便對他的組長嚷叫道：「這工作真他媽的不可能！」但他沒有放棄，他和其他蛙人一樣在敵火下有條不紊地工作，他們把障礙物一個個炸掉，因為要整批炸掉的範圍實在太大了。即令他們還在執行任務，兩棲登陸戰車已經駛進了他們當中，緊跟在後面的便是第一舟波部隊。蛙人衝出水面，只見許多登陸艇為洶湧的海浪推得打橫，撞進了障礙物區。地雷爆炸、鋼條和刺蝟架劃開了艇身，登陸艇開始在海灘邊起起伏伏掙扎著。岸外的海域都成了小艇的墳場，幾乎彼此相重疊起來。韋伯通信士還記得，「搶灘過程是個悲劇」。他的登陸艇駛到時，只看到「戰車登陸艇擱淺起火，岸上有一大堆扭成一團的金屬，戰車與推土機熊熊火起」。一艘戰車登陸艇經過他們向外海駛去時，韋伯毛骨悚然，只見「該艇的塢艙被可怕的大火給吞噬了」。

在黃金灘頭，蛙人瓊斯這時正和皇家工兵一起清除障礙物。他看見一艘步兵登陸艇駛到，官兵都站在甲板上準備下艇。一個湧浪突如其來，船艇便向一邊偏過去，艇身高舉，向下撞進一連串裝了地雷的刺蝟架。瓊斯只見它轟天動地的一聲就炸開了，使他想起「慢動作的卡通片——立正站著的人，就像被噴泉沖向天空……到了噴泉的頂點，屍體和屍體的一部分，如雨滴般紛紛落下」。

一艘又一艘登陸艇卡在障礙物上。載運皇家陸戰隊第四十七突擊隊駛往黃金灘頭的十六艘登陸艇中，損失了四艘，十一艘受到損傷擱淺在灘頭，僅僅只有一艘回到母艦。四十七突擊隊的加德納上士和他手下的隊員，就在離岸五十碼處被拋入海裡，所有裝備都丟失了，只得在機槍火力打擊下游泳上岸。正當他們在水中掙扎時，加德納聽見有人說：「搞不好是我們誤闖了別人家的私人海灘。」

皇家陸戰隊第四十八突擊隊進入天后灘頭，不但闖進了障礙物群，而且也遇到了猛烈的迫擊砲火。艾德華斯中尉和他隊內四十來名隊員，蹲在一艘步兵登陸艇的前半，砲彈紛紛落在他們四周。艾德華斯把腦袋伸出去看看發生了什麼事，只見後艙的人在甲板上奔跑。他手下的人叫道：「還要多久我們才能離開這裡呀？」艾德華斯回頭叫道：「等一下，兄弟們，還沒輪到我們。」靜止了一下又有人問道：「好了，老頭子，你以為我們還要待多久？船艙裡水都滿了。」

這艘下沉的步兵登陸艇內落海的官兵，很快就由各種不同的艦艇給救起。四周的艦艇好多，艾德華斯回想起來，「那就像在龐德街[13]叫計程車一樣」。有些人安然無恙送到海灘上，有些搭上了加軍的驅逐艦，可是有五十名突擊隊員卻上了一艘戰車登陸艇。艇上的戰車已經下卸完畢，收到的指示是啟程直接駛回英國去。不論這些心急如焚的突擊隊員說什麼，做什麼，都無法動搖艇長改變航路。其中一名軍官，史特克波少校，他在搶灘時大腿受了傷。他一聽這艘戰車登陸艇的目的地就大吼起來：「胡說八道！你們全都他媽的瘋了！」他說完這句便縱身跳往艇外，向岸上游去。

對大多數官兵來說，登陸攻擊最難纏的部分便是海灘障礙物。一旦他們通過了，便發現所有三個灘頭的敵軍抵抗是零零落落——有些地方很猛烈，有些地方很輕微，有些甚至沒有抵抗。黃金灘頭的西半段，第一漢普郡團（1st Hampshire Regiment）大部分官兵在水深三到六呎不等的地方涉水上岸，全團差點在這裡就被全滅。剛從洶湧的海水中掙扎著上了岸，就被猛烈的迫擊砲火與交織的機槍火網逮個正著。射擊火力來自德軍能征善戰的三五二師把守的據點——勒哈梅爾。傾瀉而來的火力，使得官兵一個個倒下去。威爾森二等兵聽見一個令人吃驚的聲音說道：「兄弟們，我不行了！」威爾森轉頭去看這個人，他有著一副難以置信的奇怪表情，沒再多說一個字就滑進海水底下。威爾森以前也在海裡挨過機槍的掃射，只不過那一次是在敦克爾克撤退，去的是另一個方向罷了。史坦奈爾二等兵也看到四周的人倒下去。他遇到一輛布倫機槍車，停在三呎多深的海水中不動，發動機還在響，只是「駕駛兵僵在方向盤後面，嚇得不敢把車子開上岸。」史坦奈爾把駕駛兵往旁邊推開，在機關槍子彈四面紛飛中，把車開上去。他辦到了這一點覺得很快樂，這時他忽然一個倒栽蔥地摔在地上，一發槍彈剛好打中他軍服口袋裡的鐵盒香菸。子彈衝力奇大無比，幾分鐘以後，他發現肋骨與後背的傷口都在淌血。那發子彈乾淨俐落地穿過了香菸盒與他的身體。

漢普郡團幾乎花了八個鐘頭才把勒哈梅爾的守軍打垮。到了D日結束，這一團的傷亡人數幾近兩百；奇怪的是，於該團兩翼登陸的部隊，除開障礙物以外，幾乎沒遭遇什麼麻煩。雖然也有傷亡，但卻遠比預料的少得多了。在漢普郡團左翼的是第一多塞特團（1st Dorset Regiment），他們花了四十分鐘就離開海灘；再過去便是綠霍華德團[14]，他們登陸又快又果斷，向內陸推進，把

13 編註：倫敦著名的購物街。
14 編註：Green Howards，也會被稱為約克郡團（Yorkshire Regiment）。

頭一個目標拿下來，還不到一個小時。該團的何里斯士官長是一名殺手，到現在為止，累計打死九十名德軍。他涉水上岸立刻單槍匹馬攻下了一座機槍碉堡。鎮定沉著的何里斯，從這時開始，用手榴彈和司登衝鋒槍，又殺了兩名德軍，俘獲了二十名。D日結束以前，還會再擊斃十人。

勒哈梅爾右方的海灘卻是異常安靜，靜得讓一些人感到失望。李奇醫護兵眼見部隊與車輛湧上灘頭，發現啥事也沒有「可供醫護兵做的，唯有幫忙卸彈藥」。對陸戰隊員洛威爾來說，這次登陸就像「在國內舉行的登陸演習而已」。他的部隊——皇家陸戰隊第四十七突擊隊，迅速前進離開灘頭，避免與任何敵人接觸，向西進攻，作一次七哩的強行軍，去與貝辛港附近的美軍會師。他們預料大約在中午時分，就可以見到從奧馬哈灘頭登陸的頭一批老美。

不過，事情的發展不會是如此順利——不像在奧馬哈灘頭依然被頑強的德軍三五二師火力牽制住的美軍，英軍與加軍輕鬆擊潰德軍七一六師，以及強迫徵召的俄國與波蘭組成的「志願軍」。此外，英軍對兩棲登陸戰車以及一大群「魯哥寶機械式」[15]裝甲車輛作了最大可能的運用。有些像是「鏈枷」戰車，以鏈條抽擊車身前方的地面以引爆地雷；其他的還有載有小型橋材或一大捲的鋼帶，攤開時便可以在鬆軟的泥土地面，鋪出一條臨時道路。還有一型裝甲車更載運了一大捆可以充當越過反戰車牆墊腳石或者用來填滿反戰車壕的原木。這些新發明，加上長時間對海灘的轟擊，使登陸的英軍部隊，得到了額外保護。

但是大英國協的部隊依然有遭遇到一些德軍據點的堅強抵抗。加拿大第三步兵師在天后灘頭的另一邊奮戰，突破一行行的機槍碉堡與壕溝，攻擊改裝成工事的住屋，在科勒維爾上進行巷戰，最終才宣告突破向內陸推進。那裡所有的抵抗，都在兩小時內肅清。在很多地方，肅清的工作都是很快就能完成。上等水兵艾希伍茲所在的戰車登陸艇，把部隊和戰車送到了科勒維爾的海灘。他看見遠處的沙丘後方有加軍押解著六名德軍俘虜。艾希伍茲（Edward Ashworth）以為這是去弄一頂德軍鋼盔作紀念品的機會。他跑上海灘到了沙丘後，發現這六名德軍「躺成一堆」。他不死心還是要弄一頂鋼盔，便俯身在一具屍體上，這才發現「這個人的脖子被割開了——他們每一個人咽喉全遭割斷」。艾希伍茲「轉身離開，作嘔得要死，也沒有拿鋼盔」。

勒希上士也在科勒維爾地區俘獲了十二名德國兵，他們似乎急切要走出戰壕，兩隻手高高舉在頭上。勒希站著瞪了他們一陣子，他有個弟弟戰死在北非。然後他對在現場的一名英軍士兵說：「看管好這些超級笨蛋，就看好他們。把他們帶走，不要再給我看到。」

他走開去替自己泡一杯茶息息怒火，正當他把水壺放在加熱燃罐煮水時，一個「乳臭未乾」的年輕軍官，走近來並很嚴厲地說：「喂，聽著，上士，現在還不是泡茶的時候。」勒希抬頭看他，帶著他在陸軍服役二十一年的耐性回答道：「長官，現在我們並不在扮演假日的軍旅遊戲——這是真實的戰爭。你要不要五分鐘後再回來，好好喝上一杯茶呢？」該名軍官照辦了。

縱然戰事還正在科勒維爾地區進行，人員、火砲、戰車、車輛，與補給依然持續湧上岸，向內陸的進兵控制得很順暢而有效率。灘勤隊長毛德上校（Colin Maud），不准天后灘頭上有閒人。大多數的人就像貝農海軍中尉一般，看見這個魁梧奇偉、滿面鬍鬚的軍官，一表堂堂卻聲若轟雷的外貌時都嚇了一跳。他遇到每一個新來乍到的人，都是同樣一句話：「我是這場盛會接待

15 編註：魯哥寶機械是形容「荒謬地組合在一起的機械」之意。在這裡所指的是英國珀西・霍巴特將軍（Percy Hobart）負責研發，並命名為「霍巴特馬戲團」（Hobart's Funnies）的特殊裝甲車輛。

委員會的主席，所以呢，快給我走！」沒有幾個人想和這位寶劍灘頭的管理人抬槓。貝農還記得，他一隻手拿根短棍，一隻手緊緊牽住一條形貌凶狠的德國牧羊犬，其效用就如同他所希望的那樣。國際新聞社（International News Service）記者威利康記得曾與這位灘勤隊長爭辯卻徒勞無功的經過。威利康隨加軍的第一舟波登陸，曾被答應說，他將會被准許使用灘勤隊長的雙向無線電，向指揮艦發出二十五個字的電文，再轉發到美國去。顯然，所有人都懶得去通知毛德。他冷冰冰瞪著威利康咆哮道：「我的小老弟，這裡可是在打點小仗呀。」威利康得承認，灘勤隊長說得有理[16]。幾碼之外，就有一堆十五具加軍屍體躺在粗糙的濱草上，他們衝上岸時踩到了德軍地雷。

加軍在整個天后灘頭都有犧牲。在英軍的三個灘頭中，他們是最為血淋淋的。洶湧的大海耽擱了登陸，灘頭東半部有的是像剃刀般銳利的暗礁，加上障礙物的阻礙，造成了登陸艇的毀壞。更糟的是，空軍的轟炸與海軍岸轟都失效，沒有打垮海岸上的防線，或根本沒有打中，而有些地段部隊登陸時毫無戰車的保護。在本尼爾（Bernières）與濱海聖奧班（St.-Aubin-sur-Mer）的另一邊，加軍第八步兵旅，以及皇家陸戰隊第四十八突擊隊的官兵，上岸時都遭遇了猛烈火力。搶灘時有一個步兵連幾乎折損了一半。濱海聖奧班德軍砲兵的火力尤為密集，成為灘頭其中最為恐怖的時刻。有一輛戰車，為完成掩護的任務，瘋狂地在灘頭橫衝直撞要駛離火線，還在屍體與瀕死傷兵身上輾過。突擊隊隊長弗倫杜上尉，從沙丘上回頭一看，見到了這輛戰車亂衝，他不顧德軍砲彈的爆炸，向後跑回沙灘，用盡生平力氣大喊道：「他們是我的弟兄！」氣得要死的弗倫杜，用指揮杖敲打戰車的艙蓋。可是戰車還是往前衝，弗倫杜拔除手榴彈的插銷，把戰車的一條履帶炸斷。直到大驚失色的戰車乘員打開頂蓋，才知道發生了什麼事情。

雖然作戰拖久而十分痛苦，加軍和突擊隊還是在不到三十分鐘內，離開本尼爾與濱海聖奧班之間的灘頭向內陸前進。後續來到的各舟波部隊，沒有遇到什麼困難，一小時後灘頭就顯得十分平靜。防空氣球營的空軍一等兵莫菲發現，「最壞的敵人竟是沙蝨，每一次海浪一來，都趕得讓我們發瘋」。在灘頭的後面進行的巷戰，使部隊忙了兩個小時，但天后灘頭的這一段，也像西邊的那一半灘頭，現在都已經掌控了。

第四十八突擊隊隊員，從濱海聖奧班殺出一條血路，轉向東邊沿著海岸前進。他們有一項特別艱鉅的使命。天后灘頭離寶劍灘頭有七哩遠，為了填補這兩個灘頭的空隙，四十八突擊隊正向寶劍灘頭強行軍。另外第四十一突擊隊則在寶劍灘頭邊緣的濱海利翁（Lion-sur-Mer）登陸，上岸後轉向西前進。預定這兩支部隊，會在幾個小時以後會師，地點大致在這兩個灘頭半途的地方。計畫雖然如此，可是突擊隊上岸後幾乎立刻就遇到麻煩。在天后灘頭以東一哩的朗格呂納，第四十八突擊隊發現這一帶地區遍築工事，每一幢房屋就是一個據點。再加上地雷、有刺鐵絲網和反戰車牆——有些牆高兩六呎，厚五呎——把街道都封死了。從這些陣地，德軍以猛烈的火力迎接登陸的盟軍，第四十八突擊隊因為沒有戰車與砲兵支援，就被擋死了。

六哩外的寶劍灘頭，第四十一突擊隊經過艱困的登陸後轉向西，直往濱海利翁推進。法國人

---

16 原註：寶劍灘頭的記者都沒有通信管道，一直到合眾社（United Press）的克拉克（Ronaid Clark）上岸，帶了兩箱的傳信鴿。記者們立刻寫出簡訊，放進鴿腳上的膠囊裡，把鴿子放走。不幸的是這些鴿子負荷太重，大多數都掉到地上。有幾隻鴿子，在上空兜了一圈——然後向德軍陣線飛去。路透社的林奇站在海灘上，手握拳頭對著鴿群揮舞、破口大罵：「賣國賊！他媽的賣國賊！」威利康說，有四隻鴿子「證明忠心耿耿」，真的在幾個小時內，飛到了倫敦的新聞部。

告訴他們說那裡的德軍已經撤走。這項資訊似乎很正確——直到突擊隊員行進到濱海利翁邊緣為止。在這裡，砲火打垮了三輛支援的戰車。狙擊兵與機槍火力，來自那些已經改成地堡、看似無害的別墅。迫擊砲彈在突擊隊員頭上如雨而下。也像第四十八突擊隊一樣，第四十一突擊隊也給擋住了。

此時的盟軍統帥部雖然還沒有人知悉，然而，登陸區卻有一個寬達六哩的大缺口——隆美爾的戰車如果行進得夠快，就能從這處缺口開始，沿著海岸向兩側進攻，把上岸的英軍席捲一空。

濱海利翁是寶劍灘頭少數幾處棘手的地點之一。在英軍攻佔的三個灘頭中，原本預計寶劍灘頭的防線最為嚴密，部隊在聽取任務提示時，都被告知傷亡官兵比率會很高。英軍第一南蘭開夏郡團（Jst South Lancashire Regiment）的格爾二等兵「冷酷地被告知，他們第一舟波登陸的人，或許會被全滅」。突擊隊對這種情況甚至描繪得更恐怖，深深貫注進他們心中的指示是：「不管發生了什麼情況，我們都要前進，因為那裡不會有傷患後送……不會後退。」據第四突擊隊的科利中士與史梯華二等兵回憶，預料他們「會在灘頭上全軍覆滅」。從他們所知，傷亡率將「高達百分之八十四」。而先於步兵登陸的兩棲戰車官兵所得到的警告是，「即令你們上得了岸，也會有百分之六十的傷亡」。兩棲戰車的駕駛兵史密斯二等兵，認為自己活下去的機會很小，謠言使得傷亡率更來到了九成。史密斯是真信不疑，他的部隊離開英國時，很多人見到在哥斯波（Gosport Beach）的海灘上，正裝設帆布圍籬，「據說豎起這些帆布圍籬，就是為了要清理運回來的屍體。」

有段時候，眼看著最壞的情況也許就要成真了。有些地段，第一舟波的部隊遭到了機關槍與迫擊砲的猛烈砲火。距離寶劍灘頭中途的威斯特拉姆，從海水邊到沙灘，躺滿了已死與待死的英軍第二東約克郡團（2nd East York Regiment）官兵。雖然沒人知道從登陸艇血淋淋的搶灘中死傷了多少人，但該團似乎可能是D日頭幾分鐘中死傷最慘的部隊，共有兩百人傷亡。後續舟波登陸的部隊，眼見到這些一堆堆扭曲的卡其服狀的物體而大為震撼，似乎證實了他們最懼怕的狀況。有些人見到「屍體就像木材般堆集起來」，數到有「一百五十多具屍體」。第四突擊隊的馬森二等兵，在H時後半小時上岸，驚惶於「在一堆堆的步兵屍體中跑過，他們就像是保齡球般被人給轟倒的」。洛瓦特爵士突擊隊的米爾斯中士，「看見東約克郡團的官兵一堆堆躺著而大驚失色……他們可能還來不及散開來所致」。他一個勁衝上沙灘，決心要使世界短跑冠軍「歐文斯看起來慢得像烏龜」。他記得曾憤世嫉俗地想到，「他們下次就會知道要怎麼做了」。

雖然死傷慘重，但灘頭的戰鬥很短暫[17]，除開最初的損失外。寶劍灘頭的登陸部隊前進迅速，沒有遇到什麼像樣的抵抗。登陸極其成功，使得在第一舟波後幾分鐘上岸的很多官兵大感驚訝，他們僅僅遭遇到狙擊兵的射擊。官兵見到海灘硝煙籠罩、醫護兵在救治傷兵、鏈枷戰車引爆了許多地雷、海岸線上狼藉起火的戰車與車輛，以及偶爾幾發砲彈炸開掀起的海沙四射。但沒有一處地方是他們所預估的大屠殺。對這些緊張的官兵來說，原本料到灘頭會是一場浩劫，結果卻

---

17 原註：對於寶劍灘頭戰鬥的性質，意見上一向都很分歧。東約克郡團官兵，不同意他們自己的團史所說，那就像是「訓練表演，只不過更容易一點」。第四突擊隊官兵宣稱，他們在H時後三十分鐘登陸，發現東約克郡團還在海邊。根據登陸寶劍灘頭的第八步兵旅旅長克斯准將說，第四突擊隊登陸時，東約克郡團已離開了灘頭。據估計，第四突擊隊上岸時，折損了三十人。克斯說，在海灘的西半邊，「除了個別的狙擊兵以外，我軍制伏了德軍百分之八十五的抵抗」。第一南蘭開夏郡團官兵在此處登陸，傷亡輕微，很快就向內陸進軍；在他們後面登陸的是第一南蘭開夏郡團，僅僅只有四人傷亡。

不如想像的那樣。

在寶劍灘頭的許多地方，甚至有著度假的氣氛。沿著海邊，到處都有一小批一小批欣喜的法國人，向部隊揮手大叫：「英國萬歲！」皇家陸戰隊的通信兵福特注意到一個法國人「甚至就在海灘上，向一批鎮民對眼前的戰鬥作現場講解。」

福特認為這些人瘋了，因為海灘和岸邊依然埋有許多地雷，偶爾還有德軍的射擊。這種情形到處可見。法國人前來擁抱官兵親吻，似乎對周遭的危險渾然不覺。諾費德中士和機槍手亞倫都大為吃驚，只見「一個人全身盛裝，佩戴壯觀的動徽獎章，頭戴一頂閃閃發光的銅盔，尋路向海灘走來」。原來此人就是科勒維爾村村長[18]，一處再往內陸約一哩的小村莊。他決定親身前來，對登陸部隊作官方的迎接。

有些德軍對迎接盟軍的熱情，似乎與法國人是不相伯仲的。戰鬥工兵傑寧斯剛一上岸，就遇到了一批雜牌的德軍——大部分都是俄國與波蘭的「志願兵」——急於要投降。可是皇家砲兵的諾頓上尉，卻遇上最為意想不到的事情，他見到「四名德軍，手提皮箱都裝好了，好像他們出來等第一班便車離開法國」。

英、加軍離開了混亂的寶劍、天后與黃金灘頭，蜂擁向內陸進兵。行進十分有條理也很有效率，而且還展現出莊嚴感。部隊打進市鎮村落時英勇的例子比比皆是。有些人還記得皇家陸戰隊一名突擊隊少校，兩隻手都打掉了還督促隊內官兵，對著他們大叫：「弟兄們，往內陸攻，這場派對可別讓老德佔了先機。」還有人記得，負傷的人在等候醫護兵趕來時那種充滿自信的高興和十足的信心。有些傷兵在部隊經過時揮手，還有些人喊：「弟兄們，柏林見！」機槍手亞倫絕不會忘記，一名士兵腹部受了重傷卻靠在牆上，冷靜地看書。

現在進軍速度最重要。登陸黃金灘頭的部隊，正向內陸大約七哩處的巴約前進；天后灘頭的加軍，則向十哩外的巴約—卡恩公路，以及卡皮奎特機場進兵；而離開寶劍灘頭的英軍，則向卡恩前進，他們很有信心可以拿下這個目標。甚至連一些記者，像倫敦《每日郵報》（*Daily Mail*）的孟克斯後來回憶，他們被告知，記者會將在「下午四點鐘在卡恩的X點舉行」。洛瓦特爵士的突擊隊員，毫不浪費時間大步離開寶劍灘頭，他們要去四哩半外接防，把苦戰據守奧恩河與卡恩運河上各處橋樑的格爾將軍第六空降師換下來。洛瓦特曾經答應過格爾，「日正當中」時就會趕到。在行軍縱隊領頭的是一輛戰車，洛瓦特的風笛手米林在車後行進，吹奏著《邊境上的藍絨帽》（*Blue Bonnets over the Border*）。

對十名英國人來說D日結束了。他們是X－20號和X－23號袖珍潛艇的艇員。寶劍灘頭的外海，昂納上尉的X－23號潛艇，穿過不斷向海岸駛去的一波波登陸艇。在波濤洶湧的大海中，它艇身上平坦的上層結構，幾乎被海水覆蓋得看不見，能見到的僅是它的識別旗在風中刷刷擺動。一艘戰車登陸艇的艇長威爾生「大吃一驚，幾乎掉到艇外」，只見「兩面顯然沒有旗杆的大旗」，穿越海水持續對著他駛過來。X－23潛艇通過後，威爾生忍不住懷疑，「一艘袖珍潛艇要在登陸作戰中搞什麼？」

X－23號潛艇駛向運輸艦區，找尋它的拖船。那是一艘拖網漁船，有一個滿不錯的船名「前鋒號」（En Avant）。「棄卒作戰」結束，昂納上尉和四名艇員回家了。

---

18 編註：此地已改名為科勒維爾蒙哥馬利（Colleville-Montgomery）。

由他們標示灘頭而登上岸的部隊，正向法國進軍。每一個人都很樂觀。大西洋長城被突破了，現在的大問題就是，德軍要多快才能搞清楚是怎麼一回事。

3

在貝希特斯加登的清晨顯得安靜。天氣已暖呼呼、悶熱起來了，雲卻低掛在四周的山頭上。在貝希特斯加登希特勒堡壘似的山居官邸，一切都靜悄悄的。元首還在酣睡。對於幾哩外他的最高統帥部，這只是一個尋常得不得了的早晨。最高統帥部作戰廳長約德爾上將，六點鐘便起了床，已經吃過了他習以為常的簡便早餐（一杯咖啡、一顆水煮蛋和一片烤麵包）。這時，在他那小小的隔音辦公室裡，正好整以暇地閱讀昨夜送來的各項報告。

從義大利傳來的消息依然很糟。二十四小時以前，羅馬已經失陷。凱塞林元帥的部隊在撤退中受到盟軍緊緊的壓迫。約德爾認為，凱塞林使麾下部隊脫離接觸，後退到北方的新陣地以前，也許盟軍就能突破了。約爾德關切義大利境內德軍會受到威脅而崩潰，便下令副廳長瓦里蒙將軍出差到義境的凱塞林司令部去，親自查明一下狀況。瓦里蒙要在這天天黑時啟程。

蘇聯方面沒有什麼動靜。雖然正式說來約德爾的權力範圍並不包括東線戰場。很久以前他曾安插自己去「輔佐」元首指揮東線作戰。現在，任何時候蘇軍都可能開始夏季攻勢。二千哩長的陣線上，德軍有兩百個師——一百五十多萬人——正靜靜等待這次攻勢的到來。可是今天早晨，蘇聯方面還是平平靜靜。約德爾的侍從官送上幾份倫德斯特總部來的報告，是關於盟軍在諾曼第發動攻擊的報告。約德爾並不認為情況嚴重，至少還沒有到那種程度吧。當前，他最關心的是義大利。

在幾哩外的史楚布（Strub）的營房裡，約德爾的副廳長瓦里蒙將軍，自從凌晨四點鐘以後，便仔細地了解諾曼第的戰況。他接到了西總的電傳報告，要求動用擔任預備隊的裝甲師——裝甲教導師和第十二黨衛裝甲師——他在電話中，與倫德斯特的參謀長布魯門提特少將討論過。這時瓦里蒙便打電話給約德爾。

「布魯門提特已經打電話來詢問關於裝甲師預備隊的事，」瓦里蒙報告說道，「西總要求立刻在登陸地區動用它們。」

瓦里蒙回憶，約德爾沉默了一陣子，心裡琢磨著這個問題：「你有十分把握，這就是主攻方向嗎？」約德爾問道，瓦里蒙答話之前，他又說道：「根據我接到的報告，這可能是佯攻……欺敵計畫的一部分。現在西總有的是預備隊呀……西總應該致力於以現有的兵力，將攻擊給擺平……我認為現在還不是時候動用最高統帥部的預備隊……我們一定要等一等，等情況清楚再說。」

瓦里蒙知道在這一點上，爭執沒有什麼用，哪怕他曉得諾曼第的登陸，情況遠比約德爾所認為的要嚴重得多，他說道：「廳長，以諾曼第的情況來看，我要不要按照計畫去義大利？」約德爾說道：「是呀，是呀，我看不出為什麼不要去。」然後他就把電話掛斷了。

瓦里蒙把電話放下，轉身對著陸軍作戰處長布朗登費少將把約德爾的決定告訴他：「我同情布魯門提特，就我所了解，這一個決定絕對與預先的計畫恰恰相反。」

對於希特勒掌控裝甲師的命令在字面上的意義，約德爾是如此地解讀，瓦里蒙心裡是感到「震驚」的。的確，這兩個裝甲師是最高統帥部的預備隊，因此它們受希特勒的直接指揮。但是瓦里蒙也跟倫德斯特一樣，向來都了解「一旦盟軍攻擊，不論是否佯攻，裝甲師的控制權便立即解除——

事實上是自動解除」。對瓦里蒙來說，這看來是唯一合乎邏輯的行動；當事人在現場、正在擊退登陸，就應該把一切他認為恰當的武力投入進去，而這個人湊巧就是德國最後一位「黑騎士」——備受尊崇的戰略家倫德斯特。約德爾原可以解除對這支武力的管制，但他不想冒險。一如瓦里蒙後來的回憶：「約德爾以為，那也會是希特勒的決定。」瓦里蒙覺得，約德爾的態度分明就是「領袖國裡的混亂領導」的一項例證。但卻沒有一個人和約德爾爭論。瓦里蒙打電話給西總的布魯門提特，要解除對裝甲師的管制，就要全靠一個反覆無常與喜好突發奇想的人了，這個人便是約德爾認定的用兵天才——希特勒。

預料到會有這種情況，而期盼和希特勒就此進行討論的將官，現在距離貝希特斯加登還有兩小時不到的車程。隆美爾元帥在烏姆爾的赫林根老家，似乎在當前的混亂局勢之中，他的存在竟完全被人給忘記了。根據B集團軍有條不紊的「作戰日誌」，此時的隆美爾甚至還沒有收到在諾曼第登陸的消息。

巴黎郊外的西總，約德爾的決定造成震驚與懷疑。作戰處長齊麥曼中將，記得倫德斯特「憤怒得火焰騰騰，滿面通紅，氣得說話都語無倫次了」。齊麥曼也無法置信。前一天晚上，齊麥曼打電話給最高統帥部，通知作戰廳的值日官費得爾中校，西總已下令這兩個裝甲師提升戒備。他非常記得「這個調動沒有造成什麼異議」。這時他又打電話給最高統帥部，與陸軍作戰處長布朗登費少將說上話，得到的卻是漠然置之——後者從約德爾那裡得到了指示，布朗登費氣憤且大肆咆哮：「這兩個師在最高統帥部直接管制之下！沒有我們事先批准，你們沒有權下令它們戒備——你們要立刻制止這兩個裝甲師——元首沒下決心以前，絕不可動！」齊麥曼還想要辯解，布朗登費一句話就把他頂回去：「照我說的辦！」

下一步就要靠倫德斯特了。他以元帥之尊，可以直接與希特勒通話，很可能這兩個裝甲師也許會立刻解除管制。不過，在D日這天，不論是當時或任何時候，倫德斯特都沒有打電話給希特勒，哪怕在登陸時軍情萬分緊急，也不能迫使貴族身分的倫德斯特去懇求這個他慣常提及的「波希米亞下士」[19]。

可是他的軍官卻不斷打電話催促最高統帥部，極力想改變這項決定卻徒勞無功。他們打電話給瓦里蒙、布朗登費，甚至打給希特勒的副官施密特少將。這場奇怪、遠距離的鬥爭，竟進行了好幾個小時。齊麥曼如此作出總結：「那時我們警告說，如果西總得不到這兩個裝甲師，敵人在諾曼第的登陸就會成功，便會有無法預見的後果。」他們卻乾脆告訴我們，你們沒有資格作裁決——再說，敵人的登陸根本會在另一個截然不同的地方發生[20]。希特勒在他那一群馬屁精將領的小圈子護衛下，在愚蠢、幻想世界裡的貝希特斯加登，繼續酣然大睡下去。

在拉羅什吉翁隆美爾的集團軍司令部裡，參謀長史派德爾少將到這時為止，對約德爾的決定還一無所知。他還有這種印象，擔任預備隊的兩個裝甲師已經奉令行動，現在已在路上了。同時，史派德爾也知道，第二十一裝甲師也正進入卡恩以南的集結區。雖然裝甲師的戰車調動還要

19 原註：根據布朗登費說，希特勒十分清楚倫德斯特看不起他，「只要這位元帥一犯嘀咕，」希特勒一度說過，「一切事情都好辦了。」

20 原註：希特勒篤定，「真正的」登陸會在加萊地區，他將札爾穆特的第十五軍團守在那一帶的陣地一直到七月二十四日。然而到那時已經太晚了。諷刺的是，希特勒似乎是原先最早且唯一認為，登陸行動會在諾曼第發生的人。布魯門提特將軍說：「我還清楚記得，四月份某天約德爾打來一通電話，說：『元首有確切的情報，在諾曼第登陸並非不可能。』」

點時間，但師內部分的偵察部隊與裝甲步兵已與敵人接戰了。所以集團軍司令部裡，充滿著確定感的樂觀氣氛。佛瑞保上校還記得，「一般的印象是，在這一天結束時盟軍會被趕下海」。隆美爾的海軍侍從官盧格中將，也同樣感到歡愉，不過他注意到一件特別的事情：羅什富科公爵與公爵夫人的管家，悄悄走過古堡，把各牆上的無價壁毯都取了下來。

在第七軍團司令部，似乎有更多的樂觀理由，該軍團已經與盟軍交戰。對參謀們來說，看上去三五二師已經將在維耶維爾與科勒維爾之間——奧馬哈灘頭——登陸的部隊趕下海了。之所以有這種想法，是一名在俯瞰海灘碉堡中的軍官，終於可以通過他的上級單位傳達一份令人鼓舞的作戰進展報告。軍團司令部認為這個報告很重要，便一字不漏地記錄下來。「在海水的邊緣，」這位觀測員說道：「敵人正在海岸區障礙物的後面力求掩蔽，大量的摩托化車輛——其中包括十輛戰車——都停在海灘上熊熊火起。障礙爆破班已經放棄了他們的行動，登陸艇的下卸作業也停止了……登陸艇持續駛向距離更遠的海上，我軍作戰陣地與砲兵火力十分準確，造成了敵軍可觀的傷亡。很多受傷與陣亡的人就躺在海灘上……」[21]

這可是第七軍團第一次接到的好消息，精神振奮到這種程度，以致於第十五軍團司令札爾穆特將軍，建議把第三四六步兵師派過來援助第七軍團時，卻遭到第七軍團趾高氣揚地打了回票，告訴他：「本軍團並不需要貴屬兵力。」

即令人人都很有信心，第七軍團參謀長佩梅塞將軍，卻依然力圖把戰況的實際情形拼湊起來。由於缺乏通信，要拼湊出全貌很困難。有線電話線與電纜都遭法國反抗軍、盟軍傘兵割斷、或者空軍轟炸與海軍砲轟炸毀了。佩梅塞向隆美爾的集團軍司令部報告說：「我現在打的這一仗，征服者威廉一定也打過——只能光靠眼睛和耳朵探索敵人動態。」實際上，佩梅塞並不真正知道他的通信糟到了什麼程度，他以為僅僅只有傘兵降落在瑟堡半島，這時他還不知道，海上來的登陸已在瑟堡半島東岸——猶他灘頭實施。

佩梅塞要界定這次攻擊確實的地域很難，他只確實了解一件事——對諾曼第的突擊便是主攻，並不斷向隆美爾與倫德斯特司令部指出這一點，可是他依然還是少數。一如B集團軍與西總在晨報中所宣稱的，「這是一次大規模的佯攻或主攻，目前言之過早」。這些將領繼續在找尋「重點」所在，而在諾曼第海岸，任何一名小兵都可以告訴他們，主攻的重點在什麼地方。

——

離開寶劍灘頭半哩處，德軍哈格下士正暈頭轉向且全身發抖，他找到了自己機關槍的扳機，又開始射擊起來。他四周的土地似乎全都爆炸開來，噪音震耳欲聾，他的頭嗡嗡咆哮。這名十八歲的機槍手害怕得作嘔，他打得很好。自從寶劍灘頭後面七一六師的防線失守以後，他就協助掩護本連的撤退，他打死了多少英國佬，連他自己也不知道。他對於敵軍搶灘上了海岸，並逐一把他們都給撂倒的過程給深深吸引住。他過去時常在琢磨，打死敵人會是什麼感覺？他曾和朋友霍孚、沙克勒和克魯格（Ferdi Klug）談過很多次，現在哈格自己發現：這非常容易。霍孚的命不夠

21　原註：這項報告的時間，大致在八點與九點之間，直接報告給三五二師的作戰科長齊格曼中校，打電話的是戈特上校。他指揮佩西角一帶的工事。這些工事是在俯瞰奧馬哈灘頭的維耶維爾的尾端。報告營造出歡欣鼓舞的效應，據齊格曼在戰後所寫的記述，他認為自己在對付一支「戰力較差的敵軍」。之後的報告甚至更加樂觀，到了十一點鐘，三五二師師長克萊斯將軍，非常相信他已經把奧馬哈灘頭一掃而空，以致於他可以把師預備隊調動，加強該師位於英軍責任區的右翼。

長，未能發現這是多麼容易——他們往後跑時，霍孚被打死了。哈格留下了他躺在樹籬內，嘴巴張得大大的，額頭上有了一個大洞。哈格不知道沙克勒在什麼地方，克魯格依然在他身邊。一發霰彈爆炸，使他半瞎，血從臉上的傷口湧了出來。現在哈格了解，他們全遭打死只是時間的問題而已。他和十九個人——全連剩下來的人——在一個小碉堡前面的壕溝裡。他們遭受四面八方的射擊，機關槍、迫擊砲，還有步槍的火力——他們已遭敵人包圍住了。他們要嘛投降，不然就是被打死。人人都知道這一點——除了那位在碉堡裡射擊機槍的上尉連長，他不讓他們進去，還不停地喊叫：「我們一定要守下去，我們一定要守下去！」

這是哈格一生中最糟糕的時刻。他已經不知道自己在對什麼射擊。每當砲轟一停，他就自動扣起了扳機，並感受到機槍在射擊。這給予他勇氣繼續射擊，然後砲轟又來了，每個人又都對著連長喊：「讓我們進去！讓我們進去！」

或許是戰車使連長改變了主意，他們都聽到了戰車的呼呼聲和鏗鏘聲，一共兩輛。一輛停在一塊田地以外，另外一輛慢吞吞地前進，從一道樹籬中衝出來。它們經過在附近草地毫不關心、只在啃草的三隻乳牛。這時碉堡裡的人只見這輛戰車的大砲緩緩降低，準備近距離對他們射擊。就在這一剎那間，戰車忽然令人難以置信地爆炸開來，壕溝中的一名火箭筒手，把他最後一發貌似球根形的火箭彈發射出去，直接命中戰車。哈格和他的朋友克魯格都震住了，都不知道這事如何發生的，只見那輛熊熊火起的戰車艙蓋打開，在翻滾的黑煙中，一名戰車兵拚命想爬出車身來。他厲聲慘叫，衣服都著了火，才爬出艙蓋艙口一半就垮了，屍身倒垂在戰車的一側。哈格對克魯格說道：「希望老天爺賜我們一種比較好的死法。」

第二輛戰車小心地待在火箭筒射程以外開始射擊。終於連長下令每一個人都進碉堡裡去，哈格便和其他殘存的人踉踉蹌蹌進了碉堡——進入了另一個新夢魘。這處碉堡只不過是一間起居室大小，卻塞滿了死人和奄奄一息的士兵，碉堡中一共有三十多人擠在一起，他們都沒法坐下來或者轉身。裡面又熱又黑，而且還有可怕的噪音。傷兵在呻吟，大家用好幾種不同的語言在說話——很多是波蘭人和俄羅斯人。期間，連長根本不理會傷兵喊說：「投降！投降！」還是從那個唯一的射口射擊他的機槍。

瞬間都靜了下來，碉堡中的哈格和這些快嗆死的人，聽見有人在外面嚷嚷：「好了，德仔——你們最好出來吧！」連長氣呼呼又開起槍來。幾分鐘以後，他們又聽到同一個人的聲音：「死德仔，你們最好就放棄。」

由於連長的機槍射擊後排出來的噁心硝煙味，惡臭得悶人的空氣，大家都咳嗆起來。每當連長停止射擊再裝上子彈時，外面那個聲音便要求他們投降。最後，外面有人用德語喊話，哈格一直都記得，有一個受傷的德兵，顯然在用他自己僅認識的兩個英文字來回應：「哈囉，弟兄們；哈囉！弟兄們！」

外面的射擊停止了，哈格覺得幾乎每一個人馬上就意識到會有什麼事情要發生了。在他們碉堡的圓鋼頂有一個小小的窺視孔，哈格和幾個人把其中一個人高高舉起，讓他看看發生了什麼情況。這位仁兄突然大叫：「火焰噴射器！他們把一具火焰噴射器送到前面來了！」

哈格知道火焰沒法接近他們，因為進入碉堡內的金屬通風管，建構在交錯的建物段落內。可是熱度卻能要了他們的命，沒多久他們就聽到火焰噴射器「呼」的一聲。這時空氣傳入碉堡的唯一途徑，便是那個狹窄的射口。而且，連長還在那裡以及碉堡頂的窺視孔用他的機槍繼續掃射。

溫度漸漸越來越高，一些人恐慌起來，他們抓爬推擠嚷嚷大叫著：「我們要出去！」他們都竭力趴倒在地上，在別人的腿下往門口鑽去，不過由於四周散佈受傷的士兵，多到連碉堡的門都到不了。每一個人都在求連長投降。連長卻仍在射擊，甚至連從射口回一下頭都不回，空氣越來越污濁了。

「大家聽我的口令，我們一起來呼吸」。一名中尉叫道。「吸氣……呼氣！吸氣……呼氣！」哈格眼見通風管的管體從淺紅變成深紅，然後又成了白熱。「吸氣……呼氣……吸氣……呼氣……」中尉在喊，那名傷兵也在叫：「哈囉，弟兄們！哈囉，弟兄們！」一具在角落的無線電，哈格聽見通信兵一再呼叫：「呼叫，菠菜！呼叫，菠菜！」

「連長！」那名中尉叫道。「受傷的人要嗆死了——我們一定要投降！」

連長咆哮道：「辦不到，我們要殺開一條生路出去！清點人數和武器！」

「不行！不行！」碉堡中每一個角落的人都在叫。

克魯格對哈格說道：「除開連長以外，你是唯一有機槍的人，聽我說的沒錯，那個瘋子要第一個派出去的就是你。」

這時，很多人做出反抗，把步槍的槍機退下來往地上扔，「我不會去的。」哈格告訴克魯格，他把機槍的機槍閉鎖桿抽出來扔掉。

一些人由於高溫而垮了，膝蓋打彎、腦袋垂下，他們還維持著半直立的姿勢，倒不下去地面。年輕的中尉繼續懇求連長，可是沒有用。沒有人能到碉堡門邊去，因為門旁邊就是射孔，連長就跟他的機槍在射孔那裡。

突然連長停止射擊，轉頭向通信兵說道：「聯絡上沒有？」通信兵回答說：「報告連長，什麼都沒有。」這時連長才看看四周，就像頭一次見到這個碉堡裡這麼擁擠似的。他似乎茫然失措，然後把機槍往地下一扔，死了這條心，說道：「開門吧！」

哈格看見有人把一塊撕下來的白布放在步槍上，從射孔伸了出去。外面有一個聲音說了：「好吧，德國佬，出來吧——一次出來一個！」

官兵喘著氣，被光線照得睜不開眼，從焦黑的掩體搖搖晃晃走了出來。如果他們把武器和鋼盔丟得不夠快，站在壕溝兩邊的英軍，就對著他們身後的地上開槍。德軍走到壕溝的盡頭，英軍把他們的皮帶、鞋帶、上衣割開，把褲襠上的鈕扣割掉，然後命令他們俯躺在一片田地裡。

哈格和克魯格雙手高高舉起，跑出壕溝。在割克魯格皮帶時，一名英國軍官對他說道：「德國佬，兩個星期後，我們就在柏林見到你們的好朋友了。」克魯格血流滿面，榴彈破片使得傷口鼓鼓的他，卻想著開開玩笑，說：「到那時候，我們就在英國了。」他意思是指進了戰俘營，可是英國佬誤會了，一聲怒吼：「把這些人帶到海灘去！」這些德軍俘虜便提著褲子整隊出發，經過那輛還在燃燒的戰車，以及在草地裡依舊靜靜吃草的乳牛。

十五分鐘以後，哈格和其他人都在海中的障礙物區工作，把地雷卸下來。克魯格對哈格說道：「我敢賭你從來沒想過，你把這些東西安裝起來時，有一天還要再把它們取下來。」[22]

---

22 原註：本人無法找到那位一心要據守碉堡的狂熱連長，不過哈格認定他是古德拉（Gundlach），年輕中尉軍官是路克（Lutke）。這天晚些時候，哈格找到了失蹤的朋友沙克勒——也在障礙物區工作。當天晚上，他們給押解到英國。六天以後，哈格和其他一百五十名德軍戰俘在紐約上岸，取道送進加拿大的戰俘營。

達姆斯基二等兵根本沒有心思打仗，他是被徵召進了七一六師的波蘭人。好久以前他就下定決心，如果反攻一旦來臨，他就要跑到最近一艘登陸艇的跳板去投降。不過他沒有這樣的機會。英軍登陸時，以極為猛烈的艦砲轟擊與戰車射擊作掩護，使得黃金灘頭西緣附近一處陣地中的德軍砲兵連連長，立刻下令後撤。達姆斯基知道往前跑準死無疑——不是死在背後的德軍手上，就是死在正前進的英軍手裡。在撤退的混亂中，他開小差往特雷西村（Tracy）逃去。他曾經在那裡借住過一個法國老太太的家。他認為如果待在那裡，村莊被盟軍佔領，他就可以投降了。

正當他越過田野找路時，遇到了一名騎在馬上的強悍德國國防軍士官，在中士前面走著的是一名二兵，俄國人。中士俯視著達姆斯基，滿面笑容地說道：「好了，你老兄一個人想到什麼地方去呀？」他們彼此對望了一陣，達姆斯基知道，這名中士已經猜到了他一定是開小差。這時士官依然一臉笑嘻嘻，說道：「我想嘛，你最好跟我們一起來。」達姆斯基一點都不意外。他們出發了，達姆斯基想到自己的運氣從來都不好就覺得痛苦，這一回更是沒有什麼改進。

十哩外大致在卡恩附近，機動無線電監聽單位的福格特一等兵，也在琢磨著該如何投降。福格特在芝加哥住了十七年，但他從沒有拿到歸化表。一九三九年，他太太回德國去探親，由於媽媽生病被迫待在那裡。到了一九四〇年，福格特不聽朋友勸告，動身去把她帶回美國。此時由於沒法循正常途徑到達戰時的德國，他就採取迂迴曲折的方式，越過太平洋到日本，然後到海參威，乘坐西伯利亞鐵路到莫斯科。他從那裡到波蘭而進入德國。這一趟幾近耗了四個月——一越過邊界，福格特就出不來了，夫妻兩人雙雙被困在德國。而現在，卻是四年來頭一回，耳機中能聽到美國人的說話聲。他計畫了好幾個小時，見到頭一批美國兵他該怎麼說，他要跑上前去大叫：「喂，各位啊，我是芝加哥人啊！」可是他的單位卻在大後方，他幾乎整整環繞世界一周，就為了要回芝加哥去——而現在他所能做的，卻是坐在卡車裡聽著那些只不過幾哩外的聲音[23]，對他來說，那就是家鄉。

——

奧馬哈灘頭後方，德軍普拉斯凱特少校躺在一條淺溝中喘氣，他幾乎不成人形了，鋼盔丟失了，軍服撕得破破爛爛，一臉的傷痕、血跡斑斑。自從他離開聖霍洛林的碉堡回自己的營部路上，足足耗了一個半小時。他在熊熊火起，彈著處處的無人地帶裡爬行。盟軍幾十架戰鬥機，在懸岩的後面來來回回飛行，對著地面任何移動的東西加以掃射，而海軍對這帶地區的砲轟也從未間斷。他的指揮車就在他身後不遠，成了一堆起火的扭曲殘骸。起火的樹籬與草地的大火，冒起了滾滾黑煙。到處都是的壕溝裡，填滿了死去的官兵屍體，不是被砲彈炸死，就是遭機槍掃射身亡。起先他想跑走，卻被飛機攻擊、再三對他掃射。這時普拉斯凱特匍匐前進，他計算自己才移動了一哩，到埃特雷昂的營部，依然還有三哩。他痛苦地移動，看見前面有一座農舍，便決定當他爬到了與它平行的地方時，就要從溝裡衝刺最後的二十碼，求農舍裡的人給他點水喝。

正當他挨近時，大為驚訝見到兩名法國女人鎮靜地坐在敞開的大門內，彷彿砲轟、掃射都不會傷到她們似的。她們看到他，一個女人惡毒地哈哈笑著，叫道：「很可怕啊，是不是？」普拉斯凱特爬著經過，耳朵裡依然迴盪著那個笑聲。從那時起，他恨法國人，恨諾曼人，恨整個窩囊

23 原註：福格特根本沒有回去美國，目前仍在德國，在泛美航空公司上班。

該死的戰爭。

——

德軍第六傘兵團的溫士奇中士，看見一頂降落傘高高掛在樹枝上，傘是藍色，下面擺動著一個很大的帆布袋。遠處這時正有步槍與機槍的射擊，可是溫士奇和他的迫砲班，到現在為止沒見著敵人的影子。他們已經行軍了三個小時，這時已經到了卡倫坦北方的一處小樹林，大約在猶他灘頭西南方十哩的地方。

李契特下士望著這頂降落傘說道：「這是老美的，或許裡面是彈藥。」文德特一等兵卻認為裡面也許有吃的，他說道：「老天，我餓死了。」溫士奇吩咐他們待在溝裡，自己匍匐前進過去。那也許是個陷阱，他們要去把袋子拿下來時，也許會遭遇伏襲；或許，那也可能是詭雷。

溫士奇小心翼翼搜索前面，對一切都很滿意以後，便在樹幹上捆了兩枚手榴彈，把插銷抽出，樹與樹上的傘袋，轟然倒了下來。溫士奇等了一陣，但顯然這下爆炸並沒有引起什麼動靜，便揮手要迫砲班的人進來，他叫道：「咱們瞧瞧，老美送的是啥。」

文德特抽出刀子跑上去，把傘袋割開，高興極了，「哦，我的天啊，」他叫道，「是吃的！吃的！」

在接下來的半小時，這七名強悍的傘兵，可有了他們的好時光。傘袋中有鳳梨和橘子汁罐頭，一盒盒的巧克力和香菸，還有種類繁多的食物，是他們已經多年沒見過的。文德特可塞飽了五臟廟，甚至把「雀巢咖啡」粉往嘴裡倒，試著用煉乳把它們沖下去。「我不知道這是啥，」他說道，「不過味道棒極了。」

最後不理會文德特的抗議，溫士奇決定他們最好「動身去找仗打」。他們肚子撐得鼓鼓，口袋裡滿滿的全都是所能帶走的香菸。溫士奇和迫砲班裡的人出了樹林，排成單行往遠處的槍聲走去。幾分鐘以後，戰爭就找上他們，溫士奇一名班兵倒了下來，一槍貫穿了太陽穴。

「狙擊兵！」溫士奇一聲大叫，每一個人都臥倒在地掩蔽，子彈就在他們附近呼嘯而過。

「快看！」一名班兵叫道，指著右邊遠處一堆樹叢，「我確實看到那傢伙在上面。」

溫士奇拿出望遠鏡，把焦點調整對正樹梢，開始仔細搜索。他覺得看見樹上的枝椏微微動彈，但卻沒有十分把握。過了好久，他把望遠鏡穩穩把住，這時才見到樹葉又在動，他舉起步槍說道：「現在我們就來看看這傢伙是真人還是假貨了！」說畢，便開了一槍。

起先溫士奇以為沒打中，因為他只見那名狙擊兵從樹上爬下來。溫士奇又再度瞄準，這一回選定樹幹上的一個點，那裡沒有枝椏和樹葉。「好小子，」他大聲說道，「這一回我可要收拾你了。」他看見狙擊兵的兩條腿出現，然後出現軀幹，溫士奇開槍了，一槍跟著一槍。狙擊兵極其緩慢地向後倒，從樹上跌了下來。溫士奇的班兵都歡呼起來，大家跑到屍體前去。他們站在那裡，看著他們頭一次見到的美國傘兵。溫士奇回憶說：「他有黑黑的頭髮，極其英俊也極年輕，嘴巴旁邊流出一點點血來。」

李契特一等兵搜索死人的口袋，找到一個皮夾，裡面有兩張照片和一封信。溫士奇還記得，一張照片「看出這名士兵站在一個女性旁邊，我們都認定也許是他太太」。另外一張照片，「則是這個年輕人與這女生和一家人坐在走廊上，看起來是他的家庭。」李契特把照片和信放進自己口袋裡。

溫士奇說道：「你要那些做什麼？」

李契特說道：「我想在戰後把這些東西寄到信封上的地址去。」溫士奇認為他瘋了，「我們也許會被老美俘獲，」他說道，「如果他們在你身上發現這些東西……」他的食指在喉嚨上橫過。「把它交給醫護兵，」溫士奇說道，「我們走吧。」班兵開始走了，溫士奇還待了一下，凝望著這個死去的美國兵，軟趴趴躺著，「就像一隻被車輾過的狗」。他急忙追上自己的那個班。

——

幾哩外，一輛德軍的參謀車，車上的黑白紅三色小旗飄揚，沿著一條鄉道疾駛，馳向皮卡維爾（Picauville）。上面坐了第九十一空降師師長法利少將，還有他的侍從官與駕駛兵，在這輛賀希車上已經差不多七個小時了。他在凌晨一點鐘之前，出發到雷恩市去參加兵棋推演，大約在三點到四點鐘之間，不斷的隆隆飛機聲，以及遠處炸彈的爆炸聲，使得關切戰況的法利少將吩咐駕駛折返。

就在他們距離師部只有幾哩遠的皮卡維爾北面時，機關槍子彈在車前面劈過。擋風玻璃打得粉碎，坐在駕駛兵旁的侍從官，就在座位上癱倒下去。汽車左擺右搖、輪胎尖叫，賀希車一個旋迴，撞進了一堵矮牆。車門砰然飛開，這個衝力下把駕駛兵和法利都摔出車外，法利的槍滑落在他前面，他在公路地面爬行去搆他的配槍。駕駛兵大為震驚，見到幾個美國兵朝車子跑過來，法利大喊道：「別開槍！別開槍！」卻繼續向配槍爬過去，一聲槍響，法利就全身癱瘓在路上，一隻手依然伸向那把槍。

八十二空降師的布朗能中尉看著這個死人，然後俯身拿起他的軍官帽，帽襯上有寫著「法利」。這個德國人穿一身灰綠色制服，軍褲邊縫上紅條到底，軍常服肩上有窄窄的金肩章，衣領的紅領章上有金線繡的橡樹葉，脖子上一條黑緞帶掛著一枚鐵十字勳章。布朗能沒把握，不過看起來他好像是擊斃了一名德軍將領。

——

在里爾附近的機場，聯隊長普瑞勒上校和伍達塞克中士，向那兩架僅有的FW-190戰鬥機跑過去。

德國空軍和戰鬥機司令部打電話來，「普瑞勒，」那名作戰官說道，「登陸已經開始了，你們最好起飛到那裡去。」

普瑞勒這一下子可爆炸了。「現在你們又改了！你們這些他媽的蠢貨！僅僅只有兩架飛機，你們要我幹什麼？我那幾個中隊調到哪裡去了？你們能把它們叫回來嗎？」

作戰官依然十分的冷靜，「普瑞勒，」他安慰地說道，「我們還不十分清楚你那幾個中隊身在何處，不過我們要把它們調回來到巴黎—蘭斯地區的機場，要你的地勤人員馬上到那裡去。同時，你們最好飛到登陸區，普瑞勒，祝你好運。」

普瑞勒壓住怒氣，安靜下來問道：「請你說一下，登陸區在什麼地方呀？」

作戰官不慌不忙地說道：「諾曼第，普瑞勒，就在卡恩北方。」

普瑞勒耗掉了最寶貴的一小時時間去安排派遣地勤人員。這時他和伍達塞克準備好了——德國空軍對這次登陸作唯一的一次日間攻擊[24]。

就在他們要上飛機以前，普瑞勒走到僚機旁，「現在聽我說，」他說道，「只有我們兩架飛機了，我們經不起再分散了。看在老天份上，我怎麼做你就怎麼做，跟著我後面飛，我做什麼動作你就做什麼動作。」他們在一起飛行已經有很長一段時間了，普瑞勒覺得一定要把情況說得清楚一點。「只有我們單獨進去了，」他說道，「我不認為我們會回得來。」

他們在上午九點鐘起飛（對普瑞勒來說，上午八點），正緊緊貼近地面向西飛行。正飛過艾碧維爾（Abbeville）時，就見到了在他們頭上的盟軍戰鬥機群。普瑞勒注意到，盟機並沒有像往常一樣排成緊密隊形，他記得當時在想：「只要我多幾架飛機，他們就成了活靶了。」他們飛到勒哈佛時，普瑞勒爬升進雲掩護。飛了幾分鐘後出雲，在他們下面便是一支雄偉的艦隊——成百上千艘大大小小、各式各樣的艦艇，無窮無盡的伸展開來，似乎一直越過了海峽。一批批的登陸艇載了部隊，正不斷地向岸上駛去，普瑞勒可以見到在灘頭上以及後面爆炸冒起的白色煙團。部隊使得灘頭都成了黑色，戰車和各種各樣的裝備，狼藉散佈在海岸線上。普瑞勒一個轉彎進雲考慮一下該怎麼辦，敵人的飛機太多了，海外的戰艦也這麼多，灘頭上這麼多人，他想到自己在遭擊落以前，只有飛掠灘頭一次的時間。

現在無線電靜止已經不需要了，普瑞勒幾乎以輕鬆的口氣對著通話器說：「真壯觀！真壯觀！」他說道：「這兒每一樣東西都有——到處都是，聽我的沒錯，這就是敵人的反攻。」然後對著伍達塞克：「我們要進去了！祝你好運！」

他們以每小時四百哩以上的速度，對著英軍灘頭衝下來，進入高度不到一百五十呎。普瑞勒根本沒有時間瞄準，按住駕駛桿上的擊發鈕，就感受到機槍在震動。他們在灘頭盟軍的頭頂上掠過，他見到許多人抬頭仰望，都是十分驚駭的表情。

寶劍灘頭，法軍突擊隊指揮官基佛，見到普瑞勒和伍達塞克兩架飛機飛來便臥倒掩蔽。六名德軍戰俘想趁機落跑，基佛手下隊員立刻就把他們幹掉。天后灘頭上，加軍第八步兵旅的羅格二等兵，聽到了飛機的尖嘯聲，看見兩架飛機「來得好低，低得我可以清楚看見飛行員的臉孔」。他像所有人那樣臥倒，但大為驚奇看到一個人「沉著地站起來，用司登衝鋒槍射擊」。奧馬哈灘頭東緣，美國海軍的艾斯曼恩中尉，倒抽了一口冷氣，只見兩架FW-190戰鬥機，槍聲噠噠噠直撲下來「不到五十呎高，在阻塞氣球群中間閃掠而過」。英軍鄧巴號掃雷艦上，杜伊司爐中士見到艦隊中每一門高砲都在對著普瑞勒和伍達塞克招呼過去。兩架德機卻毫無損傷地在砲火中飛過，向內陸一個轉彎，一溜煙進了雲層。「德機也好，不是德機也好，」杜伊萬難相信地說道，「你們真走運，也真有種！」

4

沿著諾曼第海岸，登陸部隊都在猛撲上陸。對卡在這場血戰當中的法國人來說，這天真是一團亂、狂喜與可怕交集的時刻。聖艾格里斯附近，現在砲彈如雨而下。八十二空降師官兵，卻見

---

24 原註：在一些記載，有八架 Ju-88 轟炸機在登陸初期攻擊灘頭。六月七日到八日晚間，有轟炸機飛過灘頭堡。但除了普瑞勒的戰鬥機攻擊外，我找不到任何在D日上午的其他空襲紀錄。

到法國農夫還沉著地在田裡幹活，就像啥事都沒有發生一樣，不時有個種田地的倒了下去，不是傷就是死。在鎮上，傘兵見到當地理髮店，把店門前的德文招牌拆下來，換上英文的。

幾哩外，在濱海小村拉馬德林，加森格爾十分悲痛難受。不但他的咖啡店和商店屋頂炸掉了，砲轟時還受了傷，而美軍第四步兵師的士兵，還把他和另外七個法國人押解到猶他灘頭去。

「你們要把我老公送到哪裡去？」太太問負責押解的年輕中尉。

軍官以十分純正的法語回答，「太太，要送去訊問，」他說道，「我們不能和他在這兒談，我們要把他跟其他男人全送到英國去。」

加森格爾太太簡直不敢相信耳朵聽到的話，「送到英國去！」她大叫起來，「為什麼？他做了什麼事不對？」

年輕軍官有些不好意思，耐著性子說明，他只是奉令行事。

「如果我老公在轟炸中送命怎麼辦？」加森格爾太太淚流滿面地問。

「太太，那種事有百分之九十的機會不會發生啦。」他說道。

加森格爾吻別了太太便被押走。他對這種事完全沒概念——從來也搞不懂。兩星期以後他會回到諾曼第，美軍俘虜他的笨拙理由，說這「完全是個錯誤」。

在格朗德康邁的法國反抗軍首領馬里安，心中十分沮喪。他可以見到左面猶他灘頭，右面奧馬哈灘頭的艦隊，知道盟軍已經在登陸了。在他看來，似乎盟軍把格朗德康邁給忘掉了似的。一整個早晨，他都在等候英軍人馬入鎮，可是卻期待落空。可是他太太指給他看，一艘驅逐艦緩緩地在朝小鎮的另一頭移動後，卻開心了起來。

「那門砲，」馬里安叫道：「我告訴過他們的那門砲！」

幾天以前他通知倫敦，有一門小砲安裝在海堤上，它放列的位置僅僅只能對左面射擊，左方就是現在的猶他灘頭。這時馬里安十分確信他發出去的電文已經收到了，因為他見到驅逐艦小心進入這門砲死角所在的位置後，便展開射擊。每當驅逐艦發射一次，馬里安就滿眼淚水跳上跳下。「他們得到消息了！」他叫道，「他們得到消息了！」這艘驅逐艦——或許是亨頓號——一發又一發的砲彈把這門砲轟掉了。突然砲彈擊中岸砲的彈藥，發生了猛烈的一聲爆炸，「精彩！」興奮的馬里安大喊大叫，「棒極了！」

大約十五哩外的巴約，奧馬哈灘頭地區的法國反抗軍情報組長梅爾卡德，和太太馬德琳（Madeleine）站在起居室的窗邊。他強忍著淚水，這真是一段難過的時間，經過恐怖的四年，駐紮在鎮上的德軍主力似乎正在撤走，他聽得見遠處的砲聲，知道一定正在進行猛烈的激戰。這時他有一種強烈的衝動，要把反抗軍的鬥士組織起來，把其餘的納粹攆走。可是無線電廣播警告過他們稍安毋躁，一定不能起事。這很困難，不過梅爾卡德已經學會了等待。他告訴太太：「我們馬上就會自由了。」

在巴約似乎都有同樣的感覺。雖然德軍立了佈告，命令居民待在屋內，居民還是相當公然地聚集在教堂庭院中，聽神父對反攻的現場講解。神父站在教堂尖頂鐘塔的高處，可以清楚見到海灘。他用兩隻手握在嘴邊，對著下面群眾大聲喊叫。

在教堂院子，經由神父的傳播知道了盟軍登陸消息的其中一人，便是十九歲的幼稚園老師安妮瑪麗布洛克斯（Anne Marie Broeckx）。她後來會在登陸的美軍中，找到了她的未來夫婿。早上七點鐘，她鎮定地騎自行車到科勒維爾，爸爸的農場去，那是在奧馬哈灘頭的後方。她使勁踩車，經過德軍的機關槍陣地，以及整隊向海岸前進的德軍。有些德軍向她揮手，還有一個警告她要小心，可是卻沒有人阻止她。她見到飛機在掃射，德軍即臥倒掩蔽；可是安妮瑪麗，她的長髮在風中飄揚、藍裙鼓起，繼續向前進。她覺得十足的安全，心中從沒有想過，自己的生命會發生任何危險。

這時距科勒維爾不到一哩了。公路上闃然無人，煙雲向內陸飄來，到處都起了火。她見到了幾家農舍的殘骸，安妮瑪麗頓時覺得害怕了起來，拚命踩車前進。等她騎到科勒維爾的十字路口，人十分驚慌。雷鳴的砲轟在她四周翻滾，這一帶看上去荒涼得出奇、不見人影。爸爸的農場就在灘頭與科勒維爾的中間。安妮瑪麗決定，扛起自行車，走路越過田野。走上一處小山坡見到了農舍——依然還在，剩下的這一段路她就用跑的了。

起先安妮瑪麗以為農舍裡沒有人了，因為看不見有什麼動靜。她一面叫爸爸媽媽，一面衝進小小的院子裡，房子的窗戶都炸掉了，屋頂也有一部分不見蹤影，大門上開了一個大洞。忽然破裂的大門開了，爸媽站在門口，她伸開雙手摟著他們。

「女兒啊！」爸爸說道，「這是法國的大日子啊！」安妮瑪麗不禁淚流滿面。

半哩外，十九歲的赫洛斯一等兵，正在恐怖的奧馬哈灘頭為自己的命拚戰，他後來娶了安妮瑪麗[25]。

盟軍的攻擊正在諾曼第猛烈展開的同時，此區一名反抗軍的高級人員正在巴黎郊外的火車上火冒三丈。諾曼第地區的軍事情報組副組長吉爾，搭上一列開往巴黎的火車，在車上已待了超過十二個小時。這趟行程似乎了無止境，列車在晚上慢慢爬行，逢站必停。諷刺的是，這位情報首領是從車上行李員那裡聽到消息的。他一丁點也不知道反攻是在諾曼第的什麼地方發生，但他等不及要回到卡恩去。他心中真是痛苦無比，經過這麼多年的工作後，在所有的時日裡，上級偏偏挑了這一天命令他到巴黎去。更糟的是，他沒有辦法下車，下一站就是巴黎了。

可是在卡恩，他的未婚妻琴妮．波塔德，聽到這項消息以後就忙碌起來。早上七點鐘，她把自己匿藏的兩名皇家空軍飛行員叫醒。「我們一定要快！」她告訴他們，「我帶你們到格孚瑞斯村（Gavrus）的農舍去，離這裡有十二公里遠。」

聽到要去的目的地，使這兩個英國人吃了一驚，自由離他們只有短短的十哩遠了，然而他們卻要往內陸走，格孚瑞斯村在卡恩的西南方。這兩名英國人中的一位，是洛弗茲中校，認為他們應該冒一次險，到北面去與英軍部隊會合。

「要忍耐一下，」琴妮說道，「從這兒到海岸，到處都是德軍，等待一下比較安全些。」

七點鐘過去不久，他們三個人便騎自行車出發了，兩個英國人穿著農人粗糙的衣服。這一趟並不平靜，雖然他們幾次被德軍巡邏隊攔阻，他們的假證件卻禁得起考驗，德軍放他們通行。到了格孚瑞斯村，琴妮的責任已盡——兩名飛行員離回國更近一步了。琴妮很想和他們再走遠一點，但她一定得回卡恩去，等待下一批遭擊落的盟軍飛行員。他們會經由潛逃的管道前來，而她也知道解放的時刻近了。揮手道別後，她跳上自行車就騎走。

在卡恩監獄裡，李維莉太太心裡有數，由於自己營救盟軍飛行員而將被處決。但在獄室門下塞進她的早餐盒時，聽到了輕輕傳來的消息，「希望，希望，」那聲音說道，「英國人已經登陸

---

25 原註：安妮瑪麗是少數不住在美國的戰爭新娘之一。目前她和赫洛斯住在六月八日他們頭一次邂逅的地方，也就是奧馬哈灘頭後方靠近科勒維爾的布洛克斯家農場，他們有三個子女，而赫洛斯經營駕訓班。

了。」她開始祈禱，不知道關在鄰近獄室的丈夫路易士，聽到了這個消息沒有。整夜都聽到爆炸聲，但她以為那是習以為常的盟機轟炸呢。現在有了一線希望，也許他們會在還來得及之前獲救吧。

突然，李維莉太太聽見走廊中的騷動聲，她蹲在獄門底下的門縫邊靜聽，只聽見叱叫的德語：「出來！出來！」叫了又叫，然後便是腳步的踉蹌聲，各獄室門關上的砰然聲，接著一片沉寂。幾分鐘以後，她聽見監獄外面的地方，響起了連綿不斷的機槍射擊聲。

擔任監獄警衛的德國秘密警察開始恐慌。反攻的消息一傳到，他們在幾分鐘內，就在獄院中架設了兩挺機關槍，把男犯人十個十個一批帶出來，靠著高牆加以處決。這些被挑出來槍斃的人，罪名各自不同，有的屬實、有的虛假。波爾（Guy de Saint Pol）和洛斯里（René Loslier），農夫；奧底格（Pierre Audige），牙醫；普利馬特（Maurice Primault），商店助理；托契特上校（Colonel Antoine de Touchet），退休軍官；勒里孚（Antole Lelièvre），鎮公所秘書；托邁恩（Georges Thomine），漁民；孟卻特（Pierre Menochet），警員；杜特克（Maurice Dutacq）、布楚斯（Achille Boutrois）和皮夸特（Joseph Picquenot）父子，都是鐵路工人；還有安恩（Albert Anne）、勒米爾（Désiré Lemière）、維拿特（Roger Veillat）、波那特（Robert Boulard）……總共九十二人，其中僅僅只有四十人是法國反抗軍成員。這一天，開始了偉大解放的這一天，這些人未能解釋，一無公聽，二無審判，就被屠殺了，其中就有李維莉的先生路易士。

槍聲持續了一個小時，李維莉太太在自己的獄室裡，心中想著不知道出了什麼事情。

5

在英國，這時正是上午九點三十分。艾森豪將軍整夜都在拖車裡踱步，等待各項報告進來。他想以慣常的辦法──看看西部小說放鬆心情，可是並不成功。第一批電文開始送達，它們都零零碎碎的，不過消息不錯，麾下的空軍與海軍將領，對攻擊的進展極為滿意。部隊已經在所有灘頭登陸，大君主作戰進行得很順利。雖然立足點還很淺，但他現在已不需要發佈二十四小時前他悄悄寫好的聲明了。一旦部隊登陸的意圖失敗，他這麼寫著：「我軍為尋求符合要求的灘頭堡，而在瑟堡至勒哈佛之間登陸。但登陸失敗了，本人已撤出部隊。本人於此時此地發動攻擊的決心，是基於所得的最佳情報而決定。我地面部隊、空軍及海軍恪盡職責，英勇奉獻，力盡所能。因此次行動引起的任何責難或錯失，均責在本人。」

艾森豪既已確定所屬部隊，已在各灘頭登陸上岸，便下令發佈另外一項截然不同的聲明。上午九點三十三分，他的新聞官杜普上校，向全世界廣播這項消息，「在艾森豪將軍指揮下，」他說道，「盟國海軍部隊，經由強大空軍支援，盟國地面部隊今晨已在法國北部海岸登陸。」

這正是自由世界一直在等待的一刻──而現在已經來臨，人人都有如釋重負、興奮、焦急的怪異綜合感。「終於，」倫敦《泰晤士報》在D日這天的社論上寫道，「緊張感頓時綳開了。」

大多數英國人在上班時間聽到了這個消息。一些軍工廠裡，消息經由廣播系統公告。男女工人都從車床往後退一步，同唱《天佑吾王》。鄉村教堂打開了大門，在上班的火車車廂上，完全不認識的人都在彼此交談；在城市的大街小巷，老百姓走到美軍士兵前握手；小批小批的人，群聚在角落裡，抬頭仰望以前從沒見過的龐大機群飛過。

妮爾麥中尉，X－23袖珍潛水艇艇長昂納上尉的太太，聽到登陸的消息，立刻就知道先生在什麼地方了。不久後，海軍總部一位作戰官打電話給她說：「昂納很好，不過妳絕對猜不到他在做什麼。」這一點妮爾麥以後可以聽到所有的經過。現在最重要的，便是他安然無恙。

英軍錫拉號巡洋艦上那位十八歲一等水兵諾斯伍的媽媽好興奮，跑到對街鄰居家告訴史普吉太太（Mrs. Spurdgeon）說：「我孩子一定在那裡。」史普吉太太也不甘示弱，她確定她也有「一個親戚在厭戰號戰艦上。」（除開略略細節不同以外，類似的談話遍及全英國。）

二等兵格爾在第一舟波登上寶劍灘頭。他的太太格麗絲聽到新聞快訊時，正在替三個孩子中最小的一個洗澡。她想忍住眼淚可卻辦不到，她十分確定自己的丈夫人在法國。「摯愛的上帝，」她呢喃說道，「帶他回來啊。」然後吩咐女兒愛芙倫把收音機關了，她說道：「我們不要讓爸爸因為擔心而洩氣。」

多塞特市的橋港（Bridgeport），在有著宛如教堂般氣息的西敏銀行（Westminster Bank）裡，安翠麗（Audrey Duckworth）正很努力在工作，以致於沒有留意到有關登陸的新聞，直到當天稍晚才知道消息。算是幸運嗎？她新婚才五天的美國丈夫，第一步兵師的杜克吳茲上尉（Captain Edmund Duckworth），一登上奧馬哈灘頭便陣亡了。

摩根爵士中將在前往普茨茅斯市艾帥總部途中，聽到英國廣播公司預告聽眾，準備收聽特別新聞。他便吩咐駕駛兵把車停下，把收音機的音量調大——然後，這位原始登陸計畫起草人，聽到了發動反攻的消息。

對大部分美國的地區來說，這項報導在午夜時分來到，東海岸為凌晨三點三十三分，而西海岸則是凌晨十二點卅三分。大部分的人都還在睡夢中，但頭一批聽到D日消息的，便是那些成千上萬值夜班的工作人員。男男女女辛苦生產出這次登陸作戰中正在使用的火砲、戰車、艦艇和飛機。在各地這些偉大生產的軍工廠中，工作都暫時停頓下來，人人都在作短暫、莊嚴的默哀。布魯克林造船廠，在刺眼的泛光燈照耀下，數以百計的男女工人，跪在幾艘部分完工的自由輪甲板上，開始唸《主禱文》。

跨越整個美國，昏沉的市鎮與鄉村，燈光亮了、收音機打開了，安靜的街道一下子全是聲音。人們喚醒鄰居，把這個消息告訴他們。好多人打電話給親友，以致電話交換機都接不通。在堪薩斯州的科費維爾（Coffeyville），人們穿著睡衣，跪在門廊禱告。在一列行駛在華府與紐約之間的火車上，牧師被要求舉行即時的佈道。喬治亞州的瑪瑞塔市（Marietta），人們在凌晨四點鐘湧進了教堂。費城的自由鐘響了，而有歷史性的維吉尼亞——二十九步兵師的家鄉——全州的教堂在夜間敲響，就像當年美國宣布革命時那樣。維州的貝德福（Bedford）是一個人口只有三千八百人的小鎮，這項消息具有特別的意義。這裡幾近家家戶戶都有兒子、兄弟、男友或者丈夫在二十九步兵師。當時貝德福鎮的居民還不知道，他們的男兒全都在奧馬哈灘頭登陸。第一一六步兵團來自貝德福鎮就有四十六人，但是能再度還鄉的僅僅只有二十三人。

婦女輔助隊的霍孚曼少尉（Lois Hoffman），是美國科尼號驅逐艦艦長的太太，當時正在維州諾福克海軍基地當班，聽到了D日的消息。她時時經由作戰室裡的朋友，追蹤那艘驅逐艦的動態，這次消息對她個人並沒有太大意義。她以為先生還在北大西洋為一個武器裝備船團護航。

新聞首次發佈時，舊金山的舒茲太太（Mrs. Lucille M. Schultz）正在米雷堡（Fort Miley）的榮民醫院值夜班，她是一位護士。她很想待在收音機邊，希望聽到關於八十二空降師的消息。她猜測該師參加了這次的作戰，但又怕收音機也許會刺激了她的心臟病病人——一位第一次世界大戰的老兵。他要聽收音機的報導，說道：「但願我也在那裡。」「你已經打過你的戰爭了。」舒茲護士說道便把收音機關了。她坐在黑暗中，悄悄垂淚，為自己二十一歲的傘兵兒子亞瑟——在五〇五團中，或更為人知的「荷蘭佬」——一遍又一遍地唸著玫瑰經。

羅斯福將軍的夫人在長島家中睡得正酣。大約在凌晨三點鐘，她醒了過來沒法再睡得著，就打開收音機——正好趕上D日的官方正式宣佈。她知道丈夫的性格，一定會在戰事最激烈的地方。她並不知道自己或許是全美國的唯一女性，先生在猶他灘頭，兒子——第一師步兵二十五歲的昆丁羅斯福上尉——在奧馬哈灘頭。她坐在床上閉上眼睛，唸一段家中熟悉又源遠流長的禱告詞：「啊，上帝求祢在今天支持我們……直到黑影變長，夜晚降臨。」

奧地利接近克雷姆斯（Krems）的第17B戰俘營，得到這項消息的戰俘們欣喜若狂。美國陸軍航空軍的士兵，用自製的小型水晶石收音機，收到了使人歡喜的新聞。這種收音機，小到能放進一個牙刷筒內，還有些偽裝成鉛筆一樣。一年多以前，在德境遭擊落的藍葛中士（James Lang），無法相信這報導是真的。戰俘營中的「新聞監聽委員會」，試圖警告營內的四千名戰俘，不要過度樂觀。「可別希望太高，」他們警告說，「讓我們有點時間來查證。」可是各個營房之間，戰俘們已秘密動手工作——畫出諾曼第海岸的地圖，他們打算在地圖上標示盟國大軍的勝利進軍路線。

關於登陸的消息，此時戰俘們所知道的遠比德國老百姓多。當時走在街上的人都沒聽說官方有宣佈。諷刺的是，由於柏林廣播電台抨擊艾森豪的公告達三小時，倒成為第一個宣佈盟軍登陸的機構。自六點三十分起，德國人就一直對心懷疑雲的外部世界，不斷地播放新聞。這些短波廣播，德國民間是收聽不到的。但依然有成千上萬的人，從其他來源，知道了登陸的消息。盡管收聽外國廣播被嚴禁，而且會受罰坐牢，但有些德國人還是收聽瑞士、瑞典或者西班牙的廣播電台。消息傳播得很快，很多聽到消息的人都很懷疑，但也有許多人，尤其是有丈夫駐守諾曼第的女性，知道消息之後非常關切。其中一位便是普拉斯凱特太太。

她原來想和沙雅（Frau Sauer），也是軍官的太太，下午去看電影。但一聽到謠傳盟軍在諾曼第登陸後，情緒變得異常激動，立即打電話給沙雅，取消了電影約會。她說：「我一定要曉得我先生出了什麼事，也許我再也見不到他了。」

沙雅是個魯莽以及非常普魯士性格的女人。「妳可不能這樣子，」她立刻回嘴說，「妳應該相信元首，要像個好軍官太太的樣子。」

普拉斯凱特太太叫道：「我再也不要和妳說話了！」砰然一聲就把電話掛斷了。

——

在貝希特斯加登，幾乎那些圍繞著希特勒的人，在確認收聽到盟軍的正式公告之前，都不敢斗膽告知他這項消息。大約在上午十點鐘（德國時間九點鐘）左右，希特勒的海軍侍從官帕德卡莫上將，打電話到約德爾辦公室要最新的報告，他得到的答覆是：「有眾多確定的跡象顯示，正發生大規模的登陸行動。」帕德卡莫和手下參謀就眼前所能蒐集到的資料，很快繪製了一幅地圖。這時，元首副官施密特少將便把希特勒喚醒。希特勒走出寢室時，身上還穿著睡袍，靜靜聆聽侍從武官的報告，然後派人把最高統帥部參謀總長凱特爾元帥以及約德爾都找來。他們到達時，希特勒已經著好裝等待——而且很激動。

據帕德卡莫回憶，會議過程「令人不安」。情報資料很缺乏，希特勒根據已知的消息，認為這並不是主攻，反反覆覆一再說個不停。這場會只開了幾分鐘，一下子就結束了。約德爾後來回憶，那時希特勒突然對著他和凱特爾咆哮如雷：「說吧，這究竟是不是主攻？」然後腳後跟一轉，就離開了會議室。

倫德斯特所急需的──解除統帥部對那兩個裝甲師的管制，甚至連提都沒有提到。

十點十五分，在赫林根市隆美爾元帥的家中，電話響了。打電話來的是B集團軍參謀長史派德爾。打電話來的目的是：對盟軍登陸作第一次的完整簡報[26]。隆美爾聽了大為震驚。

隆美爾一生最稟賦的精明直覺告訴他，這一回並不是一次「第厄普式」的登陸了，他知道自己一直在等待的這一天來了──是他所說過的「最長的一日」。他在電話中耐心地聽，直到史派德爾報告完了然後才開口說話，聲音中沉著而絲毫沒有情感衝動：「我真糊塗！我真糊塗！」

他蓋上電話的時候，隆美爾夫人只見「這通電話使他改變……變得極為緊張」。在接下來的四十五分鐘，他向住在史特拉斯堡（Strasbourg）的侍從官藍格上尉家中，打了兩次電話，每一次隆美爾告訴藍格要返回拉羅什吉翁的時間都不同。這件事使得藍格擔心起來，這麼沒有決斷，完全不像元帥本人。「在電話中，他的聲音沮喪得可怖，」藍格回憶說，「這一點也完全不像他。」離開的時間終於確定，隆美爾告訴侍從官：「我們一點整，在弗羅伊登斯塔特（Freudenstadt）出發。」藍格掛上電話，他判斷隆美爾把出發時間後延是為了要晉見希特勒。他卻不知道在貝希斯加登，除了希特勒的副官施密特少將以外，沒有半個人知道隆美爾人在德國。

6

在猶他灘頭，卡車、戰車、半履帶裝甲車與吉普車的咆哮聲，幾乎淹沒了德軍八八砲偶爾射來一發砲彈的嘯叫聲。這是勝利的噪音，美軍第四步兵師正向內陸推進，比任何人所預料到的還要快。

在二號堤道，也就是從灘頭向內陸進出唯一開放的堤道，兩個人站在那裡，指揮這人車行動的洪流。這兩人都是將官，在道路一邊站著的，是步四師師長巴敦少將，在另一邊的，則是一臉稚氣的副師長羅斯福准將。第十二步兵團的強森少校上岸來，只見羅斯福「在這條灰塵滿滿的路上走來走去，拄著手杖、抽著菸斗，幾乎就像在時報廣場那麼鎮定沉著」。羅斯福一眼瞄到了強森，便喊叫道：「嗨，強尼！在路上好好地幹，你表現得很好啊！今天是打獵的好日子，不是嗎？」這是羅斯福大獲全勝的時刻。是他決定把第四步兵師從原本計畫的登陸點移動了二千碼，若在原定地點上岸結果很可能會損失慘重。而現在他眼看著車輛兵員的長長行列向內陸推進，個

26 原註：史派德爾將軍告訴我，他在著作《一九四四年反攻：隆美爾與諾曼第戰役》（*Invasion 1944: Rommel and the Normandy Campaign*）一書中也這麼說，「大約在早晨六點鐘左右，通過私人電話找上隆美爾」。但是史派德爾把時間點搞錯了。舉例來說，他的書說隆美爾元師在六月五日離開了B集團軍司令部的拉羅什吉翁。而藍格上尉、鄧普霍夫上校所說，以及B集團軍作戰日誌中所記載的，都是六月四日。在D日的作戰日誌中只提到隆美爾在一〇一五時打了一通電話。整段文字紀錄為：史派德爾以電話向隆美爾會報情勢，B集團軍司令今日返部。

人感到無比的滿足[27]。

不過巴敦和羅斯福，盡管表面上不在乎，但卻都有同樣的擔憂，除非部隊、車輛的進軍交通得以保持通暢，否則德軍來一次果斷的逆襲，就可能把第四步兵師給阻擋。兩位將軍一而再、再而三地解除交通阻塞，熄火的卡車就毫不留情地推到路邊去，到處都是熊熊火起的車輛，那都是德軍砲轟的犧牲品，對前進是一種威脅。美軍利用裝甲推土機，把它們推到氾濫區，部隊也正在這些地區踩著爛泥向內陸前進。大約在上午十一點，巴敦得到了好消息，一哩外的三號堤道也打通了，為了減少交通壓力，巴敦立刻把戰車向這處新開放的通道隆隆駛去。第四步兵師在進軍了，急忙與正遭受重壓的傘兵會合。

兩單位會合時的景象還滿平淡無奇的——孤立的人們在沒有預料到的地方彼此相遇，通常其結果都充滿滑稽與感性。一〇一空降師的梅南諾上等兵，也許是頭一個遇見步四師部隊的傘兵。他和其他兩名傘兵，降落在原定的那個猶他灘頭上的障礙物之間。他們從海岸邊掙扎來到這裡幾乎奮戰了二哩路。他又睏又髒、又筋疲力竭，遇見第四步兵師的士兵時，他盯著他們許久，然後氣沖沖地問道：「你們這些傢伙都到什麼鬼地方去了？」

一〇一空降師布魯孚中士，瞧見第四步兵師的一名斥堠從旁普維爾附近的堤道上下來，「扛著那把步槍就像是松鼠獵槍一樣」。斥堠看著疲憊的布魯孚問道：「哪裡有仗打？」布魯孚落下來的地點，離降落區有八哩遠，在師長泰勒將軍指揮下，他們這一小批人整整作戰了一晚。他對著這名士兵惡狠狠地說道：「從這裡往後走，任何地方都會有，走下去吧，老弟，你就會找得到。」

瓦勒維爾（Audouville-la-Hubert）附近，一〇一空降師的莫爾費上尉，沿著一條泥土路向海岸急進。忽然，「在七十五碼外，在樹叢邊緣出現一名帶槍的士兵」。兩個人都臥倒掩蔽，他們小心冒出身來，步槍在握，小心翼翼地在沉默中彼此瞪視。對方要莫爾費拋掉步槍，兩手高舉走出來，莫爾費也建議那個陌生人同樣照辦。「我們來來回回交涉了好幾次，誰都不讓步。」最後，莫爾費這時看出對方是一個美國大兵便站了起來，兩個人就在路中間見了面，彼此握手，還拍了拍背。

聖瑪麗迪蒙的糕餅店老闆卡登，看見幾名傘兵在教堂高高的尖頂上，揮動一面巨大的橘色識別板。沒有多久便有長長的一列士兵，成單行縱隊從路上走來。當第四步兵師的官兵通過時，卡登把小兒子高高舉在肩膀上，這小孩前一天得了扁桃腺炎，還沒有完全復元，可是卡登不要兒子錯過眼前的景象。忽然他哭了起來，一名大塊頭的美國大兵對著他笑笑，用法語叫道：「法國萬歲！」卡登也報以微笑，點點頭，竟說不出話來。

第四步兵師離開了猶他灘頭，向內陸湧進。他們在D日的損傷很輕微，死傷一百九十七人，其中六十人在海上陣亡。接下來的幾個星期，步四師前面還有可怕的戰鬥，不過這一天可是他們的日子。到了黃昏時，兩萬兩千名官兵與一千八百輛車都會上岸，他們和傘兵一起，已經確保了法國境內美軍的第一處重要灘頭堡。

---

27 原註：羅斯福准將由於在猶他灘頭的表現，而奉頒國會榮譽勳章。七月十二日，艾森豪將軍批准，派羅斯福出任第九十步兵師師長。羅斯福卻根本不知道這項任命。同一天傍晚，他因心臟病逝世。

士兵以一吋再一吋的方式，在血腥奧馬哈殘忍地打出離開的出路。從海上看過去，灘頭所顯現的是令人難以置信的荒涼與毀滅。情況極其嚴重，到了中午，奧古斯塔號巡洋艦上的布萊德雷將軍，開始計畫將部隊撤退，把後續登陸兵力，分散到猶他和英軍的三處灘頭去。正當布萊德雷還為這個問題苦苦思量的時候，奧馬哈灘頭上陷入混亂的官兵已經在動手了。

綠四與白四兩處灘頭，現年五十一歲的頑固將領——諾曼科塔（Norman Cota），在猛烈的砲火下，大踏步走來走去，一隻手揮舞著一把四五手槍，一邊對上岸的部隊大聲叱叫，要他們趕快離開海灘。官兵沿著海濱沙石堆、海堤、峭壁底下的濱草叢，肩並肩地蹲在一起，偷偷張望著將軍，不敢相信這漢子直挺挺站立還能活著。

一批突擊兵臥倒在維耶維爾出口附近，「突擊兵，帶路！」科塔叱叫。官兵開始站起身來，在底下的海灘上，有一輛沒人開的推土機，車上載了黃色炸藥，那正是需要用來炸垮維耶維爾出口處反戰車牆的東西。「誰開那輛車的？」他咆哮如雷，卻沒有人應聲，官兵似乎依然被橫掃灘頭、毫無慈悲心的火力給嚇呆了。柯塔開始大發雷霆，怒吼道：「就沒有一個人有種敢開他媽的那輛車嗎？」

一個紅頭髮的士兵慢慢從沙子中站了起來，他極為從容走到科塔跟前，說道：「我來開。」科塔拍拍他的背，「這才是好漢，」將軍說道，「現在，我們離開海灘吧。」他頭也不回地往前走，在他後面的官兵也紛紛動了起來。

這就是一種榜樣。科塔准將是第二十九步兵師副師長，差不多一到達灘頭他就樹立了典範。

他負責二十九步兵師作戰區的右半部，一一六步兵團團長康漢姆上校則指揮左半部。康漢姆手腕受了傷，纏著一塊染血的手巾，來來回回在屍體、奄奄一息與備受震驚的士兵中走動，揮手要一批批的人向前進。「他們要在這裡把我們宰了！」他說道，「我們向內陸去把他們宰了！」弗格遜一等兵抬頭看著他在旁邊經過，大為驚訝，他問道：「這個婊子養的究竟是誰？」然後他和別的人都站了起來，朝峭壁前進。

在奧馬哈灘頭第一步兵師那一半的地區，這些歷經過西西里島與薩來諾登陸的老兵，擺脫震撼後的速度要快得多。史楚尼中士集合了手下的士兵，領著他們通過雷區到了峭壁上，他用火箭筒打垮一座機槍碉堡，「他只是有那麼一點的瘋狂」。一百碼外，史區希克中士也受夠了遭火力牽制。有些士兵還記得，他差不多是用軍靴踢著士兵離開沙灘。上到佈了雷的岬角，他在有刺鐵絲網中打開了一條通路。沒有多久，伍任斯基上尉在一條走下峭壁的小徑上，遇到了史區希克，看見他一腳踩在一枚泰勒地雷上可嚇壞了。史屈希克卻平靜的說：「連長，我踩在上面它不會炸，也不會往上飛。」

第十六步兵團團長泰勒上校，在第一步兵師的作戰區走來走去，根本不理會沙灘上火砲與機槍的射擊。「只有兩種人待在海灘上，」他叱叫道，「已經死掉的和即將要死的人，好了，讓我們離開這個鬼地方吧。」

到處都有強悍的領袖，有士兵也有將領，他們都會指引出方向，把官兵帶出海灘。一旦開了頭，部隊就不會再停頓下來了。韋德費中士，跨過十幾個朋友的屍體，板著臉孔穿過雷區、攀上了高地。安德生少尉照料一名傷兵——他後頸中了一槍，子彈從他嘴裡穿出去——安德生發現他「有足夠的勇氣站起身來，就在那時候起，我從菜鳥成了一名老兵」。第二突擊兵營的柯特勒中士攀上了山頭，對著下面的班兵喊叫道：「到頂上來，這批婊子養的都肅清掉了！」馬上有一陣機槍火力打到他左面，柯特勒一個轉身，扔出幾枚手榴彈又對著下面大叫道：「來呀，來呀，這批婊子養的，**現在**真的肅清掉了！」

正當部隊開始前進，第一批登陸艇開始衝過障礙物，搶灘登陸。其他登陸艇艇長看見他們辦得到也就跟著做。有幾艘驅逐艦，為了支援部隊的前進而駛近海岸，冒著擱淺的危險，以近距離對著峭壁一帶的敵軍重要據點射擊。工兵在彈幕的掩護下，開始完成早在七個小時以前就該開始的爆破工作。沿著奧馬哈灘頭，各處的死結都一一打開了。

一旦官兵發現可以前進了，他們的畏懼與挫折感就為強烈的憤怒所壓倒了。在維耶維爾的峭壁高點附近，突擊兵營的一等兵魏斯特和他的連長惠亭頓上尉，發現了一處由三名德軍據守的機槍陣地。魏斯特和連長兩個人小心包抄，一名德軍突然轉身看見了兩個老美，便用德語大叫道：「求饒！求饒！求饒！」惠亭頓開火，把三名德軍都打死了，他轉向魏斯特說道：「我不曉得『久繞』是什麼意思。」

部隊脫離了恐怖的奧馬哈灘頭，向內陸推進。下午一點三十分，布萊德雷將軍接到了以下電文：「紅五、綠五及紅六灘頭先前遭牽制住的部隊，正向海灘後方各高地前進。」

到這一天結束，步一師與步二十九師的官兵，已深入到內陸一哩遠。

奧馬哈灘頭的代價，據估計：死亡、負傷與失蹤的官兵人數達兩千五百人。

7

普拉斯凱特少校回到埃特雷昂的營部時，已經是凌晨一點鐘。當他站在大門時，一點也不像同僚所認識的樣子。普拉斯凱特就像中風般抖個不停，嘴裡只說著：「白蘭地！白蘭地！」等到酒拿來，他兩隻手抖得更厲害、無法控制，幾乎沒法把酒倒進玻璃杯裡。

營上一名軍官說：「報告營長，美軍已經登陸了。」普拉斯凱特狠狠瞪他一眼，揮手要他走開。營部參謀圍繞在他身邊，他們心中有一個最迫切的問題。他們向普拉斯凱特報告，各砲連的彈藥馬上就低於安全存量了。他們報告說，已把情況向團部報告過，而團長奧克爾中校說，補給的彈藥已在路上了，可是到現在還沒有半發砲彈運到。普拉斯凱特便打電話給奧克爾。

「老普嗎？」電話線那一頭是奧克爾的聲音，「你人還活著啊？」

普拉斯凱特不理這句問話，單刀直入問道：「彈藥是怎麼回事？」

「已經上路了呀。」奧克爾說道。

團長的若無其事，讓普拉斯凱特氣瘋了，「什麼時候上的路？」他叫道，「什麼時候會到這裡？你們這些人似乎不曉得這裡是什麼情形。」

十分鐘以後，有電話找普拉斯凱特，「壞消息，」奧克爾告訴他，「我剛得知彈藥車隊已遭敵軍殲滅，會在今天入夜以後才能運送物資到你那裡了。」

普拉斯凱特倒不覺得意外，從他個人痛苦的經驗中學到，沒有一樣東西能在公路上移動；他也知道手下幾門火砲眼前的射擊速率，在入夜以前就會把彈藥打光。問題是：會是哪一樣先到他的砲陣地——是彈藥？還是美軍？普拉斯凱特下令各連準備肉搏戰。然後他在別墅中漫無目的地踱步，他突然有一種孤立的無力感，巴不得想知道自己的那隻狼狗哈瑞斯在什麼地方。

8

在D日打頭一仗的英軍士兵，到這時還一直把守住他們的戰利品——越過奧恩河與卡恩運河上的幾座橋樑，已經有超過十三個小時了。雖然霍華德少校的滑降步兵在破曉時分，已得到了英軍第六空降師的傘兵增援，但在德軍猛烈的迫擊砲火與輕武器的射擊下，人數漸漸減少。霍華德的部隊已經阻止了德軍好幾次小規模的試探性逆襲。目前，佔領橋樑兩邊原德軍陣地的英軍，又累又急，渴切盼望著海上登陸部隊前來會師。

卡恩運河橋口附近的散兵坑裡，二等兵格瑞再看看手錶。洛瓦特爵士的突擊隊幾乎落後預定時間有一個半小時了，他不知道海灘上來的支援部隊出了什麼事。格瑞並不認為在海灘上的作戰，會比在各橋的作戰更糟。他幾乎不敢把頭抬起來，在他看來德軍狙擊手的槍法越來越準確了。

在射擊暫歇的片刻，格瑞的朋友二等兵威基斯躺在他旁邊突然說道：「你知道嗎？我想我聽見了風笛！」格瑞瞪著、譏笑說：「你瘋了。」幾秒鐘以後，威基斯又轉向他，堅定不移地說：「我的確聽到了風笛呀。」這時，格瑞也聽到了。

就在公路上，洛瓦特爵士的突擊隊到達了。他們頭戴綠扁帽，一個個趾高氣揚。米林在縱隊前面領頭行進，他的風笛演奏著《邊境上的藍絨帽》。雙方的射擊突然都停止了，大家對於眼前景象目不轉睛。不過震撼並沒維持很久，突擊隊領頭過橋後德軍又開始射擊起來。米林回憶說：

「由於風笛的鳴聲，我沒法聽得到很清楚，我沒挨槍，純粹是運氣。」橋過了一半，米林轉身看了看洛瓦特爵士，「他還是大踏步一路走來，彷彿他是在自家庭園中散步一樣，」米林回憶道，「他給了我一個手勢，繼續向前。」

傘兵不顧德軍的猛烈射擊，都衝出來迎接突擊隊。洛瓦特道歉說「遲到了幾分鐘」。對疲憊至極的第六空降師傘兵來說，這真是興奮的時刻。雖然英軍主力要到達傘兵據守防線的最遠處還要好幾個小時，但第一批增援部隊總算已經到達了。紅扁帽的傘兵和綠扁帽的突擊隊碰到一起時，精神上有了一種突然而且可以體會到的爽快感，十九歲的格瑞覺得「自己年輕了好幾歲」。

9

現在，在希特勒的第三帝國生死存亡的這一天，隆美爾正拚命急駛返回諾曼第。而在登陸戰線上他麾下的各級指揮官，正拚命要阻止猛撲前來的盟軍攻擊，事情的成敗全靠裝甲師了。德軍第二十一裝甲師正好就在英軍三處灘頭的後方。第十二黨衛裝甲師和裝甲教導師，卻依然由希特勒在後方掌控。

——

隆美爾元帥注視在車前展開的公路白色標線，並敦促駕駛士往前，「快！快！快！」他說。鄧尼爾把油門踩到了底，座車咆哮向前飛駛。他們在兩小時前離開弗羅伊登斯塔特後，隆美爾便沒有說過一句話。侍從官藍格上尉坐在後座，從沒見過元帥這般抑鬱過。藍格想要談談登陸的事，可是隆美爾卻沒有意願說話。忽然間，隆美爾轉過身來看著藍格，「我一直都是對的，」他說，「一直以來都是。」然後又盯著前路。

德軍第二十一裝甲師沒法通過卡恩。該師戰車團團長布朗尼可斯基上校，開著他的「水桶」指揮車在車隊前後走動。卡恩已成了一堆廢墟，在早些時候市區遭到轟炸，而轟炸機又炸得徹底，大街小巷堆滿了斷瓦殘垣。在布朗尼可斯基看來，「市區中的每一個市民都在移動，試著要離開」。公路上擠滿了騎自行車的民眾，對裝甲師來說這毫無指望可以通過。布朗尼可斯基決定全團後退，從市區旁邊繞道。他知道這得花上好幾個小時，可是卻沒有別的辦法可想。而且，當他通過以後，原定支援他的步兵團又在什麼地方？

德軍第二十一裝甲師一九二裝甲步兵團，十九歲的二等兵赫姆斯從沒有這麼快樂過，這真是光榮，竟由他領先攻擊英軍！赫姆斯跨坐在機車上，在先鋒連領頭行進。他們正向海岸前進，很快就會趕上戰車，然後二十一裝甲師就會把英軍趕下海，人人都這麼說。在他附近的機車上，都是他的朋友：特茲洛、馬卻起與希哈德。他們全都預料，應該在此之前更早就會遇到英軍的攻擊，可卻沒發生一點事。奇怪的是，他們到現在還沒趕上戰車。不過赫姆斯猜想，他們一定在前面的什麼地方，或許正在向海岸攻擊了。赫姆斯快樂騎著機車向前進，引導著團內的先鋒連，進入這一處八哩寬的缺口，這是在英軍天后與黃金兩個灘頭之間。英軍突擊隊還沒有填上。這處缺口可供德軍裝甲師擴展，把英軍兩處灘頭切割，威脅到盟軍整體登陸作戰——這處缺口的存在，布朗尼可斯基上校卻一無所知。

在巴黎的西總，倫德斯特元帥的參謀長布魯門提特少將，打電話到隆美爾的B集團軍司令部，找參謀長史派德爾。B集團軍的作戰日誌上只記錄他們說了一句：「最高統帥部，」布魯門提特說道，「已經准予使用第十二黨衛裝甲師及裝甲教導師。」時間是下午三點四十分。兩位參謀長都知道這已經為時過晚了。希特勒和他的高階將領，把這兩個裝甲師壓了足足十個多小時，在這生死存亡的一天內沒有一個師能有希望到達登陸區。第十二黨衛裝甲師，要一直到六月七日上午才能抵達灘頭；而業已為盟軍空軍繼續不斷攻擊，幾乎全滅的裝甲教導師，六月九日之前根本到不了。現在，能使盟軍的反攻失敗的唯一機會，就全在第二十一裝甲師身上了。

——

快到下午六點鐘，隆美爾的座車停在蘭斯，侍從官藍格上尉到市區警備司令部，打了一通電話到拉羅什吉翁。隆美爾花了十五分鐘打電話，靜聽參謀長的簡報。隆美爾從辦公室出來時，藍格便意識到消息一定不妙。他們繼續開車前進，車中默然無聲。過了一陣以後，隆美爾戴了手套的拳頭，打在另一隻手掌心裡，痛苦地說道：「我親愛的好對手——蒙哥馬利！」又過了一陣子，他說：「天啊！如果二十一裝甲師辦得到，我們也許能在三天內把他們趕回去。」

——

在卡恩北方，布朗尼可斯基下達了攻擊令，他派出三十五輛戰車，由戈德堡上尉指揮，先行攻佔距海岸四哩遠的佩里耶（Périers）各高地。布朗尼可斯基自己，則率領二十四輛戰車，想攻佔二哩外比埃維爾（Biéville）的一座山頭。

二十一裝甲師師長費契丁格將軍，以及八十四軍軍長馬克斯將軍，都來看這次攻擊的出發。馬克斯走到布朗尼可斯基前說道：「布朗，德國的未來完全在你肩上了，如果你不把英軍趕下海，我們的戰爭就失敗了。」

布朗尼可斯基舉手敬禮回答道：「報告軍長，我會力盡所能去做。」

他們向前推進，戰車成扇形散開時，七一六步兵師師長里契特少將止住了布朗尼可斯基，師長「因悲傷過度而呆住」，他流淚滿面告訴布朗尼可斯基：「我的部隊都損失了，整個師完了。」

布朗尼可斯基問道：「師長，我該怎麼辦？我們會竭盡全力救援。」他掏出地圖給賴契特看：「師長，他們的位置在什麼地方，請您指示一下好嗎？」

里契特搖搖頭，「我不知道，」他說，「我不知道。」

——

隆美爾在專車前座轉了上半身向藍格說道：「現在我希望沒有地中海方面的第二場登陸。」他停了一會兒，「藍格，你知道嗎？」他若有所思地說，「如果現在我是盟軍統帥，我能在十四天內結束這場戰爭。」他又轉身回去，看著前面的道路。藍格看著他，受苦，卻無法幫忙。專車在夜色中繼續咆哮疾駛。

——

布朗尼可斯基的戰車隊，隆隆駛上比埃維爾的高地。到現在為止，還沒有遭遇敵人的抵抗。他的四號戰車隊中的第一輛快到高地頂上時，遠處的砲聲獰然齊發。他說不出是遇到英軍戰車射擊，或是來自德軍的戰防砲，但砲火既凶猛又準確，似乎從五六處地方一起射擊。突然，領先的戰車一彈未發就爆炸開來，隨即又有兩輛戰車駛上前去用戰車砲轟擊，但英軍砲手似乎不受影響。布朗尼可斯基開始明白為什麼了，他的戰車比不過人家，英軍的火砲似乎射程極遠，把布朗尼可斯基的戰車一輛又一輛給打垮，不到十五分鐘，他就折損了六輛戰車。他從沒見過這種射擊，可又無法可施，他終止攻擊，下令後退。

——

二等兵赫姆斯搞不懂戰車在什麼地方。一九二團的先鋒連，已經抵達了濱海呂克（Luc-sur-Mer）的海岸，但卻沒有德軍裝甲師的蹤影，也沒有英軍的跡象，他有點失望。可是登陸艦隊的景色，卻是補償了他的失望。海岸外，赫姆斯的左邊和右邊，只見有成百上千艘的艦船與小艇來來往往，一哩外則是各種各樣的戰艦。「真漂亮，」他對朋友希哈德說，「真像在閱兵。」

赫姆斯就和幾個朋友在草地上躺了下來，掏出香菸來抽，似乎什麼事都不會發生，也沒有人對他們下命令。

——

英軍已在比埃維爾高地佔領了陣地，他們擋住了戈德堡上尉的三十五輛戰車，甚至在德軍裝甲部隊還沒進入射程之前就擋住了。就那麼幾分鐘，戈德堡就損失了十輛戰車。由於命令的耽擱，以及想在卡恩繞道而浪費時間，使得英軍有了大好機會，在戰略性高地上充分鞏固了陣地。戈德堡臭罵他能想得起來的每一個人，他把部隊向後撤，撤到比埃維爾附近的樹林邊緣。他命令官兵為戰車掘壕，埋下車身只露出砲塔。他十分確定，英軍會在幾小時內衝向卡恩。

可是出於戈德堡的意料之外，時間過去了卻沒有攻擊發生。然後，過了晚上九點鐘不久，他眼前出現了奇景。天空中飛機的隆隆聲愈來愈大，襯著依然明亮的太陽，他見到遠處一大批滑翔機，從海岸飛越而來，一共有好幾十架，穩定地編成隊形跟在拖曳機的後面。正當他看著時，滑翔機脫離拖曳機，轉彎側滑，颼颼地往下降，降落在他與海岸中間視線不及的地方，戈德堡氣得咒罵起來。

布朗尼可斯基也在比埃維爾，也命令手下戰車掘壕固守。正當他站在路邊時，看見「德國軍官各帶著二三十名士兵，零零散散從前方向後走——往卡恩方向撤退」。布朗尼可斯基搞不懂，為什麼英軍不進攻。在他看來，「卡恩和這一整個地區，只要幾小時就可以拿下來。」[28]布朗尼可斯基看見在這個行列的後頭，有一名德軍中士，兩隻手摟住兩名體格結實的婦女輔助隊隊員[29]，他們「醉得像豬一樣，臉上髒髒的，搖搖擺擺的從這面擺到那一面」。他們踉踉蹌蹌走過，忘掉了一切，嘴裡大聲唱著德國國歌《德意志之歌》。布朗尼可斯基看著直到他們走遠了，不禁大聲說：「這場戰爭失敗了。」

——

隆美爾的座車悄悄駛過拉羅什吉翁，道路兩側的小小房屋緊鄰著道路，車輛行進速度因此慢了下來。這輛黑色的大轎車轉彎離開了公路，經過十六株修剪得整整齊齊的菩提樹，進入了羅什富科公爵的堡邸。正當車輛進入堡門前停了一下，藍格跳出車外先跑在車前，去通知參謀長史派德爾少將，說元帥回來了。大走廊上，他聽見參謀長辦公室裡，傳來華格納歌劇的旋律。房門突然一開，史派德爾走出來，音樂聲也湧出室外。

藍格既生氣又震驚，一下子忘記自己在和一位將領說話，他劈頭就問：「這種時候，怎麼你還聽歌劇？」

史派德爾笑著回答道：「我的好藍格，你不認為我放一點點音樂，是要阻擋敵人登陸嗎？是不？」

隆美爾穿著藍灰色的野戰大衣，銀頂的元帥指揮杖在右手，大踏步從走廊上走來。他走進史派德爾辦公室，兩手交握在背後，站在那裡注視地圖，史派德爾把門關上，藍格知道會議要進行很長一段時間，於是乎便走到餐廳去。他頹然坐在一張長桌邊，向傳令兵要一杯咖啡。附近有一名軍官正在看報告，他抬頭望著藍格說道：「此行如何呀？」他問得倒是很愉快，藍格只氣沖沖瞪著他。

——

瑟堡半島，接近聖艾格里斯鎮的一處散兵坑裡，美軍八十二空降師的二等兵荷蘭佬舒茲，正靠著散兵坑的一邊，聽到遠處一座教堂鐘鳴十一響。他很難讓眼睛張開了，算了一下自己一直醒著的時間，到現在差不多是七十二小時了——自從六月四日晚上，登陸延期一天，他參加骰子賭局時算起。有意思的是，他竟花了那麼大的力氣，才把自己贏來的錢統統輸掉——如此就不會

28 原註：雖然英軍在D日獲得最大的進展，他們卻未能攻佔本身的主目標——岡城。布朗尼可斯基和手下的戰車待在陣地裡達六個多星期——直到該市終於攻下來為止。

29 編註：德文原稱 Wehrmachthelferin。

有什麼壞事發生在自己身上了。事實上，荷蘭佬還覺得有一點難為情，整整一天他連半槍都沒開過。

在奧馬哈灘頭的峭壁下，醫護中士艾根保疲憊地躺在一個彈坑裡，已經忘記自己處理過多少名傷患。他疲倦得要死，但是在睡著以前，要做一件事，他從口袋裡，抽出一張皺巴巴的「勝利郵簡」（V-mail）信紙，在手電筒的光度下，坐下來寫家信。他草草寫道：「法國某地」，然後繼續寫：「親愛的媽爸，現在您們已經知道登陸的事了，唔，我很好。」這名十九歲的醫護士停下來，他沒法想出更多的字可寫了。

海灘上，科塔准將注視著卡車的「貓眼」——燈火管制尾燈，聽到了憲兵和灘勤隊長的叱叫聲，把人車都往內陸趕。到處仍然有登陸艇在燃燒，向夜空拋起血紅的火焰；湧浪衝擊海岸，在遠處什麼地方，科塔還聽到單一的機槍噠噠聲，驀地裡他覺得非常疲倦，一輛載重車隆隆向他駛來，將軍揮手要車停下。他站在踏腳板上，一隻手抓住車門，回望了海灘一會兒，然後對駕駛兵說道：「孩子，載我上山去吧。」

——

隆美爾總部裡，藍格也和別人一樣，聽到了壞消息：第二十一裝甲師的攻擊失敗了。藍格非常沮喪，他向元帥說道：「司令，您認為我們能把他們趕回去嗎？」

隆美爾聳聳肩，攤開兩手說道：「藍格，我希望能夠。直到現在為止，我幾乎一向都是成功的。」然後他拍拍藍格的肩膀，「你累壞了，」他說，「你怎麼不去睡覺？這麼長的一天啊。」他轉過身去，藍格看他在走廊上走向辦公室，門在他身後輕輕關上了。

外頭，在兩處巨大的圓石庭院裡，毫無動靜，拉羅什吉翁很安靜。很快，在這個被佔領得最完整的這個法國村落，和整個希特勒統治下的歐洲，就會得到自由。從這一天起，第三帝國的生命將只剩不到一年。在堡邸大門外，延伸的大路寬敞且空蕩，而紅瓦屋頂的家屋窗戶都關上了百葉窗；午夜，聖桑松教堂響起了報時鐘聲。

筆記　有關死傷數字

在盟軍發動登陸行動的這二十四小時，部隊遭受的傷亡官兵，多年來都有各種不同的概略、相互牴觸的數字，沒有一種能說得上準確。充其量，它們只應是一種估計，因為登陸的性質，任何人都不可能臻致一個確切不移的數目。大致說來，戰史家同意，盟軍傷亡總數將近萬人；有些人甚至把數字定為一萬二千人。

美軍傷亡定為六千六百零三人，這個數字基於美軍第一軍團作戰後報告而來，分為下列各項：陣亡，一千四百六十五人；負傷，三千一百八十四人；失蹤，一千九百二十八人；被俘，二十六人。在這個數字中，也包括了八十二及一〇一空降師的損失。先以這兩個空降師來說，陣亡、負傷與失蹤就達二千四百九十九人。

加軍死傷共九百四十六人，其中三百三十五人陣亡；英軍傷亡則從未公佈，據判斷至少有兩千五百人到三千人傷亡，其中第六空降師的損失，陣亡、負傷與失蹤達六百五十人。

德軍在D日這天的傷亡為多少？沒有一個人能說得出來。以本人訪問德軍將校軍官所得到的估計，從四千人到九千人之間。但在六月底，隆美爾報告B集團軍當月的傷亡是「將領二十八員，各級部隊長三百五十四員，士兵約二十五萬人」。

謝誌

常靖譯

本書的主要資料來源是盟軍與德軍的諾曼第登陸老兵、法國反抗軍與平民，總共超過一千人。他們公開且無私地獻出他們的時間，並且克服了種種不便。他們填寫問卷，並且在問卷收齊、與其他老兵的證詞對照之後，他們還相當樂意地提供了更多資訊。他們回應了我寄去的許多信件與詢問。他們給了我豐富的文獻和紀念物，包括有水漬的地圖、破碎的日記、行動後報告、紀錄、留言簿、連隊名冊、傷亡名單、私人信件與照片，並且還讓我親自訪問。我真的虧欠這些有貢獻的人太多了。讀者可以在之後找到協助本書的軍人與法國反抗軍的完整清單。據筆者所知，這份不完整的諾曼第登陸參與人員清單是世上唯一存在的此類文獻。

在所有我們找到的生還者中（這個工作花了將近三年），有大約七百人是在美國、加拿大、英國、法國與德國採訪的。其中有大約三百八十三段描述受到本書採用。出於許多編輯上的原因（主要是因為重複），筆者無法將所有人的說法都寫入書中。然而本書的架構仍是以所有參與人士所提供的資訊為基礎，再加上盟軍與德軍的行動後報告、戰爭日誌、歷史記載或其他官方紀錄（例如戰時及戰後由美國陸軍後備軍的塞繆爾・馬歇爾〔S.L.A. Marshall〕准將執行的大量訪談，他是軍方的歐洲戰區歷史學家）。

首先我想感謝德威特・華萊士（DeWitt Wallace），他是《讀者文摘》編輯兼發行人，他幾乎負責整本書的開銷，因此也是讓這本書得以付梓的人。

接下來我必須對以下的各位致上敬意：美國國防部部長泰勒上將，他直到前一陣子都還是美國陸軍的參謀長；陸軍新聞處長史多爾少將（H. P. Storke）；切斯尼特上校（G. Chesnutt）、切斯波羅中校（John S. Cheseboro）和歐文中校（C.J. Owen），三人是陸軍雜誌與書籍部的軍官；美國海軍雜誌與書籍部的吉姆佩爾中校（Herber Gimpel）；美國空軍新聞處的桑德曼少校（J. Sunderman）與麥柯上尉（W. M. Mack）；美國國防部申請暨旅遊部的霍樂女士（Martha Holler）；還有歐洲與其他地區的許多新聞辦事處，他們都在每個過程中替我提供了協助。他們不只幫我找到了老兵，還幫我在各種地方開通了許多管道，讓我得以檢視至今都還列為機密的文獻、給我詳細的地圖、帶我進出歐洲，並且安排訪談。

我也必須感謝格林菲爾德博士（Kent Roberts Greenfield）大方提供協助與合作，他直到最近都是軍事歷史處處長辦公室的首席歷史學家，同時我也要感謝他的同事：海茲少校（William F. Heitz）、懷斯先生（Israel Wice）、芬柯先生（Detmar Finke），以及萊勒巧先生（Charles von Luttichau），他們准許我查看官方歷史與文獻，同時還一直給我指導與建議。我還要在這邊特別提及萊勒巧的作品，他把自己近八個月閒暇的時間，都投入翻譯大量德文文獻和最重要的德國作戰日誌上。

在對本書有貢獻的許多人中，我尤其想要感謝以下人士：比迪中士非常細心地重建了突擊兵在霍克角的行動；第一師的庫茲上等兵、第四師的基靈少尉和諾曼科塔准將都生動地描述了奧馬哈灘頭的狀況；第四師的強森少校非常仔細地整理了第一波攻擊隊伍所攜帶的裝備；卡費上校與布朗中士幫我描述了羅斯福准將在猶他灘頭上的表現；巴敦少將是諾曼第登陸當天第四師的師長，他給了我許多指導，還借了我地圖和官方文件；克斯准將手下的英國第八旅在寶劍灘頭領軍衝鋒，而他則提供了詳細的回憶錄和文獻，並且好心地試著找出英軍的傷亡數字；羅斯福將軍夫人給了我許多善意、有想法的建議與批評；威廉沃頓（William Walton）是前任《時代》和《生活》雜誌的記者，他是唯一與八十二空降師一起跳傘的戰地記者。他翻箱倒櫃找出了自己的舊筆記本，然後還花了兩天幫我重建那場戰鬥的整體氣氛；皇家陸戰隊第四十八突擊隊的弗倫杜上尉和艾德華斯中尉畫了天后灘頭的畫面；還有洛瓦特爵士突擊隊的風笛手米林，他費盡心思尋找，最後找到了當天演奏的曲目。

我還想感謝泰勒上將，他從自己繁忙的行程中抽出時間，帶我逐步了解一〇一空降師的作戰，後來還幫我看過原稿的相關部分，確保描述的準確。還有其他人也幫我校正過錯誤，並且讀過兩到三種不同版本的原稿，他們是摩根爵士少將，也就是原始大君主行動的策畫人，還有蓋文少將，他是第八十二空降師跳傘進入諾曼第時的指揮官。我還欠以下人士一份人情：布萊德雷上將，他是當時美國第一軍團的指揮官；史密斯中將，當時是艾森豪上將的參謀長；柯羅克中將（J. T. Crocker），他是英國第一軍的司令；還有格爾爵士上將，英國第六空降師的師長。這些人都好心地回答了我的問題，或是接受我的訪問或讓我看他們的戰時地圖與文獻。

在德國這邊，我要感謝波昂政府[1]的大方合作，以及許多各軍種協會幫我找到老兵、安排訪談。

在德國這邊為數眾多的貢獻者中，我尤其感謝哈爾德上將，他是前德軍參謀總長；藍格上

1 編註：作者寫作時，正值東西德分治的時代。

尉，他是隆美爾的幕僚；布魯門提特少將，倫德斯特元帥的參謀長；史派德爾博士中將，隆美爾的參謀長；隆美爾夫人和她的兒子曼佛雷德；佩梅塞中將，第七軍的參謀長；札爾穆特上將，第十五軍的司令；第二十一裝甲師的布朗尼可斯基將軍；德國空軍第二十六戰鬥機聯隊的普瑞勒上校；第十五軍的狄楚林中校；還有三五二師的普拉斯凱特少校。這些人和許許多多其他人都相當好心，願意接受我的訪談，並花好幾個小時重建戰鬥的不同階段。

除了從參加諾曼第登陸的人手中取得的資訊之外，在我們研究的過程中，也參考了許多優秀史學家與作家的著作。我要感謝哈里森（Gordon A. Harrison），官方負責諾曼第登陸作戰史 *Cross-Channel Attack* 的作者，還有波格博士（Forest Pogue），美國陸軍出版的 *The Supreme Command* 的作者，這兩位的著作都給了我方向，並協助我解決許多有爭議的地方。他們的著作非常重要，讓我能對登陸前的政治、軍事局勢與作戰本身的細節有全面的了解。其他對我非常有幫助的書籍包括：莫里森（Samuel E. Morison）所著的 *The Invasion of France and Germany*、泰勒（Charles H. Taylor）所著的 *Omaha Beachhead*、羅本塔（R. G. Ruppenthal）所著的 *Utah to Cherbourg*；拉普伯特（Leonard Rapport）和諾伍德（Arthur Norwood, Jr.）合著的 *Rendezvous with Destiny*、美國陸軍後備軍馬歇爾准將所著的 *Men Against Fire*，還有史塔塞上校（C. P. Stacey）所著的 *The Canadian Army: 1939-1945*。本書附錄中有一份參考書目清單。

在尋找老兵、收集研究及最終訪談的過程中，我收到了《讀者文摘》、美國、加拿大、英國、法國與德國許多機關代表與編輯的協助。在紐約，Frances Ward小姐和Sally Roderts小姐在部門編輯Gertrude Arundel的指導下處理了大量的文獻、問卷和訪問，並且還想辦法讓這些東西保持良好狀況。在倫敦，Joan Isaacs小姐的工作也類似，還要做許多訪談。在加拿大戰爭辦公室的協助之下，《讀者文摘》的Shane McKay和Nancy Vail Bashant小姐找到並訪問了數十位加拿大老兵。歐洲那邊的訪問是最困難的，因此我必須感謝Max C. Schreiber提供的建議，他是《讀者文摘》德文版的編輯；我也必須特別感謝《讀者文摘》在巴黎的歐洲編輯辦公室裡的助理編輯George Révay、John D. Panitza和Yvonne Fourcade，他們花了很多心力組織、研究這個專案，並且孜孜不倦地訪談相關人士。我還要對《讀者文摘》助理執行編輯Hobart Lewis致上最真誠的感謝，因為他一開始就相信這個專案會成功，並且在長達數月的著書過程中一直和我站在一起。

我仍然欠許許多多的人一聲謝謝。這邊只舉其中幾位：Jorry Korn給了我不少深思熟慮的批評與編輯上的協助；Don Lassen寫了許多與第八十二空降師有關的信給我；錄音電話機公司（Dictaphone Corp.）的Don Brice，以及David Kerr協助我進行訪談；《陸軍時報》（*Army Times*）的John Virden上校、《貝德福德民主》雜誌（*Bedford Democrat*）的Kenneth Crouch、泛美航空的Dave Parsons、IBM的Ted Rowe，還有通用動力的Pat Sullivan，他們都透過各自所屬的組織幫助我找到了諾曼第登陸的生還者；Suzanne Cleaves、Theodore H. White、Peter Schwed和Phyllis Jackson都幫我仔細讀過了各個版本的稿子；Lillian Lang負責秘書工作；Anne Wright編寫、交叉索引、處理來往信件還有所有打字工作；還有最重要的，是我親愛的妻子Kathryn，她收集、整理了我的研究、協助原稿的最終修改，並且做出比別人都多的貢獻，因為她必須經歷整個寫書的過程。

C.R.

Richter, Wilhelm, 里契特，少將（第716海防師長）中將（退休）
Ruge, Friedrich, 盧格，中將（隆美爾海軍武官）西德海軍督察長
Saul, Carl, 中尉、博士（第709海防師）高中教師
Schenck Zu Schweinsberg, Baron Hans，少校（第21裝甲師）私營企業
Speidel, Hans, 史派德爾，少將、博士（隆美爾之參謀長）中將，北約中歐盟軍指揮官
Staubwasser, Anton, 中校（B集團軍情報處長）西德聯邦國防軍
Stenzel, Willy, 下士（第6空降獵兵團）行銷人員
Stöbe, Walter, 史塔比，教授、博士（西總德國空軍，氣象處長）教師
Voigt, Wilhelm, 福格特，二等兵（無線電監控大隊）航空公司公關
Von Gottberg, Wilhelm, 戈德堡，上尉（第21裝甲師第22團）汽車公司經理
Von Kistowski, Werner, 吉斯托威斯基，上校（第3防砲軍第1團）避雷針經銷
Von Oppeln-Bronikowski, Hermann, 布朗尼可斯基，上校（第21裝甲師第22團）上將（退休）國防顧問
Von Puttkamer, Karl Jesko, 帕德卡莫，上將（希特勒之海軍武官）出口商
Von Salmuth, Hans, 札爾穆特，上將（第15軍軍長）上將（退休）
Von Schramm, Wilhelm, 舒瑞姆，少校（官方戰地記者）作家
Warlimont, Walter, 瓦里蒙，上將（最高統帥部作戰廳副廳長）上將（退休）
Wuensch, Anton, 溫士奇，中士（第6空降獵兵團）職業不詳
Zimmermann, Bodo, 齊麥曼，中將（西總作戰處長）中將（退休）；雜誌與書籍出版商

法國

Kieffer, Philippe，基佛，中校（法國突擊隊指揮官，附屬第4突擊隊）北約巴黎指揮部

法國反抗軍

Auge, Albert—卡恩，鐵路公司
Gill, Léonard—卡恩，諾曼第地區，助理情報組長
Gille, Louise "Janine" Boitard，琴妮・波塔德—卡恩，盟軍飛行員逃脫小組
Lechevalier, Amélie，李維莉—卡恩，盟軍飛行員逃脫小組
Marion, Jean，馬里安—格朗德康邁，奧馬哈地區首領
Mercader, Guillaume，梅爾卡德—巴約，海岸地區首領
Picard, Roger—法國南部情報組長
Rémy, George Jean—巴黎，無線電通訊

德國

Blumentritt, Gunther, 布魯門提特，少將（西線總司令部，倫德斯特元帥參謀長）中將（退休）
Bürkner, Leopold, 少將（情報部門）航空公司主管
Damski, Aloysius, 達姆斯基，二等兵（第716海防師）職業不詳
Düring, Ernst, 上尉（第352步兵師）商人
Feuchtinger, Edgar, 費契丁格，中將（第21裝甲師師長）工業技術顧問
Freyberg, Leodegard，佛瑞保，上校（B集團軍參謀）西德聯邦國防軍
Gause, Alfred, 少將（隆美爾之參謀長，至1944年3月為止）駐德美國陸軍歷史部
Häger, Josef, Lance 下士（第716海防師）機械操作員
Halder, Franz, 哈爾德，上將（參謀本部參謀總長）駐德美國陸軍歷史部
Hayn, Friedrich, 海恩，少校（第84軍情報官）作家
Hermes, Walter, 赫姆斯，二等兵（第21裝甲師第192團）郵差
Hildebrand, Otto, 中尉（第21裝甲師）職業不詳
Hoffmann, Heinrich, 霍孚曼恩，少校（第5魚雷快艇隊）西德海軍，國防部
Hoffner, Hans, 准將（西總法國鐵路運輸處處長）西德聯邦國防軍
Hofmann, Rudolf, 霍夫曼，少將（第15軍團參謀長）退休，駐德美國陸軍歷史部顧問
Hummerich, Wilhelm, 上尉（第709海防師）北約中歐盟軍司令部的國供應處副處長
Krancke, Theodor, 克朗克，上將（西線海軍司令）退休，不久前以勞工身分被雇用
Lang, Hellmuth, 藍格，上尉（隆美爾侍從官）店員
Meyer, Hellmuth, 梅耶，中校（第15軍團情報官）西德聯邦國防軍
Meyer-Detring, Wilhelm, 狄楚林，上校（西總情報處長）北約中歐盟軍司令部情報處長
Ohmsen, Walter, 上尉（聖馬可夫砲台指揮官）港務人員
Pemsel, Max, 佩梅塞，少將（第7軍團參謀長）中將，西德聯邦國防軍
Pluskat, Werner, 少校（第352步兵師）工程師
Priller, Josef, 普瑞勒，上校（第26戰鬥機聯隊聯隊長）釀酒廠經理
Reichert, Josef, 賴契特，少將（第711步兵師師長）中將（退休）

McPhatter, Roderick H., 譯電中士（卡拉凱特掃雷艦）上尉，加拿大皇家空軍
McTavish, Frank A., 少校（第3加拿大師）少校，加拿大陸軍
Millar, Ian A. L., 少校（第3加拿大師）少校，加拿大陸軍
Mitchell, James F., 少校（第83中隊）加拿大皇家空軍
Moffatt, John L., 中尉（第575中隊）教師
Mosher, Albert B., 二等兵（第3加拿大師）地面防禦教官，加拿大皇家空軍
Murch, Hewitt J., 信號兵（第3加拿大師）農夫
Newin, Harry J., 士官長（第625中隊）加拿大皇家空軍
Olmsted. Earl A., 上尉（第3加拿大師）中校，加拿大陸軍
O'Regan, Robert B., 二等兵（第3加拿大師）新聞官，加拿大陸軍
Osborne, Daniel N., 上尉（第3加拿大師）少校，加拿大陸軍
Paterson, William, 二等兵（第6空降師）高中教師
Pearson, Clifford A., 下士（第3加拿大師）上士，加拿大陸軍
Piers, Desmond W., 少校（亞崗昆驅逐艦）准將，加拿大皇家海軍
Raich, Jack, 中士（第3加拿大師）上士，加拿大陸軍
Rehill, Cecil, 中尉（第3加拿大師）加拿大陸軍
Rogge, Robert E., 羅格，二等兵（第3加拿大師）技術中士，美國空軍
Ruffee, George E. M., 中尉（第3加拿大師）加拿大陸軍
Saunders, Frederick T., 下士（第3加拿大師）領班
Schaupmeyer, John E., 戰鬥工兵（第3加拿大師）農夫
Scott, Charles J., 上尉（LCT 926登陸艇）編輯
Shawcross, Ronald G., 上尉（第3加拿大師）經理
Smith, Stanley A. E., 一等兵（皇家空軍第2戰術航空軍）中士，加拿大皇家空軍
Somerville, Joseph, 二等兵（第3加拿大師）私營企業員工
Stanley, Robert W., 二等兵（第1加拿大傘兵營，第6空降師）板金工
Stewart, Angus A., 二等兵（第3加拿大師）農夫
Stothart, Jack G., 上尉（第3加拿大師）農業研究人員
Thompson, Robert J., 二等兵（第3加拿大師）消防員，加拿大皇家空軍
Thomson, Thomas A., 少尉（第425中隊）士官長，加拿大皇家空軍
Todd, Percy A. S., 准將（第3加拿大師砲兵司令）鐵道公司總經理
Velux, Gene, 戰鬥工兵（第3加拿大師）中士，加拿大陸軍
Vidler, Douglas R., 二等兵（第3加拿大師）測試員
Warburton, James A., 中尉（第3加拿大師）工程師
Washburn, Arthur S., 代理中士（第3加拿大師）公務員
Webber, John L., 上士（第85中隊）航空工程師
White, William B., 二等兵（第1加拿大傘兵營，第6空降師）上士，加拿大陸軍
Widenoja, Edwin T., 中尉（第433中隊）測試員
Wilkins, Donald, 少校（第1加拿大傘兵營，第6空降師）理財顧問
Zack, Theodore, 二等兵（第3加拿大師）農夫

Griffin, Peter, 上尉（第1加拿大傘兵營，第6空降師）職業不詳
Gunnarson, Gunnar H., 二等兵（第3加拿大師）農夫
Haines, Charles W.R., 二等兵（第3加拿大師）空軍憲兵，加拿大皇家空軍
Hall, John T., 中尉（第51轟炸中隊）少校，加拿大皇家空軍
Hamilton, John H., 下士（第3加拿大師）採購
Hickey, R. M., 上尉軍牧（第3加拿大師）牧師
Hilborn, Richard, 中尉（第1加拿大傘兵營，第6空降師）家具公司
Hillock, Frank W., 中校（加拿大皇家空軍第143聯隊）中校，加拿大皇家空軍
Hurtick, Walter J., 中尉（第524中隊）上士，加拿大皇家空軍
Jeans, Ernest A., 中士（第1加拿大傘兵營，第6空降師）教師
Johnston, Alexand, 戰鬥工兵（第3加拿大師）加拿大皇家軍需團
Johnston, John R., 信號兵（第3加拿大師）電報士，加拿大皇家空軍
Johnstone, T., 上士（第2裝甲旅）教官，加拿大陸軍
Labelle, Placide, 上尉（第3加拿大師）公關人員
Laing, Gordon K., 二等兵（第3加拿大師）油漆工
Langell, Louis, 二等兵（第3加拿大師）加拿大陸軍
LeBlanc, Joseph E. H., 上尉（第3加拿大師）少校，加拿大陸軍
Leroux, Roland A., 上士（第3加拿大師）海關人員
Liggins, Percival, 二等兵（第1加拿大傘兵營，第6空降師）空降救援人員
Lind, Jack B., 上尉（第3加拿大師）加拿大陸軍
Little, Edward T., 下士（第1加拿大傘兵營，第6空降師）加拿大陸軍
Lockhart, Lloyd J., 中士（薩斯喀徹溫號驅逐艦）消防員，加拿大皇家空軍
Lynch, C. Lawrence, 中尉（第3加拿大師）銀行職員
MacKenzie, Donald L., 二等兵（第3加拿大師）加拿大皇家空軍
MacLean, Richard O., 上士（第1加拿大傘兵營，第6空降師）石油公司員工
MacRae, John, 中尉（第3加拿大師）國會議員
Magee, Morris H., 馬吉，上士（第3加拿大師）心電圖師
Mandin, Joseph A., 二等兵（第3加拿大師）二等兵，加拿大皇家空軍
Manning, Robert F., 士官長（掃雷分隊）水力發電廠主管
Mathieu, Paul, 中校（第3加拿大師）國防部副部長
McCumber, John M., 中士（第2裝甲旅）加拿大陸軍
McDonald, James W., 中士（第3加拿大師）美加邊境辦事處
McDougall, Colin C., 上尉（第3加拿大師）新聞處主管，加拿大陸軍
McFeat, William P., 二等兵（第3加拿大師）政府官員
McGechie, William, 中尉（第298中隊）政府官員
McKee, Robert, 中尉（第296中隊）少校，加拿大皇家空軍
McLean, Charles W., 少校（第3加拿大師）行銷總經理
McMurray, Robert M., 下士（第3加拿大師）保險業
McNamee, Gordon A., 中尉（第405中隊）上尉，加拿大皇家空軍

Yelland, Charles H., 上士（第50師）兼差

CANADIAN

Anderson, James, 少校（第3加拿大師）地方官員
Arbuckle, Robert, 機槍手（第19加拿大野戰砲兵團）鐵路公司員工
Axford, Douglas S., 上士（第3加拿大師）准尉，加拿大陸軍
Backosti, John, 司爐中士（亨利王子號步兵登陸艦）航空機師，加拿大皇家空軍
Bayliss, Gilbert, 中尉（皇家空軍）中尉，加拿大皇家空軍
Blackader, K. G., 准將（第3加拿大師）會計
Blake, John J., 食勤（亨利王子號步兵登陸艦）地勤人員，加拿大皇家空軍
Boon, Arthur, 機槍手（第3加拿大師）鐵路公司員工
Brebner, Dr. Colin N., 上尉（第1加拿大傘兵營，第6空降師）外科醫師
Chalcraft, William R., 上尉（第419中隊）中尉，加拿大皇家空軍
Champoux, Robert A., 中士（第3加拿大師）加拿大陸軍
Cherrington, Horace D., 上士（第570中隊）工程師
Churchill, Henry L., 二等兵（第1加拿大傘兵營，第6空降師）職業不詳
Cockroft, Gordon, 譯電中士（林賽號護衛艦）中士，加拿大陸軍
Couture, George J., 二等兵（第3加拿大師）招募事務上士，加拿大陸軍
Cox, Kenneth W., 二等兵（第14加拿大野戰救護連）上士，加拿大皇家空軍
Cresine, Ellis R., 機槍手（第3加拿大師）空軍憲兵，加拿大皇家空軍
Davies, Francis J., 中士（第3加拿大師）中士，加拿大陸軍
Dewey, Clarence J., 中士（第1戰術空軍憲兵連）消防員，加拿大皇家空軍
Dunn, Clifford E., 二等兵（第3加拿大師）牛奶經銷商
Dutton, Eldon R., 信號兵（第3加拿大師）上士，加拿大陸軍
Eldridge, Victor, 准尉（加拿大皇家空軍第415中隊）加拿大皇家空軍
Elmes, William J., 下士（第2加拿大軍團）加拿大陸軍
Evans, Cyril, Tpr. （第3加拿大師）電工
Farrell, J. A., 二等兵（第3加拿大師）廣播主持人及作家
Fitzpatrick, Carl L., 上等兵（庇麼利號掃雷艦）中尉，加拿大陸軍
Forbes, Robert B., 少校（第3加拿大師）採購經理
Forth, John W., 少校（助理高級軍牧，第3加拿大師）上校，軍牧長，加拿大陸軍
Fowler, Donald M., 二等兵（第3加拿大師）市場調查主管
Fraser, George C., 中士（第3加拿大師）文員
Fuller, Clayton, 少校（第1加拿大傘兵營，第6空降師）加拿大黃銅公司
Gammon, Clinton C. L., 上尉（第3加拿大師）製紙匠
Gardiner, George J., 上士（第3加拿大師）中士，加拿大陸軍
Gillan, James D. M., 上尉（第3加拿大師）加拿大陸軍
Goeres, Raymond J., 上尉（皇家空軍第101中隊）上尉，加拿大皇家空軍
Graham, Robert J., 戰鬥工兵（第3加拿大師）辦公室主管

Sim, John A., 上尉（第6空降師）現役
Slade, John H., 戰鬥工兵（第50師）鐵路公司文員
Slapp, John A., 中士（第3師）書記長
Smith, Christopher N., 史密斯，二等兵（第27裝甲旅）煤氣公司
Smith, Robert A., 信號兵（第3師）鐵路公司保全
Spence, Basil, 上尉（第3師）建築師
Stannard, Ernest W., 駕駛與機械兵（第50師）維修工
Stevenson, Douglas A., 譯電兵（LCI 100步兵登陸艇）魚販
Steward, Stanley, 二等兵（第4突擊隊）職業不詳
Stokes, Albert J., 二等兵（第3師）除蟲業
Stott, Frederick, 二等兵（第3師）神職人員
Stevens, George A., 中士（第3師）近海漁夫
Stunnell, George C., 二等兵（第50師）職業不詳
Sullivan, Bernard J., 上尉，皇家海軍後備隊（第553突擊分隊）銀行文員
Swan, Robert M., 下士（第50師）銀行文員
Tait, Harold G., 下士（第6空降師）雜貨店經理
Tappenden, Edward, 下士（第6空降師）文員
Taylor, John B., 泰勒，上尉（蛙人第4小組）菸草商
Thomas, William J., 中士（第50師）柴油機操作員
Roger W.D., 中校，皇家海軍（錫德茅斯掃雷艦）工廠
Todd, Richard, 中尉（第6空降師）演員
Tomlinson, Percey, 無線電兵（機動無線電小組，皇家空軍）粉刷工
Vickers, Francis W., 二等兵（第50師）職業不詳
Warburton, Geoffrey A., 信號兵（第8裝甲旅）會計文員
Ward, Patrick, A., 上尉，皇家海軍後備隊（第115掃雷分隊）職業不詳
Ward, Percy, 連士官長（第50師）電話工程師
Webber, Dennis J., 上尉（第9海岸勤務隊）銀行文員
Webber, John, 韋伯，報務兵（第200 LCT分隊）驗光師
Webber, John, J., 上尉（第6空降師）會計
West, Leonard C., 無線電兵（第3師）海軍總部文職
Weston, Ronald, 下士（第50師）陸軍，書記長
White, Niels W., 少尉（第50師）皮草仲介
Wiggins, John R., 上尉，皇家海軍後備隊（LST 423戰車登陸艦）校長
Wightman, Leslie, 二等兵（第3師）電影院總放映師
Wilson, Charles S., 威爾森，二等兵（第50師）地鐵公司文員
Wilson, Gordon C., 少尉（皇家陸戰隊第47突擊隊）廣告代理
Windrum, Anthony W., 少校（第6空降師）國外勤務官員（退休）
Winter, John E., 司爐中士（皇家海軍，聯合行動指揮部）出版業
Wither, Russell J., 上士（皇家陸戰隊第41突擊隊）工資文員

Minnis, James C., 中尉，皇家海軍後備隊（LCT 665登陸艇）教師
Mitchell, John D., 中士，皇家空軍（第54海岸勤務隊）企業董事長
Montgomery, Sir Bernard Law, 蒙哥馬利，上將；元帥（退休）
Moore, William J.D., 下士（第3師）護理師
Morgan, Vincent H., 二等兵（第50師）郵局員工
Morris, Ernest, 中士（第50師）職業不詳
Morrissey, James R, 二等兵（第6空降師）碼頭工人
Mower, Alan C., 莫爾，二等兵（第6空降師）研究實驗室保全
Murphy, John, 莫菲，一等兵（皇家空軍，氣球指揮部）郵局員工
Neilsen, Henry R., 上尉（第6空降師）針織衣物生產商
Newton, Reginald V., 二等兵（第6空降師）企業董事長
Nissen, Derek A., 中尉（第3師）經理
Norfield, Harry T., 諾費德，中士（第3師）海軍總部傳令
Northwood, Ronald J., 諾斯伍，上等兵（錫拉號巡洋艦）美髮師
Norton, Gerald Ivor D., 諾頓，上尉（第3師）企業秘書
Oliver, Arthur E., 下士（第4突擊隊）煤礦工
Otway, Terence, 奧特威，中校（第6空降師）執行員
Pargeter, George S., 中士（皇家陸戰隊）生產控制員
Paris, Sydney R, 中士（梅爾布雷克號驅逐艦）警察
Parker, William, 戰鬥工兵（第50師）巴士司機
Peachey, Sidney, 士官長（厭戰號戰艦）工程師
Peskett, Stanley V., 中校（第1皇家陸戰隊裝甲支援團）家陸戰隊，現役
Phillips, Sir Farndale, 中校（皇家陸戰隊第47突擊隊指揮官）少將；主席，英國貿易協會
Porter, Walter S., 一等兵（第53輕工兵團）畫師和佈置設計
Powell, Colin E., 二等兵（第6空降師）鋼鐵公司行銷部
Purver, Raymond, 戰鬥工兵（第50師）倉庫領班
Purvis, Joseph, 二等兵（第5師）勞工
Raphaelli, Cyril, 中士（第3師）英國陸軍，現役
Ringland, John, 二等兵（第8裝甲旅）郵政與電報局官員
Robertson, D. J., 中尉（第27裝甲旅）法律事務所文員
Rolles, John R., 中士（第3師）駁船夫
Ruthen, Walter S., 二等兵（第3師）郵差
Rutter, William L, 二等兵（第6空降師）家禽飼養場場主
Ryland, Richard A., 萊朗，中尉，皇家海軍後備隊（第7登陸駁船分隊）牡蠣農及作家
Sawyer, David J., 二等兵（第79裝甲師）發電站領班
Scarfe, Norman, 中尉（第3師）大學歷史講師
Scoot, J. E., 二等兵（皇家陸戰隊第48突擊隊）工廠經理
Sharr, Leonard G., 中士（第6空降師）紡織公司合夥人
Sheard, Edgar T., 二等兵（第6空降師）上士，英國陸軍

Hanneson, Hannes, 上校（皇家陸軍醫療部隊，LST 21戰車登陸艦）專科醫師
Hardie, I., 中校（第50師）英國陸軍，現役
Hargreaves, Edward R., 少校（第3師）郡屬署理醫官
Harris, Harry, 上等兵（冒險號佈雷巡洋艦）煤礦工
Harrison, Roger H., 上尉，皇家海軍後備隊（第4LCT登陸艇分隊）銀行員工
Harvey, Adolphus J., 代理上尉（皇家陸戰隊裝甲支援群）園丁
Hayden, A. C., 二等兵（第3師）勞工
Hollis, Stanley E. V., 何里斯，連士官長（第50師）噴砂機操作員
Honour, George B., 上尉皇家海軍後備隊（X23號袖珍潛艇）區域行銷經理
Horton, Harry, 二等兵（第3突擊隊）中士，英軍
Humberstone, Henry F., 二等兵（第6空降師）成衣工廠員工
Hutley, John C., 胡特勒，士官長（滑翔機駕駛團）餐廳經理
Hynes, William, 上士（第50師）英國陸軍，現役
Ingram, Ronald A., 機槍手（第3師）畫師和佈置設計
James, Leonard K., 中士（第3師）廣告業
Jankel, Herben, 上尉（第20海岸勤務隊）修車廠業主
Jennings, Henry, 傑寧斯，戰鬥工兵（皇家工兵營）承包商
John, Frederick R., 二等兵（第6突擊隊）會計公司資深助理
Johnson, Frank C., 中士（第50師）木材機械師
Jones, Edward, 少校（第3師）學者
Jones, Peter H., 瓊斯，上士（皇家陸戰隊蛙人）承建商
Kendall, Hubert O., 中士（第6空降師）貨運業
Kimber, Donald E., 二等兵（第609LCM登陸艇分隊）機械操作員
King, Gordon W., 中尉（第6空降師）油漆公司代表
Leach, Geoffrey, J., 李奇，二等兵（第50師）實驗室助理
Lee, Arthur W., 上等兵（LCT 564登陸艇）地方政府公務員
Lee, Norton, 中尉，皇家海軍後備隊（第550 LCA登陸艇分隊）畫師和佈置設計
Lloyd, Desmond C., 勞艾德，上尉，皇家海軍（挪威海軍驅逐艦斯文納號）企業董事長
Lovell, Denis, 洛威爾，二等兵（第4突擊隊）工程師
Maddison, Godfrey, 二等兵（第6空降師）礦工
March, Desmond C., 中尉（第3師）企業董事長
Markham, Lewis S., 信號上士（皇家海軍LST 301戰車登陸艦）貨運文員
Mason, John T, 馬森，二等兵（第4突擊隊）學校教師
Masters, Peter F., 下士（第10突擊隊）電視台藝術總監，華盛頓特區
Mathers, George H., 中士（皇家工兵營）文員
May, John McCallon, 上士（第6空降師）英國陸軍，現役
McGowan, Alfred, 下士（第6空降師）打包工人
Mears, Frederick G., 米爾斯，中士（第3突擊隊）工廠員工
Millin, W., 米林，風笛手（第1特勤旅）護理師

Collinson, Joseph A., 下士（第3師）工程製圖員
Cooksey, Frank, 中士（第9海岸勤務大隊）飛機維修
Cooper, John B., 上等兵（LCT 597登陸艇）職業不詳
Corkill, William A. 信號兵（O部隊LCT戰隊）會計高級文員
Cowley, Ernest J., 司爐中士（LCT 7045登陸艇）維修工程師
Cox, Leonard H., 中士（第6空降師）雕刻匠
Cox, Norman V., 上尉，皇家海軍後備隊（第4分隊）公務員
Cullum, Percy E., 上士（機動無線電小組）稅務局
Cutlack, Edward B., 少校，皇家海軍後備隊（第9掃雷分隊）瓦斯公司總檢查長
Dale, Reginald G., 戴爾，中士（第3師）自僱者
Deaken, B., 二等兵（第6空降師）修鞋匠
deLacy, James Percival, 德拉西，上士（第8愛爾蘭營，附屬第3加拿大師）旅行社
Devereux, Roy P., 二等兵（第6空降師）旅行社分店長
Dowie, Robert A., 杜伊，司爐中士（鄧巴號掃雷艦）渦輪機操作員
Dunn, Arthur H., 少校（第50師）退休
Edgson, Charles L., 上尉（皇家工兵營）學校教師
Ellis, F., 二等兵（第50師）職業不詳
Emery, William H., 二等兵（第50師）貨車司機
Emmett, Frederick W., 中士（第50師）化工廠員工
Finch, Harold, 二等兵（第50師）警察
Flood, Bernard A., 戰鬥工兵（第3師）郵局主管
Flunder, Daniel J., 弗倫杜，上尉（皇家陸戰隊第48突擊隊）分店經理
Ford, Leslie W., 福特，皇家陸戰隊，信號下士（第1特勤旅）職業不詳
Fortnam, Stanley, 駕駛和技工兵（第6空降師）排字工人
Fowler, William R., 上尉（哈斯提德號）廣告業務
Fox, Geoffrey R., 中士（第48登陸艇分隊）警察
Fox, Hubert C., 少校（海軍突擊群）奶農
Gale, John T. J., 格爾，二等兵（第3師）郵局員工
Gardner, Donald H., 加德納，上士（皇家陸戰隊第47突擊隊）公務員
Gardner, Thomas H., 少校（第3師）執行董事
Gibbs, Leslie R., 上士（第50師）領班
Girling, Donald B., 少校（第50師）職業不詳
Glew, George W., 機槍手（第3師）文員
Gough, J. G., 少校（第3師）奶農
Gray, William J., 二等兵（第6空降師）職業不詳
Grundy, Ernest, 上尉（第50師）醫師
Gunning, Hugh, 上尉（第3師）媒體經理
Gwinnett, John, 上尉軍牧（第6空降師）牧師，倫敦塔
Hammond, William, 中士（第79裝甲師）連士官長，英國陸軍

Wylie, James M., 上尉（第93轟炸大隊）少校，美國空軍
Wyman, Willard G., 准將（第1步兵師副師長）上將，加利福尼亞州聖塔安娜
Yates, Douglas R., 一等兵（第6特勤工兵旅）農夫，懷俄明州尤德
Yeatts, Lynn M., 少校（第746戰車營）營運經理，德克薩斯州沃思堡
Young, Wallace W., 一等兵（第2突擊兵營）電工，賓夕法尼亞州比弗福爾斯
Young, Willard, 中尉（第82空降師）中校，美國陸軍
Zaleski, Roman, 二等兵（第4步兵師）鑄模工，紐澤西州帕特森
Zmudzinski, John J., 一等兵（第5特勤工兵旅）信差，印地安納州南灣
Zush, Walter J., 四等技術士（第1步兵師）職業不詳

英國

Aldorth, Michael, 中尉（皇家陸戰隊第48突擊隊）廣告從業人員
Allen, Ronald H. D., 亞倫，機槍手（第3師）收銀員
Ashover, Claude G., 艇長（皇家海軍）電工
Ash worth, Edward P., 上等兵（皇家海軍）爐工
Avis, Cecil, 二等兵（輕工兵團）園藝工作
Bagley, Anthony E, 軍校生（皇家海軍）銀行文員
Baker, Alfred G., 上等兵（皇家海軍）化工業員工
Bald, Peter W., 二等兵（輕工兵團）機械操作領班
Batten, Raymond W., 二等兵（第6空降師）護理師
Baxter, Hubert V., 巴克斯特，二等兵（第3師）印刷工
Beck, Sidney J. T., 中尉（第50師）公務員
Beynon, John P., 貝農，中尉（皇家海軍後備隊）進口商經理
Bicknell, Sidney R., 報務員（皇家海軍）文案編輯
Bidmead, William H., 二等兵（第4突擊隊）泥工匠
Blackman, Arthur John, 司爐中士（皇家海軍）船塢工程師
Bowley, Eric, F. J., 二等兵（第50師）飛機零件檢查員
Brayshaw, Walter, 二等兵（第50師）工廠員工
Brierley, Denys S. C., 上尉（皇家空軍）紡織品製造商
Brookes, John S., 二等兵（第50師）工廠員工
Cadogan, Roy, 二等兵（第27裝甲旅）測量員
Capon, Sidney E, 卡朋，二等兵（第6空降師）總營造師
Cass, E.E.E., 克斯，准將（第3師）准將，英國陸軍（退休）
Cheesman, Arthur B., 中尉，皇家海軍後備隊（LCS (L) 254登陸艇）採石場經理Cheshire, Jack, 上士（第6灘勤大隊）印刷工
Cloudsley-Thompson, John L., 上尉（第7裝甲師）動物學家，大學講師
Cole, Thomas A.W., 機槍手（第50師）機械檢查員
Colley, James S. R, 科利，中士（第4突擊隊）職業不詳
Collins, Charles L., 中士（第6空降師）刑警小隊長

Visco, Serafino R., 二等兵（第456防砲營）郵政人員，佛羅里達州達尼亞海灘
Volponi, Raymond R., 中士（第29步兵師）傷殘，賓夕法尼亞州阿爾圖納
Von Heimburg, Herman E., 上校（第11兩棲部隊）准將，海軍後備訓練指揮部
Wade, James Melvin, 少尉（第82空降師）少校，美國陸軍
Wadham, Lester B., 上尉（第1特勤工兵旅）信託基金，德國法蘭克福
Wadsworth, Loring L., 一等兵（第2突擊兵營）殯儀服務，馬薩諸塞州諾韋爾
Wagner, Clarence D., 報務中士（LST 357戰車登陸艦）上士，美國海軍
Walker, Francis M., 中士（第6特勤工兵旅）上士，美國陸軍
Wall, Charles A., 中校（特勤工兵群）董事長，紐約市
Wall, Herman V, 上尉（第165信號團攝影連）基金會攝影總監，
Wallace, Dale E., 槍帆下士（SC 1332驅潛艇）行銷人員，密西西比州傑克遜
Walsh, Richard J., 中士（第452轟炸大隊）中士，美國空軍
Ward, Charles R., 上等兵（第29步兵師）調查員，俄亥俄州阿什塔比拉
Washington, Wm. R., 少校（第1步兵師）中校，美國陸軍
Weast, Carl F., 魏斯特，一等兵（第5突擊兵營）機械操作員，俄亥俄州阿萊恩斯
Weatherly, Marion D., 上等兵（第237戰鬥工兵營）傷殘，德拉瓦州勞雷爾
Weintraub, Louis, 上等兵（陸軍照片供應處照片攝影，第1步兵師）公關人員，紐約市
Welborn, John C., 中校（第4步兵師）上校，裝甲兵委員會主委，美國陸軍
Weller, Malcolm R., 少校（第29步兵師）五等准尉，美國陸軍
Wellner, Herman C., 上等兵（第37戰鬥工兵營）石匠，威斯康辛州博斯科貝爾
Welsch, Woodrow J., 上等兵（第29步兵師）建築工程師，賓夕法尼亞州匹茲堡
Wertz, Raymond J., 上等兵（第5特勤工兵旅）自僱者，威斯康辛州巴塞特
Whelan, Thomas J., 上等兵（第101空降師）百貨公司採購，紐約州長島
White, John R, 少尉（第29步兵師）義肢專家，榮民服務處，維吉尼亞州洛亞諾克
White, Maurice C., 中士（第101空降師）一等准尉，美國陸軍
Wiedefeld, William J., Jr., 韋德費，技術中士（第29步兵師）郵政文員，馬里蘭州安納波利斯
Wilhelm, Frederick A., 一等兵（第101空降師）畫家，賓夕法尼亞州匹茲堡
Wilhoit, William L., 少尉（LCT 540戰車登陸艇）保險代理，密西西比州傑克遜
Willett, John D., Jr., 一等兵（第29步兵師）奇異公司員工，印第安納州羅阿諾克
Williams, William B., 威廉斯，中尉（第29步兵師）財務秘書，康乃狄克州哈姆登
Williamson, Jack L., 中士（第101空降師）郵政文員，德克薩斯州泰勒
Wolf, Edwin J., 中校（第6特勤工兵旅）律師，馬里蘭州巴爾的摩
Wolf, Karl E., 中尉（第1步兵師）法學副教授，西點軍校
Wolfe, Edward, 伍爾夫，一等兵（第4步兵師）副經理，紐約州長島
Wood, George B., 上尉軍牧（第82空降師）神職人員，印地安納州韋恩堡
Woodward, Robert W., 上尉（第1步兵師）製造商，馬薩諸塞州羅克蘭
Wordeman, Harold E., 二等兵（第5特勤工兵旅）無業，部分傷殘，紐約市布魯克林
Worozbyt, John B., 一等兵（第1步兵師）二等士官長，美國陸軍
Wozenski, Edward E, 伍任斯基，上尉（第1步兵師）領班，康乃狄克州布里斯托爾

Stults, Dallas M., 一等兵（第1步兵師）煤礦工，田納西州蒙特里
Stumbaugh, Leo A., 少尉（第1步兵師）上尉，美國陸軍
Sturdivant, Hubert N., 中校（第492轟炸大隊）上校，美國空軍
Sullivan, Fred P., 中尉（第4步兵師）行銷人員，密西西比州威諾納
Sullivan, Richard P., 少校（第5突擊兵營）工程師，麻薩諸塞州多徹斯特
Swatosh, Robert B., 少校（第4步兵師）中校，美國陸軍
Sweeney, William E, 槍砲上兵（海岸防衛隊後備支隊）電話公司員工，羅德島州東普羅維登斯
Swenson, J. Elmore, 少校（第29步兵師）中校，美國陸軍
Tabb, Robert P., Jr., 上尉（第237戰鬥工兵營）上校，美國陸軍
Tait, John H., Jr., 司藥中士，海岸防衛隊（LCI (L) 349大型步兵登陸艇）亞利桑那州坦佩
Tallerday, Jack, 中尉（第82空降師）中校，美國陸軍
Talley, Benjamin B., 上校（第5軍司令部）准將（退休）建設公司副董事長，紐約市
Taylor, Beryl E, 醫護中士（LST 338戰車登陸艦）潛水教官，美國海軍
Taylor, Charles A., 少尉（LCT兩棲部隊）大學田徑教練，加利福尼亞州帕羅奧圖
Taylor, Edward G., 少尉（LST 331戰車登陸艦）少校，海岸防衛隊
Taylor, H. Afton, 少尉（第1特勤工兵旅）私營企業，密蘇里州獨立城
Taylor, Ira D., 二等技術士（第4步兵師）上尉，美國陸軍
Taylor, Maxwell D., 泰勒，少將（第101空降師師長）上將，參謀首長聯合會議主席（退休），電力公司董事長
Taylor, William R., 少尉（美國海軍通信聯絡官）零售商，維珍尼亞州南希爾
Telinda, Benjamin E., 中士（第1步兵師）火車駕駛，明尼蘇達州聖保羅
Thomason, Joel R, 中校（第4步兵師）上校，美國陸軍
Thompson, Egbert, W., Jr., 中尉（第4步兵師）郡公所主管，維吉尼亞州貝德福
Thompson, Melvin, 二等兵（第5特勤工兵旅）機械操作員，紐澤西州亞德維爾
Thompson, Paul W., 上校（第6特勤工兵旅）准將（退休），《讀者文摘》經理，紐約州普萊森特維爾
Thornhill, Avery J., 中士（第5突擊兵營）一等准尉，美國陸軍
Trathen, Robert D., 上尉（第87化學迫擊砲營）中校（退休），化學兵團教育教官，阿拉巴馬州麥克萊倫堡
Tregoning, Wm. H., 中尉，海岸防衛隊（第4分隊）經理，喬治亞州東點市
Tribolet, Hervey A., 上校（第4步兵師）上校（退休）
Trusty, Lewis, 中士（第8航空軍）二等士官長，美國空軍
Tucker, William H., 塔克，一等兵（第82空降師）律師，馬薩諸塞州阿瑟爾
Tuminello, Vincent J., 上等兵（第1步兵師）泥水匠，紐約州長島
Vandervoort, Benjamin H., 范登弗，中校（第82空降師）上校（退休）華盛頓特區
Ventrease, Glen W., 中士（第82空降師）會計，印第安納州蓋瑞
Vaughn, James H., 馬達機械中士（LST 49戰車登陸艦）建築工頭，喬治亞州麥金泰爾
Ventrelli, William E., 中士（第4步兵師）紐約市政府領班，紐約州弗農山
Vickery Grady, M., 二等技術士（第4步兵師）一等技術士，美國陸軍
Viscardi, Peter, 二等兵（第4步兵師）計程車司機，紐約市

Shoop, Dale L., 二等兵（第1戰鬥工兵營）政府彈藥檢查員，賓夕法尼亞州錢伯斯堡
Shorter, Paul R., 中士（第1步兵師）上士，美國陸軍
Shumway, Hyrum S., 少尉（第1步兵師）教育部官員，懷俄明州薛安
Silva, David E., 希爾瓦，二等兵（第29步兵師）牧師，俄亥俄州阿克倫
Simeone, Francis L., 二等兵（第29步兵師）保險商，康乃狄克州羅基希爾
Simmons, Stanley R., 槍砲上兵（兩棲部隊）採石場工人，俄亥俄州斯旺頓
Sink, James D., 上尉（第29步兵師）部門主管，維吉尼亞州洛亞諾克
Sink, Robert R, 上校（第101空降師）少將，美國陸軍
Skaggs, Robert N., 中校（第741戰車營）上校（退休）遊艇業務，佛羅里達州羅德岱堡
Slappey, Eugene N., 上校（第29步兵師）上校（退休）維吉尼亞州利斯堡
Sledge, Edward S. II, 中尉（第741戰車營）銀行副行長，阿拉巴馬州莫比爾
Smith, Carroll B., 史密士，上尉（第29步兵師）中校，美國陸軍
Smith, Charles H., 上尉（卡米克號驅逐艦，DD-493）廣告業，伊利諾州埃文斯頓
Smith, Frank R., 一等兵（第4步兵師）榮民服務處，威斯康辛州沃帕卡
Smith, Franklin M., 上等兵（第4步兵師）批發電器分銷商，賓夕法尼亞州費城
Smith, Gordon K., 少校（第82空降師）中校，美國陸軍
Smith, Harold H., 少校（第4步兵師）律師，維珍尼亞州白櫟樹
Smith, Joseph R., 上等兵（第81化學迫擊砲營）科學教師，德克薩斯州伊格爾帕斯
Smith, Owen, 二等兵（第5特勤工兵旅）郵局文員，加利福尼亞州洛杉磯
Smith, Ralph R., 二等兵（第101空降師）郵局文員，佛羅里達州聖彼德斯堡
Smith, Raymond, 二等兵（第101空降師）加油公司業者，肯塔基州懷茨堡
Smith, Wilbert L., 一等兵（第29步兵師）農夫，愛荷華州伍德本
Snyder, Jack A., 中尉（第5突擊兵營）中校，美國陸軍
Sorriero, Arman J., 一等兵（第4步兵師）商業畫師，賓夕法尼亞州費城
Spalding, John M., 少尉（第1步兵師）部門主管，肯塔基州歐文斯伯勒
Spencer, Lyndon, 上校，海岸防衛隊（貝菲爾號運輸艦，APA-33）准將（退休）水運公司董事長，俄亥俄州克里夫蘭
Spiers, James C., 二等兵（第82空降師）牧場主，密西西比州Picaqune
Spitzer, Arthur D., 上等兵（第29步兵師）受雇者，維吉尼亞州斯湯頓
Sproul, Archibald A., 少校（第29步兵師）執行副董事長
Steele, John M., 二等兵（第82空降師）成本工程師，南卡羅來納州哈茨維爾
Stein, Herman E., 史特恩，五等技術士（第2突擊兵營）鈑金工人，紐約州Ardsley
Steinhoff, Ralph, 上等兵（第467防砲營）屠夫，伊利諾州芝加哥
Stephenson, William, 上尉（亨頓號驅逐艦，DD-638）律師，新墨西哥州聖塔菲
Stevens, Roy O., 史帝文，二等技術士（第29步兵師）受雇者，維吉尼亞州貝德福
Stivison, William J., 中士（第2突擊兵營）郵政局長，賓夕法尼亞州荷馬城
Strayer, Robert L., 中校（第101空降師）保險業，賓夕法尼亞州史普林菲爾德
Street, Thomas E, 馬達機械中士，海岸防衛隊（LST 16戰車登陸艦）郵政人員，紐澤西州River Edge
Strojny, Raymond E, 史楚尼，中士（第1步兵師）特業上士，美國陸軍

Rubin, Afred, 魯賓，中尉（第二十四騎兵營偵察連）餐飲業，伊利諾伊州內珀維爾
Rudder, James E., 魯德，中校（第2突擊兵營）大學副校長，德克薩斯州大學城
Ruggles, John R, 中校（第4步兵師）准將，美國陸軍
Runge, William M., 上尉（第5突擊兵營）殯儀館主任，愛荷華州達文波特
Russell, Clyde R., 上尉（第82空降師）中校，美國陸軍
Russell, John E., Jr., 中士（第1步兵師）人資部門，賓夕法尼亞州新肯辛頓
Russell, Joseph D., 二等兵（第299戰鬥工兵營）電話公司員工，印地安納州穆爾斯山
Russell, Kenneth, 一等兵（第82空降師）銀行經營者，紐約市
Ryals, Robert W., 四級等技術士（第101空降師）特種部隊，美國陸軍
Ryan, Thomas E, 中士（第2突擊兵營）警察，伊利諾州芝加哥
Sammon, Charles E., 中尉（第82空降師）職業不詳
Sampson, Francis L., 上尉軍牧（第101空降師）中校軍牧，美國陸軍
Sanders, Gus L., 桑德斯，少尉（第82空降師）資信調查所員工，阿肯色州斯普林代爾
Sands, William H., 准將（第29步兵師）律師，維吉尼亞州諾福克
Santarsiero, Charles J., 中尉（第101空降師）職業不詳
Saxion, Homer J., 一等兵（第4步兵師）五金加工廠員工，賓夕法尼亞州貝爾豐特
Scala, Nick A., 二等技術士（第4步兵師）翻譯員，賓夕法尼亞州比弗
Scharfenstein, Charles E, Jr., 上尉，海岸防衛隊（LCI (L) 87大型步兵登陸艇）中校，海岸防衛隊
Schechter, James H., 上等兵（第38偵察連）採石機操作員，明尼蘇達州聖克勞德
Schmid, Earl W., 少尉（第101空降師）保險業，北卡羅萊納州費耶特維爾
Schneider, Max, 施奈德，中校（第5突擊兵營）上校，美國陸軍（已故）
Schoenberg, Julius, 二等技術士（第453轟炸大隊）信差，紐約市
Schopp, Dan D., 上等兵（第5突擊兵營）二等士官長，美國空軍
Schroeder, Leonard T., Jr., 上尉（第4步兵師）中校，美國陸軍
Schultz, Arthur B.,「荷蘭佬」舒茲，一等兵（第82空降師）保全，美國陸軍
Schweiter, Leo H., 上尉（第101空降師）中校，美國陸軍
Scott, Arthur R., 中尉（亨頓號驅逐艦，DD-638）行銷人員，加利福尼亞州亞凱迪亞
Scott, Harold A., 中士（第4042補給車連）郵局員工，賓夕法尼亞州Yeadon
Scott, Leslie J., 中士（第1步兵師）特等士官長，美國陸軍
Scrimshaw, Richard E., 帆纜上兵（第15驅逐艦戰隊）航空機械師，華盛頓特區
Seelye, Irvin W., 一等兵（第82空降師）教師，伊利諾伊州克里特
Settineri, John, 上尉（第1步兵師）醫師，紐約州詹姆斯維爾
Shanley, Thomas J., 中校（第82空降師）上校，美國陸軍
Sherman, Herbert A., Jr., 一等兵（第1步兵師）行銷人員，康乃狄格州南諾沃克
Shindle, Elmer G., 四等技術士（第29步兵師）塑膠廠員工，賓夕法尼亞州蘭開斯特
Shoemaker, William J., 二等兵（第37戰鬥工兵營）機械操作員，加利福尼亞州聖塔安娜
Shollenberger, Joseph H., Jr., 少尉（第90步兵師）少校，美國陸軍
Shoop, Clarence A., 中校（第7偵察大隊指揮官）少將（退休）飛機製造廠副總裁，加利福尼亞州卡爾弗城

Putnam, Lyle B., 普特納，上尉（第82空降師）外科與家醫科，堪薩斯州威奇托
Quinn, Kenneth R., 中士（第1步兵師）經理，紐澤西州希爾斯代爾
Raff, Edson D., 上校（第82空降師）上校，美國陸軍
Raftery, Patrick H., Jr., 少尉（第440人員運輸大隊）自雇者，路易斯安那州梅泰里
Rankin, Wayne W., 一等兵（第29步兵師）教師，賓夕法尼亞州荷馬城
Rankins, William F., Jr., 二等兵（第518港務營）電話公司員工，德克薩斯州休斯頓
Ranney, Burton E., 中士（第5突擊兵營）電工，伊利諾州迪凱特
Raudstein, Knut H., 上尉（第101空降師）中校，美國陸軍
Rayburn, Warren D., 中尉（第316人員運輸大隊）少校，美國空軍
Read, Wesley J., 上等兵（第746戰車營）鐵路公司員工，賓夕凡尼亞州杜波依斯
Reams, Quinton F., 一等兵（第1步兵師）鐵路公司員工，賓夕凡尼亞州旁蘇托尼
Reed, Charles D., 上尉軍牧（第29步兵師）天主教神父，俄亥俄州特洛伊
Reeder, Russel P., Jr., 上校（第4步兵師）上校（退休）大學球隊副領隊，西點軍校
Rennison, Francis A., 上尉（美國海軍）房地產經紀人，紐約市
Reville, John J., 中尉（第5突擊兵營）警察，紐約市
Ricci, Joseph J., 中士（第82空降師）藥劑師，伊利諾伊州貝塔爾托
Richmond, Alvis, 二等兵（第82空降師）文員，維吉尼亞州朴次茅斯
Ridgway, Matthew B., 李奇威，少將（第82空降師師長）上將（退休）學院院長，賓夕法尼亞州匹茲堡
Riekse, Robert J., 中尉（第1步兵師）部門主管，密歇根州奧沃索
Riley, Francis X., 瑞利，中尉，海岸防衛隊（LCI (L) 319大型步兵登陸艇）中校，海岸防衛隊
Ritter, Leonard C., 上等兵（第3807補給車連）公關人員，伊利諾州芝加哥
Robb, Robert W., 中校（第7軍司令部）廣告公司副董事長，紐約市
Roberts, George G., 二等技術士（第603轟炸大隊）教育顧問，美國空軍，伊利諾伊州貝爾維爾
Roberts, Milnor, 上尉（第5軍總部連）廣告公司董事長，賓夕法尼亞州匹茲堡
Robertson, Francis C., 上尉（365戰鬥機大隊）中校，美國空軍
Robinson, Robert M., 一等兵（第82空降師）上尉，美國陸軍
Robison, Charles, Jr., 中尉（格倫農號驅逐艦，DD-620）中校，美國海軍
Rocca, Francis A., 一等兵（101空降師）機械操作員，麻薩諸塞州匹茲菲
Rodwell, James S., 上校（第4步兵師）准將（退休）科羅拉多州丹佛
Rogers, T. DeF, 中校（第1106戰鬥工兵營）上校，美國陸軍
Roginski, E. J., 中士（第29步兵師）業務經理，賓夕法尼亞州沙莫金
Roncalio, Teno, 少尉（第1步兵師）律師，懷俄明州薛安
Rosemond, St. Julien P., 上尉（第101空降師）郡副檢察官，佛羅里達州邁阿密
Rosenblatt, Joseph K., Jr., 少尉（第112戰鬥工兵營）二等士官長，美國陸軍
Ross, Robert P., 中尉（第37戰鬥工兵營）盒子生產商，威斯康辛州沃基肖
Ross, Wesley R., 少尉（第146戰鬥工兵營）行銷工程師，華盛頓州塔科馬
Rosson, Walter E., 中尉（第389轟炸大隊）驗光師，德克薩斯州聖安東尼奧
Rountree, Robert E., 上尉，海岸防衛隊（貝菲爾號運輸艦，APA-33）中校，海岸防衛隊
Roworth, Wallace H., 報務上兵（約瑟夫・迪克曼號運輸艦，APA-13）工程師，紐約州長島

Owen, Joseph K., 上尉（第4步兵師）醫院副院長，維吉尼亞州里士
Owen, Thomas O., 少尉（第2航空師）體育指導與教練，田納西州納什維爾
Owens, William D., 中士（第82空降師）辦公室經理，加利福尼亞州坦普爾市
Paez, Robert O., 司號一等兵（內華達號戰艦，BB-36）影片剪接師，馬紹爾群島埃內韋塔克環礁
Paige, Edmund M., 上等兵（第1步兵師）出口商，紐約州新羅謝爾
Palmer, Wayne E., 中士（第1步兵師）副經理，威斯康辛州奧什科什
Parker, Donald E., 中士（第1步兵師）農夫，伊利諾伊州斯蒂爾威爾
Patch, Lloyd E., 上尉（第101空降師）中校，美國陸軍
Patrick, Glenn, 五等技術士（第4步兵師）推土機操作員，俄亥俄州斯托克波特
Patillo, Lewis C., 中校（第5軍）土木工程師，阿拉巴馬州哈特塞爾
Payne, Windrew C., 中尉（第90步兵師）郡公所主管，德克薩斯州聖奧古斯丁
Pearson, Ben E, 少校（第82空降師）油漆公司副總裁，喬治亞州薩凡納
Pence, James L., 上尉（第1步兵師）主管，印第安納州埃爾克哈特
Perry, Edwin R., 上尉（第299戰鬥工兵營）中校，美國陸軍
Perry, John J., 中士（第5突擊兵營）上士，美國陸軍
Peterson, Theodore L., 中尉（第82空降師）職業不詳，密西根州伯明罕
Petty, William L., 比迪，中士（第2突擊兵營）男生營地主管，紐約州卡梅爾
Phillips, Archie C., 中士（第101空降師）花農，佛羅里達州詹森海灘
Phillips, William J., 二等兵（第29步兵師）電力公司快遞員，馬里蘭州凱悅斯維爾
Picchiarini, Ilvo, 馬達機械中士（LST 374戰車登陸艦）鋼鐵廠員工，賓夕法尼亞州貝爾弗農
Pike, Malvin R., 二等技術士（第4步兵師）焊工，路易斯安那州貝克
Piper, Robert M., 上尉（第82空降師）中校，美國陸軍
Plude, Warren M., 中士（第1步兵師）中士，美國陸軍
Polanin, Joseph J., 上等兵（第834航空工程營）麵包送貨員，賓夕法尼亞州迪克森市
Polezoes, Stanley, 少尉（第1航空師）少校，美國空軍
Polyniak, John, 中士（第29步兵師）會計，馬里蘭州巴爾的摩
Pompei, Romeo T, 龐貝，中士（第87化學迫擊砲營）建築工，賓夕法尼亞州費城
Potts, Amos P., Jr., 中尉（第2突擊兵營）材料工程，俄亥俄州洛弗蘭德
Powell, Joseph C., 一等准尉（第4步兵師）二等准尉，美國陸軍
Pratt, Robert H., 中校（第5軍司令部）工廠董事長，威斯康辛州密爾瓦基
Presley, Walter G., 一等兵（第101空降師）家電維修商，德克薩斯州奧德薩
Preston, Albert G., Jr., 上尉（第1步兵師）稅務顧問，康乃狄克州格林威治
Price, Howard P., 中尉（第1步兵師）中士，國民兵
Priesman, Maynard J., 二等技術士（第2突擊兵營）漁商，俄亥俄州橡樹港
Provost, William B., Jr., 中尉（LST 492戰車登陸艦）中校，大學ROTC教官，俄亥俄州牛津
Pruitt, Lanceford B., 少校（LCT第19支隊）中校（退休）加利福尼亞州舊金山
Pulcinella, Vincent J., 二等技術士（第1步兵師）二等士官長，美國陸軍
Purnell, William C., 中校（第29步兵師）上將（退休）鐵路公司副董事長，馬里蘭州巴爾的摩
Purvis, Clay S., 二等士官長（第29步兵師）社團經理，維吉尼亞州夏律第鎮

Miller, Howard G., 一等兵（第101空降師）上士，美國陸軍
Mills, William L., Jr., 中尉（第4步兵師）律師，北卡羅來納州康科德
Milne, Walter J., 中士（第386轟炸大隊）技術中士，美國空軍
Mockrud, Paul R., 上等兵（第4步兵師）榮民服務人員，威斯康辛州韋斯特比
Moglia, John J., 中士（第1步兵師）上尉，美國陸軍
Montgomery, Lester I., 一等兵（第1步兵師）油站操作員，堪薩斯州匹茲堡
Moody, Lloyd B., 少尉（第5步兵師）五金店，愛荷華州維尤湖
Moore, Elzie K., 摩爾，中校（第1特勤工兵團）軍校輔導人員、教師，印地安納州卡爾弗
Mordenga, Christopher J., 二等兵（第299戰鬥工兵營）養護工，佛羅里達州匹爾斯堡
Morecock, Bernard J., Jr., 中士（第29步兵師）行政支援技工，維吉尼亞州格倫艾倫
Moreno, John A., 中校（貝菲爾號運輸艦，APA-33）上校，美國海軍
Morrow, George M., 一等兵（第1步兵師）農夫，堪薩斯州羅斯
Moser, Hyatt W., 上等兵（第1特勤工兵旅）二等准尉，美國陸軍
Moulton, Bernard W., 中尉（亨頓號驅逐艦，DD-638）中校，美國海軍
Mozgo, Rudolph S., 莫茲可，一等兵（第4步兵師）上尉，美國陸軍
Mueller, David C., 上尉（第435人員運輸大隊）上尉，美國空軍
Muller, Charles, Jr., 上等兵（第237戰鬥工兵營）雜貨店店員，紐澤西州紐華克
Mulvey, Thomas P., 莫爾費，上尉（第101空降師）中校，美國陸軍
Murphy, Robert M., 二等兵（第82空降師）律師，麻薩諸塞州波士頓
Nagel, Gordon L., 一等兵（第82空降師）民航資深維修人員，奧克拉荷馬州塔爾薩
Natalle, E. Keith, 上等兵（第101空降師）學校行政人員，加利福尼亞州舊金山
Nederlander, Samuel H., 上等兵（第518港務營）廢品檢驗員，賓夕凡尼亞州Portage
Negro, Frank E., 中士（第1步兵師）郵局文員，紐約市布魯克林
Neild, Arthur W., 機械中士（奧古斯塔號巡洋艦，CA-31）上尉，美國海軍
Nelson, Emil Jr., 中士（第5突擊兵營）汽車業務員，印地安納州錫達湖
Nelson, Glen C., 一等兵（第4步兵師）鄉村郵政人員，南達科他州Milboro
Nelson, Raider, 一等兵（第82空降師）塑膠工廠，伊利諾州芝加哥
Nero, Anthony R., 二等兵（第2步兵師）傷殘，兼職房地產經紀人，俄亥俄州克里夫蘭
Newcomb, Jesse L., Jr. 上等兵（第29步兵師）商人、農夫，維珍尼亞州基斯維爾
Nickrent, Roy W., 中士（第101空降師）執法官、水廠主管，伊利諾伊州塞布魯克
Norgaard, Arnold, 一等兵（第29步兵師）農夫，南達科他州阿靈頓
Obert, Edward Jules, Jr., 一等兵（第747戰車營）直升機製造商主管，康乃狄克州米爾福德
O'Connell, Thomas C., 上尉（第1步兵師）少校，美國陸軍
Olds, Robin, 中尉（第8航空軍）上校，美國空軍
O'Loughlin, Dennis G., 一等兵（第82空降師）建築商，蒙大拿州米蘇拉
Olwell, John J., 二等兵（第1步兵師）榮民服務處，紐澤西州里昂
O'Mahoney, Michael, 中士（第6特勤工兵旅）焊工，賓夕法尼亞州默瑟
O'Neill, John T, 歐尼爾，中校（特勤工兵特遣隊指揮官〔臨時戰鬥工兵群〕）上校，美國陸軍
Orlandi, Mark, 中士（第1步兵師）貨車司機，賓夕法尼亞州Smithport

MacFadyen, Alexander G., 上尉（亨頓號驅逐艦，DD-638）五金商，北卡羅來納州夏洛特
Mack, William M., 飛行軍官（第437人員運輸大隊隊部）上尉，美國空軍
Magro, Domenick L., 中士（第4步兵師）鑄造調節員，紐約州水牛城
Maloney, Arthur A., 中校（第82空降師）上校，美國陸軍
Mann, Lawrence S., 上尉（第6特勤工兵旅）醫學系副教授，伊利諾州芝加哥
Mann, Ray A., 曼恩，一等兵（第4步兵師）飼料廠操作員，賓夕法尼亞州勞雷爾代爾
Marble, Harrison A., 中士（第299戰鬥工兵營）承包商，紐約州雪城
Marsden, William M., 中尉（第4步兵師）民防人員，維吉尼亞州里士
Marshall, Leonard S., 上尉（第834航空支援營）中校，美國空軍
Masny, Otto, 上尉（第2突擊兵營）行銷人員，威斯康辛州馬尼托瓦克
Mason, Charles W., 二等士官長（第82空降師）期刊編輯，北卡羅萊納州費耶特維爾
Matthews, John P., 中士（第1步兵師）市政主管，紐約州長島
Mazza, Albert, 中士（第4步兵師）警察，賓夕法尼亞州卡本代爾
McCabe, Jerome J., 少校（第48戰鬥機大隊）上校，美國空軍
McCain, James W., 少尉（第5特勤工兵旅）特等士官長，美國陸軍
McCall, Hobby H., 上尉（第90步兵師）律師，德克薩斯州達拉斯
McCardle, Kermit R., 報務上兵（奧古斯塔號巡洋艦，CA-31）油站操作員，肯塔基州路易維爾
McClean, Thomas J., 少尉（第82空降師）警察，紐約市
McClintock, William D., 麥克林托，技術中士（第741戰車營）傷殘，加利福尼亞州北好萊塢
McCloskey, Regis F., 麥克勞斯基，中士（第2突擊兵營）上士，美國陸軍
McCormick, Paul O., 一等兵（第1步兵師）汽車機械工，馬里蘭州巴爾的摩
McDonald, Gordon D., 二等士官長（第29步兵師）貨運領班，維吉尼亞州洛亞諾克
McElyea, Atwood M., 少尉（第1步兵師）兼職銷售員，北卡羅來納州坎德勒
McIlvoy, Daniel B., Jr., 少校（第82空降師）兒科醫師，肯塔基州鮑靈格林
McIntosh, Joseph R., 上尉（第29步兵師）商業與法律，馬里蘭州巴爾的摩
McKearney, James B., 中士（第101空降師）冷氣及冰箱商，紐澤西州彭索肯
McKnight, John L., 少校（第5特勤工兵旅）土木工程師，密西西比州維克斯堡
McManaway, Fred., 少校（第29步兵師）上校，美國陸軍
Meason, Richard P., 中尉（第101空降師）律師，亞利桑那州鳳凰城
Meddaugh, William J., 中尉（第82空降師）計畫經理，紐約州海德帕克
Medeiros, Paul. L., 一等兵（第2突擊兵營）生物學教師，賓夕法尼亞州費城
Merendino, Thomas N., 上尉（第1步兵師）汽車檢查員，紐澤西州馬蓋特城
Mergler, Edward E, 准尉（第5特勤工兵旅）律師，紐約州玻利瓦爾
Merical, Dillon H., 上等兵（第149戰鬥工兵營）銀行副行長，愛荷華州范米特
Merlano, Louis P., 梅南諾，上等兵（第101空降師）區域業務經理，紐約市
Merrick, Robert L., 槍帆中士（海岸防衛隊）消防隊長，麻薩諸塞州新伯福
Merrick, Theodore, 中士（第6特勤工兵旅）保險顧問，伊利諾伊州帕克福里斯特
Mikula, John, 魚雷上兵（墨菲號驅逐艦，DD-603）記者，賓夕法尼亞州福特市
Miller, George R., 中尉（第5突擊兵營）製造廠股東、農夫，德克薩斯州貝可斯

Koester, Wilbert J., 一等兵（第1步兵師）農夫，伊利諾伊州瓦齊卡
Kolody, Walter J., 上尉（第447轟炸大隊）少校，美國空軍
Koluder, Joseph G., 中士（第387轟炸大隊）品管員
Koon, Lewis Fulmer, 上尉軍牧（第4步兵師）公立學校主管，維吉尼亞州伍德斯托克
Kraft, Paul C., 二等兵（第1步兵師）郵政文員及農夫，密西西比州坎頓
Kratzel, Siegfried F., 中士（第4步兵師）郵政人員，賓夕法尼亞州帕默頓
Krause, Edward, 中校（第82空降師）上校（退休）
Krausnick, Clarence E., 中士（第299戰鬥工兵營）木匠，紐約州雪城
Krzyzanowski, Henry S., 中士（第1步兵師）一等士官長，美國陸軍
Kucipak, Harry S., 一等兵（第29步兵師）電工，紐約州塔珀萊克
Kuhre, Leland B., 上校（特勤工兵團團部）作家和教師，德克薩斯州聖安東尼奧
Kurtz, Michael, 庫茲，上等兵（第1步兵師）煤炭礦工，賓夕法尼亞州新薩利姆
Lacy, Joseph R., 勒希，中尉軍牧（第2暨第5突擊兵營）牧師，康乃狄克州哈特福
Lagrassa, Edward, 一等兵（第4步兵師）動力機操作員，紐約市布魯克林
Lamar, Kenneth W., 輪機中士，海岸防衛隊（LST 27戰車登陸艦）工程上士，海岸防衛隊
Lanaro, Americo, 五等技術士（第87化學迫擊砲營）畫家，康乃狄克州斯特拉特福德
Lang, James H., 藍格，中士（第12轟炸大隊）技術中士，美國空軍
Langley, Charles H., 藍格勒，文書上兵（內華達號戰艦，BB-36）鄉村郵政人員，喬治亞州洛根維爾
Lapres, Theodore E., Jr., 中尉（第2突擊兵營）律師，紐澤西州馬蓋特城
Lassen, Donald D., 二等兵（第82空降師）工廠領班，伊利諾伊州哈維
Law, Robert W., Jr., 中尉（第82空降師）保險業，南卡羅來納州比夏普維爾
Lawton, John III, 上等兵（第5軍砲兵營）保險業，加利福尼亞州菲爾莫爾
Lay, Kenneth E., 少校（第4步兵師）上校，美國陸軍
Leary, James E. Jr., 中尉（第29步兵師）律師，麻薩諸塞州波士頓
LeBlanc, Joseph L., 中士（第29步兵師）社會工作者，麻薩諸塞州林恩
Leever, Lawrence C., 中校（第6特勤工兵旅）准將，美國海軍後備，亞利桑那州鳳凰城
LeFebvre, Henry E., 中尉（第82空降師）少校，美國陸軍
Legere, Lawrence, J., Jr., 少校（第101空降師）中校，美國陸軍
Leister, Kermit R., 一等兵（第29步兵師）火車駕駛，賓夕法尼亞州費城
Lepicier, Leonard R., 中尉（第29步兵師）少校，美國陸軍
Lillyman, Frank L., 上尉（第101空降師）中校，美國陸軍
Lindquist, Roy E., 上校（第82空降師）少將，美國陸軍
Linn, Herschel E., 中校（第237戰鬥工兵營）中校，美國陸軍
Littlefield, Gordon A., 中校（貝菲爾號運輸艦，APA-33）准將（退休）
Litzler, Frank Henry, 一等兵（第4步兵師）牧場主，德克薩斯州斯維尼
Lord, Kenneth P., 少校（第1步兵師）保險業助理總裁，紐約州賓漢頓
Luckett, James S., 中校（第4步兵師）上校，美國陸軍
Lund, Melvin C., 一等兵（第29步兵師）貨運公司，北達科他州法哥
Luther, Edward S., 上尉（第5突擊兵營）副總裁暨行銷經理，緬因州波特蘭

Jewet, Milton A., 少校（第299戰鬥工兵營）上校，紐約市
Johnson, Fancher B., 二等兵（第5軍司令部）計時員，加州金斯堡
Johnson, Gerden F., 強森，少校（第4步兵師）會計，紐約州斯克內塔第
Johnson, Orris H., 強生，中士（第70戰車營）咖啡店店主，北達科他州利茲
Jones, Allen F., 一等兵（第4步兵師）上士，美國陸軍
Jones, Delbert F., 一等兵（第101空降師）菇類農夫，賓夕法尼亞州埃文代爾
Jones, Desmond D., 一等兵（第101空降師）冶金檢驗員，賓夕法尼亞州Greenridge
Jones, Donald N., 瓊斯，一等兵（第4步兵師）墓園管理員，俄亥俄州加的斯
Jones, Henry W., 中尉（第743戰車營）牧場主，猶他州雪松城
Jones, Raymond E., 中尉（第401轟炸大隊）油站操作員，路易斯安那州查爾斯湖
Jones, Stanson R., 中士（第1步兵師）中尉，美國陸軍
Jordan, Harold L., 一等兵（第457防砲營）工具和模具學徒，印地安納州印第安納波利斯
Jordan, Hubert H., 二等士官長（第82空降師）二等士官長，美國陸軍
Jordan, James H., 二等兵（第1步兵師）養護工，賓夕法尼亞州匹茲堡
Joseph, William S., 中尉（第1步兵師）油漆承包商，加州聖荷西
Joyner, Jonathan S., 中士（第101空降師）郵政人員，俄克拉何馬州勞頓
Judy, Bruce R, 食勤中士，海岸防衛隊（LCI (L) 319大型步兵登陸艇）餐飲業，華盛頓州柯克蘭
Kalisch, Bertram, 中校（第1軍團通信部隊）上校，美國陸軍
Kanarek, Paul, 中士（第29步兵師）產品分析師，加州南門
Karper, A. Samuel, 五等技術士（第4步兵師）法庭書記，紐約市
Kaufman, Joseph, 上等兵（第743戰車營）會計員，紐約州蒙西
Keashen, Francis X., 二等兵（第29步兵師）榮民服務處醫藥部，賓夕法尼亞州費城
Keck, William S., 二等技術士（第5特勤工兵旅）特等士官長，美國陸軍
Keller, John W., 二等兵（第82空降師）工具和模具師，紐約州錫克利夫
Kelly, John J., 上尉（第1步兵師）律師，紐約州阿伯尼
Kelly, Timothy G., 電工士（第81海軍工程營）電話公司員工，紐約州長島
Kennedy, Harold T., 飛行軍官（第437人員運輸大隊）二等士官長，美國空軍
Kerchner, George F., 寇契納，少尉（第2突擊兵營）公司主管，馬里蘭州巴爾的摩
Kesler, Robert E., 中士（第29步兵師）文員，維吉尼亞州洛亞諾克
Kidd, Charles W., 少尉（第87化學迫擊砲營）銀行管理，阿拉斯加州矽地卡
Kiefer, Norbert L., 中士（第1步兵師）業務代表，羅德島州東普羅維登斯
Kindig, George, 一等兵（第4步兵師）傷殘，印地安納州布魯克
King, Wm. M., 上尉（第741戰車營）學生事務主管，紐約州波茨坦
Kinnard, Harry W. O., 中校（第101空降師）上校，美國陸軍
Kinney, Prentis McLeod, 上尉（第37戰鬥工兵營）醫師，南卡羅萊納州尼茨維爾
Kirk, Alan Goodrich, 柯爾克，少將（海軍西任務艦隊指揮官）上將（退休）
Kline, Nathan, 中士（第323轟炸大隊）合夥人，賓夕法尼亞州阿倫敦
Kloth, Glenn C., 中士（第112戰鬥工兵營）木匠，俄亥俄州克里夫蘭
Knauss, Niles H., 一等兵（第1步兵師）測試操作員，賓夕法尼亞州阿倫敦

Hass, William R., Jr., 飛行軍官（第441人員運輸大隊）上尉，美國空軍
Hatch, James J., 上尉（第101空降師）上校，美國陸軍
Havener, John K., 中尉（第344轟炸大隊）材料控制員，伊利諾伊州斯特林
Haynie, Ernest W., 中士（第29步兵師）倉庫文員，維珍尼亞州華沙
Heefner, Mervin C., 一等兵（第29步兵師）職業不詳
Heikkila, Frank E., 中校（第6特勤工兵旅）客服，賓夕法尼亞州匹茲堡
Henley, Clifford M., 上尉（第4步兵師）造路承包商，南卡羅來納州薩默維爾
Hennon, Robert M., 上尉軍牧（第82空降師）神職人員，密西西比州
Herlihy, Raymond M., 中士（第5突擊兵營）稅務人員，紐約市布朗克斯
Hermann, LeRoy W., 一等兵（第1步兵師）包裹信差，俄亥俄州阿克倫
Hern, Earlston E., 一等兵（第146戰鬥工兵營）報務員，奧克拉荷馬州梅德福德
Herron, Beryl A., 一等兵（第4步兵師）農夫，愛荷華州昆拉皮茲
Hicks, Herbert C., Jr., 中校（第1步兵師）上校，美國陸軍
Hicks, Joseph A., 上尉（第531海岸工程團）董事長，肯塔基州拉塞爾維爾
Hill, Joel G., 四等技術士（第102騎兵團偵察營）伐木工人，賓夕法尼亞州Lookout
Hodgson, John C., 中士（第5突擊兵營）郵政人員，馬里蘭州銀泉
Hoffman, George D., 霍孚曼，少校（科尼號驅逐艦，DD-463）上校，美國海軍
Hoffmann, Arthur R, 上尉（第1步兵師）園藝，康乃狄克州辛斯伯利
Hogue, Clyde E., 上等兵（第743戰車營）信差，愛荷華州代安戈諾爾
Holland, Harrison H., 中尉（第29步兵師）教練，美國陸軍射擊隊
Holman, John N., Jr., 槍帆中士（霍布森號驅逐艦，DD-464）童子軍領袖，密西西比州梅肯
Hooper, Joseph O., 一等兵（第1步兵師）消防員，美國陸軍
Hoppler, Wendell L., 航信上兵（LST 515戰車登陸艦）保險業主管，伊利諾伊州福雷斯特公園
House, Francis J. E., 一等兵（第90步兵師）陶工，俄亥俄州利物浦
Huebner, Clarence R., 侯布納，少將（第1步兵師師長）中將（退休）民防指揮官，紐約市
Huggins, Spencer J., 一等兵（第90步兵師）二等士官長，美國陸軍
Hughes, Melvin T., 一等兵（第1步兵師）行銷人員，印第安納州帕託卡
Hunter, Robert F., 少校（第5特勤工兵旅）土木工程師，奧克拉荷馬州塔爾薩
Hupfer, Clarence G., 霍普弗，中校（第746戰車營）上校（退休）
Imlay, M. H., 上校（海岸防衛隊指揮官，LCI (L) 第10支隊）准將（退休）
Infinger, Mark H., 中士（第5特勤工兵旅）上士，美國陸軍
Irwin, John T., 一等兵（第1步兵師）中士（退休）郵政人員，美國陸軍
Isaacs, Jack R., 中尉（第82空降師）藥劑師，堪薩斯州科菲維爾
Jakeway, Donald I., 一等兵（第82空降師）記帳員，俄亥俄州約翰斯敦
James, Francis W., 一等兵（第87化學迫擊砲營）警察，伊利諾州溫內特卡
James, George D., Jr., 中尉（第67戰術偵察大隊）保險業，紐約州尤納迪拉
Jancik, Stanley W., 食勤兵（LST 538戰車登陸艦）行銷人員，內布拉斯加州林肯
Janzen, Harold G., 傑森，上等兵（第87化學迫擊砲營）電傳操作員，伊利諾州埃爾姆赫斯特
Jarvis, Robert C., 上等兵（第743戰車營）水電工，紐約市布魯克林

Gerhardt, Charles H., 古哈特，少將（第29步兵師師長）少將（退休）佛羅里達
Gerow, Leonard T., 少將（第5軍軍長）上將（退休）銀行總裁，維吉尼亞州彼得斯堡
Gervasi, Frank M., 中士（第1步兵師）工廠警衛，賓夕法尼亞州門羅維爾
Gibbons, Joseph H., 少校（海軍戰鬥爆破組組長）行銷經理，紐約市
Gibbons, Ulrich G., 中校（第4步兵師）上校，美國陸軍
Gift, Melvin R., 二等兵（第87化學迫擊砲營）貨運協調員，賓夕法尼亞州錢伯斯堡
Gilhooly, John, 一等兵（第2突擊兵營）倉庫經理，紐約州長島
Gill, Dean Dethroe, 中士（第4騎兵團偵察營）榮民醫院食勤士，內布拉斯加州林肯
Gillette, John Lewis, 通信上兵（第2海軍灘勤營）教師，紐約州斯科茨維爾
Glisson, Bennie W., 格里遜，通信上兵（科尼號驅逐艦，DD-463）電傳操作員
Goldman, Murray, 中士（第82空降師）銷售主官，紐約州蒙蒂塞洛
Goldstein, Joseph I., 二等兵（第4步兵師）保險業，愛荷華州蘇城
Goode, Robert Lee, 中士（第29步兵師）技工，維吉尼亞州貝德福
Goodmundson, Carl T., 信號下士（昆西號巡洋艦，CA-39）報務員，明尼蘇達州明尼亞波利斯
Goranson, Ralph E., 葛朗森，上尉（第2突擊兵營）麥當勞海外業務經理，俄亥俄州代頓
Gordon, Fred, 五等技術士（第90步兵師）三等技術士，美國陸軍
Gowdy, George, 中尉（第65裝甲營）漁夫，佛羅里達州聖彼德斯堡
Greco, Joseph J., 一等兵（第299戰鬥工兵營）經理，紐約州雪城
Greenstein, Carl R., 少尉（第93轟炸大隊）上尉，美國空軍
Greenstein, Murray, 中尉（第95轟炸大隊）銷售業務，紐澤西州布拉德利灘
Griffiths, William H., 少尉（亨頓號驅逐艦，DD-638）中校，美國海軍
Grissinger, John P., 少尉（第29步兵師）保險代理，賓夕法尼亞州哈里斯堡
Grogan, Harold M., 五等技術士（第4步兵師）美國郵政，密西西比州維克斯堡
Gudehus, Judson, 中尉（第389轟炸大隊）行銷人員，俄亥俄州托利多
Hackett, George R. Jr., 海克特，通信下士（LCT第17支隊）航信下士，美國海軍
Hahn, William I., 槍帆中士（支援艦乘員）煤礦工，賓夕法尼亞州威爾克斯-巴里
Hale, Bartley E., 少尉（第82空降師）大學生
Haley, James W., 上尉（第4步兵師）上校，美國陸軍
Hall, Charles G., 一等士官長（第4步兵師）二等准尉，美國空軍
Hall, John Leslie, Jr., 哈爾，少將（O部隊，指揮官）中將（退休）
Hamlin, Paul A., Jr., 二等兵（第299戰鬥工兵營）分析師，IBM公司，紐約州維斯塔爾
Hamner, Theodore S., Jr., 中士（第82空降師）工廠領班，阿拉巴馬州塔斯卡盧薩
Hanson, Howard K., 二等兵（第90步兵師）郵政局長及農夫，北達科他州阿格斯維爾
Harken, Delbert C., 馬達機械上兵（LST 134戰車登陸艦）助理郵政局長，愛荷華州阿克萊
Harker, George S., 中尉（第5特勤工兵旅）研究心理學家，肯塔基州諾克斯堡
Harrington, James C., 中尉（第355戰鬥機大隊）少校，美國空軍
Harrison, Thomas C., 上尉（第4步兵師）業務經理，紐約州查帕闊
Harrisson, Charles B., 一等兵（第1特勤工兵旅）保險業，賓夕法尼亞州蘭斯當
Harwood, Jonathan H., Jr., 上尉（第2突擊兵營）已故

Elinski, John, 一等兵（第4步兵師）夜班人員，賓夕法尼亞州費城
Ellery, John B., 中士（第1步兵師）大學教授，密西根州皇家橡
Elliott, Robert C., 二等兵（第4步兵師）傷殘，紐澤西州巴賽克
Erd, Claude G., 准尉（第1步兵師）二等士官長，大學ROTC教官，肯塔基州萊星頓
Erwin, Leo E, 二等兵（第101空降師）上士，食勤，美國陸軍
Ewell, Julian J., 中校（第101空降師）上校，美國陸軍
Fainter, Francis, F., 上校（第6裝甲群）股票經紀，西維吉尼亞州查爾斯頓
Fanning, Arthur E., 上尉，海岸防衛隊（LCI (L) 319大型步兵登陸艇）保險業，賓夕法尼亞州費城
Fanto, James A., 通信中士（第6海軍灘勤營）通信上士，美國海軍
Farr, H. Bartow, 法爾，中尉（亨頓號驅逐艦，DD-638）律師，紐約市
Faulk, Willie, T., 中士（第409轟炸大隊）二等士官長，美國空軍
Ferguson, Charles A., 弗格遜，一等兵（第6特勤工兵旅）市場調查員，紐約市
Ferguson, Vernon V., 中尉（第452轟炸大隊）職業不詳
Ferro, Samuel Jospeh, 一等兵（第299戰鬥工兵營）機工，紐約州賓漢頓
Finnigan, William E., 二等兵（第4步兵師）特別助理，西點軍校，紐約
Fish, Lincoln D., 上尉（第1步兵師）董事長，麻薩諸塞州伍斯特
Fitzsimmons, Robert G., 中尉（第2突擊兵營）警督，紐約州尼加拉瀑布城
Flanagan, Larry, 二等兵（第4步兵師）銷售員，賓夕法尼亞州費城
Flora, John L., Jr., 上尉（第29步兵師）房地產評估師，維吉尼亞州洛亞諾克
Flowers, Melvin L., 少尉（第441人員運輸大隊）上尉，美國空軍
Flynn, Bernard J., 少尉（第1步兵師）公司主管，明尼蘇達州明尼亞波利斯
Forgy, Samuel W., 中校（第1特勤工兵旅）董事長，紐約州長島
Fowler, Rollin B., 飛行軍官（第435人員運輸大隊）二等士官長，美國空軍
Fox, Jack S., 中士（第4步兵師）上尉，美國陸軍
Francis, Jack L., 上等兵（第82空降師）屋頂工，加州沙加緬度
Franco, Robert, 上尉（第82空降師）外科醫生，華盛頓州里奇蘭
French, Gerald M., 中尉（第450轟炸大隊）上尉，美國空軍
Frey, Leo, 機械士（LST 16戰車登陸艦）准尉，海岸防衛隊
Friedman, William, 上尉（第1步兵師）中校，美國陸軍
Frisby, Ralph E., 少尉（第29步兵師）雜貨店主，奧克拉荷馬州奧克馬爾吉
Frische, William C., Jr., 中士（第4步兵師）製圖師，俄亥俄州辛辛那堤
Frohman, Howard J., 中士（第401轟炸大隊）上尉，美國空軍
Funderburke, Arthur, 中士（第20戰鬥工兵營）行銷人員，喬治亞州梅肯
Gagliardi, Edmund J., 食勤上兵（LCT 637戰車登陸艇）警察，賓夕法尼亞州安布里奇
Gardner, Edwin E., 一等兵（第29步兵師）信差，堪薩斯州普萊恩維爾
Gaskins, Charles Ray, 上等兵（第4步兵師）油站業者，北卡羅來納州坎納波利斯
Gavin, James M. 蓋文，准將（第82空降師副師長）中將（退休），副總裁，麻薩諸塞州韋爾斯利
Gearing, Edward M., 基靈，少尉（第29步兵師）部門助理審計官，馬里蘭州切維蔡斯
Gee, Ernest L., 技術中士（第82空降師）計程車業主，加州聖荷西

Daniel, Derrill M., 中校（第1步兵師）少將，美國陸軍
Dasher, Benedict J., 上尉（第6特勤工兵旅）董事長，內華達州雷諾
Daughtrey, John E., 中尉（第6海軍灘勤營）醫生（普通外科），佛羅里達州萊克蘭
Davis, Barton A., 戴維斯，中士（第299戰鬥工兵營）助理財務長，紐約州埃爾邁拉
Davis, Kenneth S., 中校，海岸防衛隊（貝菲爾號運輸艦，APA-33）上校，海岸防衛隊
Dawson, Francis W., 中尉（第5突擊兵營）少校，美國陸軍
De Benedetto, Russell J., 一等兵（第90步兵師）房地產經紀人，路易斯安那州艾倫港
de Chiara, Albert, Jr., 少尉（亨頓號驅逐艦，DD-638）工廠業主，紐澤西州巴賽克
Deery, Lawrence E., 上尉軍牧（第1步兵師）神父，羅德島州新港
Degnan, Irwin J., 少尉（第5軍司令部）保險業務，愛荷華州古騰堡
DeMayo, Anthony J., 一等兵（第82空降師）領班，紐約市
Depace, V. N., 二等兵（第29步兵師）裝修業務代理，賓夕法尼亞州匹茲堡
Derda, Fred, 通信中士，海岸防衛隊（LCI (L) 90大型步兵登陸艇）脊骨按摩治療師，密蘇里州聖路易
Derickson, Richard B., 少校（德克薩斯號，BB-35）上校，美國海軍
Desjardins, J. L., 修建機械上兵（第3海軍工程營）警務人員，麻薩諸塞州萊姆斯特
Di Benedetto, Angelo, 一等兵（第4步兵師）信差，紐約市布魯克林
Dickson, Archie L., 中尉（第434人員運輸大隊）保險業務，密西西比州格爾夫波特
Dokich, Nicholas, Jr., 魚雷兵（魚雷快艇）魚雷上兵，美國海軍
Dolan, John J., 中尉（第82空降師）律師，麻薩諸塞州波士頓
Donahue, Thomas F, 一等兵（第82空降師）文員，紐約市布魯克林
Doss, Adrian R., Sr., 一等兵（第101空降師）特業中士，美國陸軍
Doyle, George T, 一等兵（第90步兵師）印刷工，俄亥俄州帕爾馬高地
Dube, Noel A., 杜比，上士（第121戰鬥工兵營）助理行政管理，美國空軍
Dulligan, John F., 杜林根，上尉（第1步兵師）榮民行政業務人員，麻薩諸塞州波士頓
Dunn, Edward C., 杜恩，中校（第4騎兵團偵察營）上校，美國陸軍
Duquette, Donald M., 中士（第254戰鬥工兵營）二等士官長，美國陸軍
Dwyer, Harry A., 通信士（兩棲部隊第5分隊）榮民醫院補給士，加州北山
Eades, Jerry W., 中士（第62裝甲營）飛機製造廠領班，德克薩斯州阿靈頓
East, Charles W., 上尉（第29步兵師）保險商，維吉尼亞州斯湯頓
Eastus, Dalton L., 二等兵（第4步兵師）抄錶員，印地安納州馬利昂
Eaton, Ralph P., 上校（第82空降師）准將（退休）
Echols, Eugene S., 少校（第5特勤工兵旅）城市工程師，田納西州曼非斯
Edelman, Hyman, 二等兵（第4步兵師）酒店店主，紐約市布魯克林
Edlin, Robert T, 中尉（第2突擊兵營）保險業務主管，印第安納州布盧明頓
Edmond, Emil V. B., 上尉（第1步兵師）中校，美國陸軍
Eichelbaum, Arthur, 中尉（第29步兵師）副行銷總裁，紐約州長島
Eigenberg, Alfred, 艾根保，中士（第6特勤工兵旅）中尉，美國陸軍
Eisemann, William J., 艾斯曼恩，中尉（火箭支援分隊）行政管理，紐約州長島
Ekman, William E., 中校（第82空降師）上校，美國陸軍

Chase, Charles H., 中校（第101空降師）准將，美國陸軍
Chase, Lucius P., 上校（第6特勤工兵旅）法律總顧問，威斯康辛州柯勒
Chesnut, Webb W., 中尉（第1步兵師）生產信貸協會，肯塔基州坎貝爾斯威爾
Chontos, Ernest J., 二等兵（第1步兵師）房地產經紀人，俄亥俄州阿什塔比拉
Ciarpelli, Frank, 二等兵（第1步兵師）衛生檢查員，紐約州羅徹斯特
Cirinese, Salvatore, 一等兵（第4步兵師）修鞋匠，佛羅里達州邁阿密
Clark, William R., 上尉（第5特勤工兵旅）郵政局長，賓夕法尼亞州洛伊斯維爾
Clayton, William J., 中士（第4步兵師）畫家，賓夕法尼亞州鄧巴
Cleveland, William H., 上校（第325偵察聯隊聯隊部）上校，美國空軍
Clifford, Richard W., 上尉（第4步兵師）牙醫，紐約州哈得孫福爾斯
Cochran, Sam L., 二等技術士（第4步兵師）上尉，美國陸軍
Coffey, Vernon C., 二等兵（第37戰鬥工兵營）加工肉品商，愛荷華州霍頓
Coffman, Ralph S., 中士（第29步兵師）貨車司機，維吉尼亞州斯湯頓
Coffman, Warren G., 一等兵（第1步兵師）上尉，美國陸軍
Coleman, Max D., 柯爾曼，一等兵（第5突擊兵營）浸信會神職人員，密西根州克拉克斯頓
Collins, J. Lawton, 少將（第7軍軍長）上將（退休）企業董事長，華盛頓特區
Collins, Thomas E., 少尉（第93轟炸大隊）飛機製造廠統計師，加州加迪納
Conley, Richard H., 少尉（第1步兵師）上尉，美國陸軍
Conover, Charles M., 中尉（第1步兵師）中校，美國陸軍
Cook, William, 少尉（LCT 588戰車登陸艇）中校，美國海軍
Cook, William S., 通信上兵（第2海軍灘勤營）經理，北達科他州弗拉舍
Cooper, John P., Jr., 上校（第29步兵師）准將（退休）董事，馬里蘭州巴爾的摩
Copas, Marshall, 中士（第101空降師）二等士官長，美國陸軍
Corky, John T, 中校（第1步兵師）上校，美國陸軍
Cota, Norman D., 諾曼科塔，准將（第29步兵師）少將（退休），民防指揮官，賓夕法尼亞州
Couch, Riley C., Jr., 上尉（第90步兵師）農夫和牧場主，德克薩斯州哈斯克爾
Cox, John F, 上等兵（第434人員運輸大隊）中尉，消防局，紐約州賓漢頓
Coyle, James J., 少尉（第82空降師）會計，紐約市
Crawford, Ralph O., 二等准尉（第1特勤工兵旅）郵政局長，德克薩斯州迪利
Crispen, Frederick J., 少尉（第436人員運輸大隊）二等士官長，美國空軍
Cross, Herbert A., 少尉（第4步兵師）小學校長，田納西州奧奈達
Crowder, Ralph H., 上等兵（第4步兵師）店主，維吉尼亞州瑞德福
Crowley, Thomas T., 少校（第1步兵師）總經理，賓夕法尼亞州匹茲堡
Cryer, William J., Jr., 少尉（第96轟炸大隊）合夥人、總經理，加州奧克蘭
Cunningham, Robt. E., 肯寧漢，上尉（第1步兵師）照相製版、作家，奧克拉荷馬州靜水市
Dahlen, Johan B., 上尉軍牧（第1步兵師）牧師，北達科他州徹奇斯費里
Dallas, Thomas S., 達拉斯，少校（第29步兵師）中校，美國陸軍
Danahy, Paul A., 少校（第101空降師）工廠業主，明尼蘇達州明尼亞波利斯
Dance, Eugene A., 中尉（第101空降師）少校，美國陸軍

Bradley, Omar N., 布萊德雷，中將（美國第1軍團司令）五星上將，企業董事長，紐約市
Brandt, Jerome N., 上尉（第5特勤工兵旅）中校，美國陸軍
Brannen, Malcolm D., 布朗能，中尉（第82空降師）少校，ROTC教官，佛羅里達州德蘭
Brewer, S. D., 槍帆中士（阿肯色號，BB-33）郵局文書，阿拉巴馬州哈克爾堡
Briel, Raymond C., 中士（第1步兵師）二等士官長，美國空軍
Brinson, William L., 上尉（第315人員運輸大隊）中校，美國空軍
Broughman, Warner A., 上尉（第101空降師）醫院職業教育主管，肯塔基州萊星頓
Brown, Harry, 布朗，中士（第4步兵師）驗光師，密歇根州克勞森
Bruen, James J., 中士（第29步兵師）警察，俄亥俄州克里夫蘭
Bruff, Thomas B., 布魯孚，中士（第101空降師）上尉，美國陸軍
Bruno, Joseph J., 槍帆中士（德克薩斯號，BB-35）運貨員，美國陸軍，賓夕法尼亞州匹茲堡
Bryan, Keith, 布拉雅，中士（第5特勤工兵旅）榮民服務人員，內布拉斯加州哥倫布
Buckheit, John P., 槍帆中士（亨頓號驅逐艦，DD-638）國民兵，歐姆斯德空軍基地，賓夕法尼亞州哈里斯堡
Buckley, Walter, Jr., 少校（內華達號戰艦，BB-36）上校，美國海軍
Buffalo Boy, Herbert J., 中士（第82空降師）牧場主、農夫，美國北達科他州耶茨堡
Burke, John L., 上等兵（第5突擊兵營）銷售主官，紐約州德爾瑪
Burlingame, William G., 中尉（第355戰鬥機大隊）少校，美國空軍
Burt, Gerald H., 巴特，下士（第299戰鬥工兵營）水管工，紐約州尼加拉瀑布城
Busby, Louis A., Jr., 鍋爐給中士（卡米克號驅逐艦，DD-493）鍋爐士，沙拉托加號航空母艦
Butler, John C., Jr., 上尉（第5特勤工兵旅）房地產官員，原住民事務局，維吉尼亞州阿靈頓
Byers, John C., 技術中士（第441人員運輸大隊）機械工程師，加州聖佩德羅
Caffey, Eugene M., 卡費，上校（第1特勤工兵旅）少將（退休），律師，新墨西哥州拉斯克魯塞斯
Callahan, William R., 上尉（第29步兵師）少校，美國陸軍
Canham, Charles D. W., 康漢姆，上校（第29步兵師）少將，美國陸軍
Canoe, Buffalo Boy, 二等技術士（第82空降師）柔道教練，加州威尼斯
Capobianco, Gaetano, 一等兵（第4步兵師）屠夫，賓夕法尼亞州波士頓
Carden, Fred J., 一等兵（第82空降師）空降技術士，美國陸軍
Carey, James R., Jr., 中士（第8航空軍）愛荷華州奧西恩
Carlo, Joseph W., 醫護兵（LST 288戰車登陸艦）上尉軍牧，美國海軍
Carlstead, Harold C., 少尉（亨頓號驅逐艦，DD-638）會計師、大學講師，伊利諾州芝加哥
Carpenter, Joseph B.,飛行軍官（第410轟炸大隊）二等士官長，美國空軍
Carroll, John B., 中尉（第1步兵師）公關人員，紐約市
Cascio, Charles J., 二等水兵（LST 312戰車登陸艦）郵差，紐約州Endicott
Cason, Lee B., 卡遜，上等兵（第4步兵師）二等士官長，美國陸軍
Cassel, Thomas E., 特業下士（第122-3特遣艦隊）消防隊長，紐約市
Cator, Richard D., 一等兵（第101空降師）中尉，美國陸軍
Cawthon, Charles R., 卡桑，上尉（第29步兵師）中校，美國陸軍
Chance, Donald L., 中士（第5突擊兵營）安全工程師，賓夕法尼亞州費城

Armstrong, Louis M., 二等技術士（第29步兵師）郵局文書，維吉尼亞州斯湯頓
Arnold, Edgar L., 上尉（第2突擊兵營）中校，美國陸軍
Asay, Charles V., 中士（第101空降師）排字工人，加州奧本
Ashby, Carroll A., 中士（第29步兵師）中尉、顧問，陸軍後備單位，維吉尼亞州阿靈頓
Azbill, Boyce, 二等航海士（海岸防衛隊LCI (L) 94大型步兵登陸艇）分店店長，亞利桑那州圖森
Baechle, Joseph W., 中士（第5特勤工兵旅）會計，俄亥俄州克里夫蘭
Bagley, Frank H., 上尉（亨頓號驅逐艦，DD-638）分店經理，明尼蘇達州密爾沃基
Baier, Harold L., 少尉（第7海軍灘勤營）醫生（生物研究），馬里蘭州弗雷德里克
Bailey, Edward A., 中校（第65裝甲野戰防砲營）上校，美國陸軍
Bailey, Rand S., 中校（第1特勤工兵旅）退休，兼職顧問人員，華盛頓特區
Baker, Richard J., 中尉（第344轟炸大隊）少校，美國空軍
Baker, Charles L, 中尉（第7軍司令部）少校，美國陸軍
Ball, Sam H., Jr., 上尉（第146戰鬥工兵營），電視業務經理，德克薩斯州特克薩卡納
Barber, Alex W., 一等兵（第5突擊兵營）脊骨神經醫師，賓夕法尼亞州約翰斯頓
Barber, George R., 上尉軍牧（第1步兵師）神職人員及投資顧問，加州蒙特貝洛
Barrett, Carlton W., 二等兵（第1步兵師）上士，美國陸軍
Barton, Raymond O., 巴敦，少將（第4步兵師，師長）南方金融公司，喬治亞州奧古斯塔
Bass, Hubert S., 上尉（第82空降師）少校（退休），德克薩斯州休斯頓
Bassett, Leroy A., 二等兵（第29步兵師）保險理賠員，榮民管理部，北達科他州法戈
Batte, James H., 巴特，中校（第87化學迫擊砲營）上校，美國陸軍
Bearden, Robert L., 中士（第82空降師）比爾登個人服務公司，德克薩斯州胡德堡
Beaver, Neal W., 少尉（第82空降師）成本會計師，俄亥俄州托利多
Beck, Carl A., 二等兵（第82空降師）工程配件檢查師，紐約州波啟浦夕
Beeks, Edward A., 一等兵（第457防砲營）技工領班，蒙大拿州斯科比
Beer, Robert O., 比爾，中校（卡米克號驅逐艦，DD-493）上校，美國海軍
Belisle, Maurice A., 上尉（第1步兵師）中校，美國陸軍
Belmont, Gail H., 中士（突擊兵）上尉，美國陸軍
Bengel, Wayne P., 二等兵（第101空降師）高級職員，賓夕法尼亞州匹茲堡
Billings, Henry J., 上等兵（第101空降師）一等准尉，美國陸軍
Billiter, Norman W., 中士，（第101空降師）降落傘檢查長，喬治亞州班寧堡
Bingham Sidney V., 少校（第29步兵師）上校，美國陸軍
Blackstock, James P., 中士（第4步兵師）眼鏡商，賓夕法尼亞州費城
Blakeley, Harold W., 准將（第4步兵師砲兵指揮官）少將（退休）
Blanchard, Ernest R., 一等兵（第82空降師）機械師，康乃狄克州布里斯托爾
Bodet, Alan C., 下士（第1步兵師）銀行出納助理，密西西比州傑克遜
Boice, William S., 上尉軍牧（第4步兵師）神職人員，第一天主教會，亞利桑那州鳳凰城
Boling, Rufus C., Jr., 二等兵（第4步兵師）公寓管理人員，紐約市布魯克林
Bombardier, Carl E., 邦巴狄，一等兵（第2突擊兵營）曳引機操作員、運貨員，馬薩諸塞州阿賓頓
Bour, Lawrence J., 上尉（第1步兵師）編輯，愛荷華州波卡洪塔斯

D日登場人物
戰後的生活

以下名單是對本書撰寫提供協助的朋友，前面都是D日當時的職務。戰後的職業也許會有改動，這是以個人提供資料的當下為準。

編：本名單收錄了美國、英國、加拿大、法國、德國等參與「大君主作戰」人員的資料。這些人曾參與作者的訪問計畫，也是本書能夠完稿的基礎。由於大部分的人員並沒有出現在本書當中，因此並沒有把個人的姓名一一翻譯，以維持其原本的資料特性。資料的條目內容分別是「姓名、軍階、單位；戰後職業、居住地（若有）」。部分地名未有中文翻譯，為避免讀者誤會，因此沒有翻譯。

美國

Accardo, Nick J., 中尉（第4步兵師）整形外科醫生，路易斯安那州紐奧良
Adams, Ernest C., 中校（第1特勤工兵旅）上校，美國陸軍
Adams, Jonathan E., Jr., 上尉（第82空降師）中校，美國陸軍
Albanese, Salvatore A., 中士（第1步兵師）薪資專員，紐約州弗普朗克
Albrecht, Denver, 少尉（第82空降師）准尉，美國陸軍
Allen, Miles L., 一等兵（第101空降師）上士，美國陸軍
Allen, Robert M., 一等兵（第1步兵師）高中教師、體育教練，愛荷華州奧爾溫
Allen, Walter K., 二等技術士（467防砲營）農夫，愛荷華州蒙莫斯
Allison, Jack L., 二等兵（第237戰鬥工兵營）會計，西維吉尼亞州切斯特
Alpaugh, Stanley H., 少尉（第4步兵師）少校，美國陸軍
Anderson, C. W., 一等兵（第4步兵師）中士，憲兵主管，美國陸軍
Anderson, Donald C., 安德生，少尉（第29步兵師）飛行試驗工程師，通用動力公司，加州愛德華
Anderson, Donald D., 中士（第4步兵師）木材經銷商，明尼蘇達州Effie
Anderson, Martin H., 一等兵（美國海軍第11暨12兩棲部隊）二等兵，美國空軍
Apel, Joel H., 中尉（第457轟炸大隊）少校，美國空軍
Apostolas, George N., 四等技術士（第39防砲營）事務官，伊利諾州榮民服務處
Appleby, Sam, Jr., 上等兵（第82空降師）律師，密蘇里州歐扎克
Araiza, Joe L., 中士（第446轟炸大隊）二等士官長，美國空軍
Arman, Robert C., 中尉（第2突擊兵營）上尉，傷殘退休，印第安納州拉法葉
Armellino, John R., 上尉（第1步兵師）鎮長，紐澤西州西紐約

GERMAN MANUSCRIPTS AND CAPTURED DOCUMENTS

Blumentritt, Lt. Gen. Gunther. *OB West and the Normandy Campaign, 6 June-24 July 1944,* MS. B-284; A Study in Command, Vols. I, II, III, MS. B-344.

Dihm, Lt. Gen. Friedrich. *Rommel and the Atlantic Wall* (December 1943-July 1944), MSS. B-259, B-352, B-353.

Feuchtinger, Lt. Gen. Edgar. *21st Panzer Division in Combat Against American Troops in France and Germany,* MS. A-871.

Guderian, Gen. Heinz. *Panzer Tactics in Normandy.*

Hauser, Gen. Paul. *Seventh Army in Normandy.*

Jodl, Gen. Alfred. *Invasion and Normandy Campaign,* MS. A-913.

Keitel, Field Marshal Wilhelm, and Jodl, Gen. Alfred. *Answers to Questions on Normandy. The Invasion,* MS. A-915.

Pemsel, Lt. Gen. Max. *Seventh Army* (June 1942-5 June 1944), MS. B-234; *Seventh Army* (June 6-29 July 1944), MS. B-763.

Remer, Maj. Gen. Otto. *The 20 July '44 Plot Against Hitler; The Battle of the 716 Division in Normandy.* (6 June-23 June 1944), MS. B-621.

Roge, Commander. *Part Played by the French Forces of the Interior During the Occupation of France, Before and After D-Day,* MS. B-035.

Rommel, Field Marshal Erwin. Captured documents—private papers, photographs and 40 letters to Mrs. Lucia Maria Rommel and Son, Manfred (translated by Charles von Luttichau).

Ruge, Adm. Friedrich. *Rommel and the Atlantic Wall* (December 1943-July 1944), MSS. A-982, B-282.

Scheidt, Wilhelm. *Hitler's Conduct of the War,* MS. ML-864.

Schramm, Major Percy E. *The West* (1 April 1944-16 December 1944), MS. B-034; Notes on the Execution of War Diaries, MS. A-86o.

Speidel, Lt. Gen. Dr. Hans. *The Battle in Normandy: Rommel, His Generalship, His Ideas and His End,* MS. C-017; A Study in Command, Vols. I, II, III, MS. B-718.

Staubwasser, Lt. Col. Anton. *The Tactical Situation of the Enemy During the Normandy Battle,* MS. B-782; Army Group B—Intelligence Estimate, MS. B-675.

Von Buttlar, Maj. Gen. Horst. *A Study in Command,* Vols. I, II, III, MS. B-672.

Von Criegern, Friedrich. *84th Corps* (1917 January-June 1944), MS. B-784.

Von der Heydte, Lt. Col. Baron Friedrich. A German Parachute Regiment in Normandy, MS. B-839.

Von Gersdorff, Maj. Gen. *A Critique of the Defense Against the Invasion,* MS. A-895. German Defense in the Invasion, MS. B-122.

Von Rundstedt, Field Marshal Gerd. *A Study in Command,* Vols. I, II, III, MS. B-633.

Von Salmuth, Gen. Hans. *15th Army Operations in the Normandy,* MS. B-746.

Von Schlieben, Lt. Col. Karl Wilhelm. *The German 709th Infantry Division During the Fighting in Normandy,* MS. B-845.

Von Schweppenburg, Gen. Baron Leo Geyr. *Panzer Group West* (Mid 1943-5 July 1944), MS. B-258.

War Diaries: Army Group B (Rommel's headquarters); OB West (Rundstedt's headquarters); Seventh Army (and Telephone Log); Fifteenth Army. All translated by Charles von Luttichau.

Warlimont, Gen. Walter. *From the Invasion to the Siegfried Line.*

Ziegelman, Lt. Col. *History of the 352 Infantry Division,* MS. B-432.

Zimmermann, Lt. Gen. Bodo. *A Study in Command,* Vols. I, II, III, MS. B-308.

Norman, Albert. *Operation Overlord*. Harrisburg, Pa.: The Military Service Publishing Co., 1952.

North, John. *North-West Europe 1944-5*. London: His Majesty's Stationery Office, 1953.

Otway, Col. Terence. *The Second World War,* 1939-1945—Airborne Forces. London: War office, 1946.

Parachute Field Ambulance (members of 224). *Red Devils*. Privately printed.

Pawle, Gerald. *The Secret War*. New York: William Sloan, 1957.

Pogue, Forrest C. *The Supreme Command*. Washington, D.C.: Office of the Chief of Military History, Department of the Army, 1946.

Pyle, Ernie. *Brave Men*. New York: Henry Holt, 1944.

Rapport, Leonard, and Northwood, Arthur, Jr. *Rendezvous with Destiny*. Washington, D.C.: Washington Infantry Journal Press, 1948.

Ridgway, Matthew B. *Soldier: The Memoirs of Matthew B. Ridgway*. New York: Harper & Bros., 1956.

Roberts, Derek Mills. *Clash by Night*. London: Kimber, 1956.

Royal Armoured Corps Journal, Vol. IV., *Anti-invasion*. London: Gale & Polden, 1950.

Ruppenthal, R. G. *Utah to Cherbourg*. Washington, D.C.: Office of the Chief of Military History, Department of the Army, 1946.

Salmond, J. B. *The History of the 51st Highland Division, 1939-1945*. Edinburg and London: William Blackwood & Sons, Ltd., 1953.

Saunders, Hilary St. George . The Green Beret. London: Michael Joseph, 1949.

Saunders, Hilary St. George. *The Red Beret*. London: Michael Joseph, 1950.

Semain, Bryan. *Commando Men*. London: Stevens & Sons, 1948.

Shulman, Milton. Defeat in the West. London: Seeker and Warburg, 1947.

Smith, Gen. Walter Bedell (with Steward Beach). *Eisenhower's Six Great Decisions*. New York: Longmans, Green, 1956.

Special Troops of the 4th Infantry Division. *4th Infantry Division*. Baton Rouge, La: Army & Navy Publishing Co., 1946.

Speidel, Lt. Gen. Dr. Hans. *Invasion 1944*. Chicago: Henry Regnery, 1950.

Stacey, Col. C. P. *The Canadian Army: 1939-1945*. Ottawa: Kings Printers, 1948.

Stanford, Alfred. *Force Mulberry*. New York: William Morrow, 1951.

Story of the 79th Armoured Division The,. Hamburg. Privately printed.

Synge, Capt. W.A.T. *The Story of the Green Howards*. London. Privately printed.

Taylor, Charles H. *Omaha Beachhead*. Washington, D.C.: Office of the Chief of Military History, Department of the Army, 1946.

Von Schweppenburg, Gen. Baron Leo Geyr. "Invasion without Laurels" in An Cosantoir, Vol. IX, No. 12, and Vol. X, No. 1. Dublin, 1949-50.

Waldron, Tom, and Gleeson, James. *The Frogmen*. London: Evans Bros., 1950.

Weller, George. *The Story of the Paratroops*. New York: Random House, 1958.

Wertenbaker, Charles Christian. *Invasion!* New York: D. Appleton Century, 1944.

Wilmot, Chester. *The Struggle for Europe*. New York: Harper & Bros., 1952.

Young, Brig. Gen. Desmond. *Rommel the Desert Fox*. New York: Harper & Bros., 1950.

Gale, Lt. Gen. Sir Richard. *With the 6th Airborne Division in Normandy*. London: Sampson, Lowe, Marston & Co., Ltd., 1948.
Gavin, Lt. Gen. James M. *Airborne Warfare*. Washington, D.C.: Infantry Journal Press, 1947.
Glider Pilot Regimental Association. *The Eagle* (Vol. 2). London: 1954.
Goerlitz, Walter. *The German General Staff* (Introduction by Walter Millis). New York: Frederick A. Praeger, 1953.
Guderian, Gen. Heinz. *Panzer Leader*. New York: E.P. Button, 1952.
Gunning, Hugh. *Borders in Battle*. Barwick-on-Tweed, England: Martin and Co., 1948.
Hansen, Harold A.; Herndon, John G.; Langsdorf, William B. *Fighting for Freedom*. Philadelphia: John C. Winston, 1947.
Harrison, Gordon A. *Cross-Channel Attack*. Washington, D.C.: Office of the Chief of Military History, Department of the Army, 1951.
Hart, B. H. Liddell . *The German Generals Talk*. New York: William Morrow, 1948.
Hart, B. H. Liddell (ed.). *The Rommel Papers*. New York: Harcourt, Brace, 1953.
Hayn, Friedrich. *Die Invasion*. Heidelberg: Kurt Vowinckel Verlag, 1954.
Herval, René. *Bataille de Normandie*. Paris: Editions de Notre-Dame.
Hickey, Rev. R. M. *The Scarlet Dawn*. Campbellton, N.B.: Tribune Publishers, Ltd., 1949.
Hollister, Paul, and Strunsky, Robert (ed.). *D-Day Through Victory in Europe*. New York: Columbia Broadcasting System, 1945.
Holman, Gordon. *Stand By to Beach!* London: Hodder & Stoughton, 1944.
Jackson, Lt. Col. G. S. *Operations of Eighth Corps*. London: St. Clements Press, 1948.
Johnson, Franklyn A. *One More Hill*. New York: Funk & Wagnalls, 1949.
Karig, Commander Walter, USNR. *Battle Report*. New York: Farrar & Rinehart, 1946.
Lemonnier-Gruhier, François. *La Brèche de Sainte-Marie-du-Mont*. Paris: Editions Spes.
Life (editors of). *Life's Picture History of World War II*.
Lockhart, Robert Bruce. *Comes the Reckoning*. London: Putnam, 1950.
Lockhart, Robert Bruce. *The Marines Were There*. London: Putnam, 1950.
Lowman, Maj. F. H. *Dropping into Normandy*. Oxfordshire and Bucks Light Infantry Journal, January 1951.
McDougall, Murdoch C., *Swiftly They Struck*. London: Odhams Press,1954.
Madden, Capt. J. R. *Ex Coelis*. Canadian Army Journal, Vol. XI, No. 1.
Marshall, S.L.A. *Men Against Fire*. New York: William Morrow, 1947.
Millar, Ian A. L. *The Story of the Royal Canadian Corps*. Privately printed.
Monks, Noel. *Eye-Witness*. London: Frederick Muller, 1955.
Montgomery, Field Marshal Sir Bernard. *The Memoirs of Field Marshal Montgomery*. Cleveland and New York: World Publishing Company, 1958.
Morgan, Lt. Gen. Sir Frederick. *Overture to Overlord*. London: Hodder & Stoughton, 1950.
Morison, Samuel Eliot. *The Invasion of France and Germany*. Boston: Little, Brown, 1957.
Moorehead, Alan. *Eclipse*. New York: Coward-McCann, 1945.
Munro, Ross. *Gauntlet to Overlord*. Toronto: The Macmillan Company of Canada, 1945.
Nightingale, Lt. Col. P. R. *A History of the East Yorkshire Regiment*. Privately printed.

參考書目

Babington-Smith, Constance. *Air Spy*. New York: Harper & Bros., 1957.

Baldwin, Hanson W. *Great Mistakes of the War*. New York: Harper &
Bros., 1950.

Baumgartner, Lt. John W.; DePoto, 1st Sgt. Al; Fraccio, Sgt. William; Fuller, Cpl. Sammy. *The 16th Infantry, 1798-1946*. Privately printed.

Bird, Will R. *No Retreating Footsteps*. Nova Scotia: Kentville Publishing Co.

Blond, Georges. *Le Dèbarquement, 6 Juin 1944*. Paris: Arthème Fayard, 1951.

Bradley, Gen. Omar N. *A Soldier's Story*. New York: Henry Holt, 1951.

Bredin, L. Col. A.E.C. *Three Assault Landings*. London: Gale & Polden, 1946.

British First and Sixth Airborne Divisions, the Official Account of. *By Air to Battle*. London: His Majesty's Stationery Office, 1945.

Brown, John Mason. *Many a Watchful Night*. New York: Whittlesey House, 1944.

Butcher, Capt. Harry C. *My Three Years with Eisenhower*. New York: Simon and Schuster, 1946.

Canadian Department of National Defence. *Canada's Battle in Normandy*. Ottawa: King's Printer, 1946.

Chaplin, W. W. *The Fifty-Two Days*. Indianapolis and New York: Bobbs-Merrill, 1944.

Churchill, Winston S. *The Second World War* (Vols. I-VI). Boston: Houghton Mifflin, 1948-1953.

Clay, Maj. Ewart W. *The Path of the 50th*. London: Gale & Polden, 1950.

Colvin, Ian. *Master Spy*. New York: McGraw-Hill, 1951.

Cooper, John P., Jr., *The History of the 110th Field Artillery*. Baltimore: War Records Division, Maryland Historical Society, 1953.

Crankshaw, Edward. *Gestapo*. New York: Viking Press, 1956.

Danckwerts, P. V. *King Red and Co.* Royal Armoured Corps Journal, Vol. 1, July 1946.

Dawson, W. Forrest. *Sage of the All American* (82nd Airborne Div.). Privately printed.

Dempsey, Lt. Gen. M. C. *Operations of the 2nd Army in Europe*. London: War Office, 1957.

Edwards, Commander Kenneth, R.N., *Operation Neptune*. London: The Albatross Ltd, 1947.

Eisenhower, Dwight D. *Crusade in Europe*. New York: Doubleday, 1948.

First Infantry Division, with introduction by Hanson Baldwin: H. R. Knickerbocker, Jack Thompson, Jack Belden, Don Whitehead, A. J. Liebling, Mark Watson, Cy Peterman, Iris Carpenter, Col. R. Ernest Dupuy, Drew Middleton and former officers: *Danger Forward*. Atlanta: Albert Love Enterprises, 1947.

First U.S. Army Report of Operations, 20 October 1943 to August 1944. *Field Artillery Journal*.

Fleming, Peter. *Operation Sea Lion*. New York: Simon and Schuster, 1947.

457 AAA AW Battalion. *From Texas to Teismach*. Nancy, France: Imprimerie A. Humblot, 1945.

Fuller, Maj. Gen. J.F.C. *The Second World War*. New York: Duell, Sloan and Pearce, 1949.

最長的一日：諾曼第登陸的英勇故事

The Longest Day: The Classic Epic of D-Day

作者　考李留斯雷恩（Cornelius Ryan）
譯者　黃文範、常靖（謝誌）
主編　區肇威（查理）
封面設計　莊謹銘
內頁排版　宸遠彩藝

社長　郭重興
發行人兼出版總監　曾大福
出版發行　燎原出版／遠足文化事業股份有限公司
地址　新北市新店區民權路 108-2 號 9 樓
電話　02-2218-1417
傳真　02-8667-1065
客服專線　0800-221-029
信箱　sparkspub@gmail.com
Facebook　www.facebook.com/SparksPublishing/

法律顧問　華洋法律事務所／蘇文生律師
印刷　中原造像股份有限公司

出版日期　二〇二〇年九月／初版一刷

定價／四八〇元

最長的一日：諾曼第登陸的英勇故事 / 考李留斯雷恩 (Cornelius Ryan) 著；黃文範譯 . -- 初版 . -- 新北市：燎原出版 , 2020.09
320 面；17×22 公分

譯自：The longest day : the classic epic of D-Day.

ISBN 978-986-98382-6-9（平裝）

1. 第二次世界大戰　2. 戰史　3. 法國

592.9154　　109012833